Exkursionsrouten
J Glocke
K Brandberger Kolm
L Hintertuxer Runde
M Hippoldspitze
N Geier und Reckner
O Magnesitwerk Tux
P Rastkogel über Nurpens
0
4 km
AF568696
Mayrhofen
Brandberg
Augsburg
München
Salzburg
Innsbruck
Schwaz
Kitzbühel
Imst
Landeck
Bludenz
Lienz
Zell am See
Sankt Johann im Pongau
Hallein
Gmunden
Vöcklabruck
Ried
Braunau
Spittal an der Drau
Feldkirchen in Kärnten
Hermagor
Villach
Tamsweg
Reutte
Trentino-Alto Adige/Südtirol
Trento
Graubünden/Grischun/Grigioni
© OpenStreetMap (and) contributors, CC-BY-SA

Bibliografische Information der Deutschen Nationalbibliothek

Die Deutsche Nationalbibliothek verzeichnet diese Publikation in der Deutschen Nationalbibliografie; detaillierte bibliografische Daten sind im Internet über http://dnb.dnb.de abrufbar.

Die Drucklegung wurde unterstützt von

Geologie - Wasser - Umwelt

Ihr kompetenter Partner für Geologie, Baugrund, Wasser und Umwelt

Bayerhamerstraße 57, 5020 Salzburg, Österreich
www.gwu.at

Titelbild

Nasse Tuxalm

Herbstlicher Kälteeinbruch über der Nassen Tuxalm (am linken Bildrand). Die frisch verschneiten Gipfel im Hintergrund sind Kalkwand (2826 m) und Torspitze (2663 m). Die unterschiedliche Form der Gipfel gründet auf der grundlegend verschiedenen Geologie: Während die Torspitze größtenteils aus oberostalpinen Kristallingesteinen der Innsbrucker-Quarzphyllit-Decke aufgebaut wird, formt die Kalkwand eine unterostalpine Metakarbonat-Klippe mesozoischen Alters.

Rückseite

Tuxer Kamm

Abendstimmung am Tettensjoch mit Blick gegen den Tuxer Kamm (links des Gipfelkreuzes; von links nach rechts stehen Höllenstein, Schmittenberg und Kleiner Kaserer) sowie die südlichen Tuxer Alpen (rechts). Das Panorama reicht hier von der Gamskarspitze über Geier und Lizumer Reckner bis in das Gebiet der Junsalm (Foto © Hochgebirgsnaturpark Zillertaler Alpen, Fotograf Thomas Pfister).

Copyright © 2023 by Verlag Dr. Friedrich Pfeil, München

Dieses Werk ist urheberrechtlich geschützt.
Jede Art der Vervielfältigung und Weitergabe,
auch auszugsweise und in elektronischer Form, insbesondere im Internet,
bedarf der ausdrücklichen Genehmigung durch den Verlag.

Druckvorstufe: Verlag Dr. Friedrich Pfeil, München
Lektorat: Anna-Maria Zabold
Druck: PBtisk a.s., Příbram I – Balonka

Printed in the European Union

ISBN 978-3-89937-287-8

Verlag Dr. Friedrich Pfeil, Wolfratshauser Straße 27, 81379 München
Tel.: +49 89 5528600-0 – Fax: +49 89 5528600-4 – E-Mail: info@pfeil-verlag.de – www.pfeil-verlag.de

Wanderungen in die Erdgeschichte

44

Westlicher Tuxer Kamm, südliche Tuxer Alpen und Brandberger Kolm

Weiche Schale, harter Kern

Thomas Hornung

Zweiter Band zur Geologie der Zillertaler und Tuxer Alpen

Verlag Dr. Friedrich Pfeil · München 2023

Inhalt

Vorwort

Unmittelbar nördlich an den Hochgebirgs-Naturpark Zillertaler Alpen angrenzend liegen die Tuxer Alpen sowie die westlichen Ausläufer der Reichenspitzgruppe über Brandberg als ein stilles, bereichsweise sogar abgeschiedenes Randgebiet – sieht man einmal vom Winter ab, wenn zahlreiche skifahrende Zeitgenossen in Tux einfallen und das Tal in ein Tollhaus verwandeln. Während es in Brandberg das ganze Jahr über niemals geschäftig und eher beschaulich ist, kehrt eben jene Gemütlichkeit in den Frühjahrs- und Sommermonaten nach Ende der Ski-Hauptsaison auch im Tuxertal zwischen Madseit, Juns und Vorderlanersbach zurück. Einzig am Tuxer Gletscher tummeln sich noch die Sommerskifahrer auf dem sterbenden Gefrorene-Wand-Kees, laut einschlägiger Werbung an 365 Tagen im Jahr – gegenwärtig noch eine Tatsache, die jedoch durch den fortschreitenden Klimawandel nur noch "auf Pump" zu halten ist. Die Anzeichen dafür sind bereits heute unübersehbar.

Gehört der westlichste Part der Reichenspitzgruppe als "Gerloskamm" rund um den markanten Brandberger Kolm auch topographisch noch zu den Zillertaler Alpen, stehen die durch das Tuxertal von diesen getrennten Tuxer Alpen seit jeher im Schatten des berühmten Gebirgsnachbarn – gerade, was Landschaft und Geologie angeht, sehr zu Unrecht! Es gibt dort zwar kaum funkelnde Kristalle und spektakuläre Berggestalten, ja nicht einmal einen der prestigeträchtigen Dreitausender, dafür aber stille, zu manchen Zeiten beinahe menschenleere Landschaften – eine Tatsache, die dem so geschäftigen Treiben rund um das Tuxer Skigebiet erstaunlich zuwider steht. Und strukturgeologisch betrachtet stehen die Tuxer Alpen sowie der Gerloskamm eigentlich "über" den Zillertaler Alpen, bilden sie doch die nächsthöheren tektonischen Stockwerke und die Umrahmung des nordwestlichen Tauernfensters. Dort finden sich Gesteine einstiger tiefmariner Ablagerungen sowie Sedimentstapel ehemals flachmariner, subtropischer Gefilde direkt neben- beziehungsweise übereinander. Und da zumindest kleine Teilbereiche des diese metamorphen Sedimentgesteine unterlagernden Tauernfensters gerade noch ins hier beschriebene Exkursionsgebiet hineinreichen, steht die hiesige geologische Vielfalt jener des Vorgängerbandes "Hochgebirgs-Naturpark Zillertaler Alpen" nun wirklich in nichts nach.

Womit wir wieder beim Thema wären: Eigentlich war eine geologische wie literarische Verquickung beider Gebiete in einem einzigen "Wanderungen"-Band geplant. Jedoch entwickelte das geschriebene Wort im Lauf der Zeit eine eigene Art Evolution: Sowohl Geländebegehungen als auch Datenrecherche hatten irgendwann eine Fülle erreicht, die eine Trennung des Manuskriptes notwendig machte, und die sowohl aus einem topographischen als auch aus einem geologischen Sinn plausibel erschien. Es lag also nahe, die tektonisch tieferen Einheiten des Tauernfensters inklusive der sie umgebenden permomesozoischen Decken (Modereck-Deckensystem), wie sie im Hochgebirgs-Naturpark Zillertaler Alpen in der Hauptsache vorkommen, von den tektonisch "höheren" Stockwerken der Tuxer Alpen (Penninikum, Unterostalpin und Oberostalpin) abzuspalten. Natürlich gibt es zahlreiche thematische Überschneidungspunkte zwischen beiden Gebieten, aber im Sinne eines Folgebandes erschien es wenig sinnvoll, die im Vorgängerband "Zillertaler Alpen" dargelegten einleitenden Kapitel hier zu wiederholen. Entsprechende Detailerläuterungen werden im Zuge der Exkursionen abgehandelt und ein Glossar findet sich auch hier am Ende des Buches. Und dadurch, dass die Exkursionsnummern beider "Wanderungen"-Bände fortlaufend sind, soll deren Fortsetzungscharakter unterstrichen werden. Die Trennung erfolgte letztendlich nur der Handlichkeit des hier Beschriebenen geschuldet – thematisch wie inhaltlich bilden beide Bände ehrlicherweise eine Einheit.

So kommen in der Glocke (Exkursion J), am Brandberger Kolm (Exkursion K) sowie am Tuxer Kamm (Exkursion L) ebenjene Einheiten des Venediger- und Modereck-Deckensystems vor, die bereits in einigen Exkursionen des Vorgängerbandes 43 beschrieben stehen – nur eben in einem etwas anderen Zusammenhang. Die übrigen Routen in den südlichen Tuxer Alpen (Exkursionen M, N, O und P) erschließen tatsächlich geologisches Neuland, das im Vorgängerband so nicht erwandert und erlebt werden kann.

Der rote Faden der hier vorgestellten Exkursionen ist gleich geblieben: Alle Routen müssen erwandert oder teilweise "erradelt" werden. Das eigene Auto nützt nur für die Fahrt zum Ausgangspunkt. Es wurde versucht, die Wege und die Natur nach bestem Wissen und Gewissen in all ihren Facetten (und Tücken!) zu beschreiben, aber dennoch kann ich keine Haftung für selbst verschuldete Unfälle übernehmen. Vor allem die Exkursionen auf die höchsten Tuxer Gipfel sowie den hier beschriebenen Zillertaler Dreitausender (Kleiner Kaserer) sind teilweise ausgesetzt, meistens steil, abschüssig und mitunter wetterbedingt schwierig zu begehen. Sie sollten deswegen nur bei stabilen äußeren Umständen und von ausdauernden, trittsicheren und einigermaßen "alpinaffinen" Zeitgenossen begangen werden. Jedoch gibt es beinahe zu allen Exkursionen entschärfte Varianten, die die schwierigsten Passagen ausklammern und somit auch von nicht komplett bergversierten Mitmenschen in Angriff genommen werden können.

Die günstigste Jahreszeit sind die Sommermonate, bei guten Verhältnissen auch bereits das späte Frühjahr sowie der "goldene" Oktober über das Saisonende der Schutzhütten hinaus. Vor allem im Herbst sind die Temperaturen am erträglichsten, die Farben am kräftigsten und das Wetter am stabilsten (aber auch die Tage am kürzesten).

Zur Wegfindung wurden dem Buch Auszüge aus der amtlichen topographischen Karte Österreichs sowie der neu erstellten "Geologischen Karte des Hochgebirgs-Naturparkes Zillertaler Alpen und angrenzender Gebiete" in unterschiedlichen Maßstäben beigelegt. Dennoch sei der besseren Übersicht wegen auf die beiden hervorragenden Alpenvereinskarten Blatt Zillertaler Alpen West sowie Tuxer Alpen in den Maßstäben 1:25 000 beziehungsweise 1:50 000 verwiesen.

Ich möchte Sie also einladen, mir auf geologischen Spuren auf die stille Seite der Zillertaler und Tuxer Alpen zu folgen und die Landschaft mit ganz anderen Augen zu sehen. Auch hier hoffe ich, dass Ihnen die vielfältigen landschaftlichen und geologischen Reize der Gegend und Ihre Erdgeschichte nicht allzu lang verborgen bleiben werden.

Thomas Hornung, Salzburg und Berchtesgaden im Winter 2022

Im Abstieg vom Spannagelhaus wirkt die 2686 Meter hohe Lärmstange wie ein Riesenzahn. Ihre langgezogene Ostwand setzt sich nach Süden bis zum Kleinen Kaserer (im Hintergrund, 3093 m) fort und kennzeichnet in besonders eindrucksvoller Weise die auf den Tuxer Kristallinkern samt überlagernder autochthoner Hochstegen-Zone aufgeschobene Wolfendorn-Decke mit der mächtigen Kaserer-Formation: Am linken Bildrand liegen Kristallingesteine des Tuxer Kerns, der Schmelzwasserbach konturiert die Grenze zur metasedimentären Hochstegen-Zone und die Lärmstange wird aus stark verfalteter Kaserer-Formation aufgebaut (siehe auch Exkursion L).

Sonnenuntergang am Rastkogel: Das Panorama reicht vom Zillertaler Hauptkamm (links) und Tuxer Kamm (Zentrum) bis zu den Stubaier und Ötztaler Alpen (rechts). Foto von Andi NEURAUTER, mit freundlicher Genehmigung des Hochgebirgs-Naturparks Zillertaler Alpen.

Dank

Natürlich schulde ich auch bei diesem erdgeschichtlichen "Wanderungen"-Band denselben Personen Dank, die ich bereits im Vorgängerbuch "Hochgebirgs-Naturpark Zillertaler Alpen" erwähnt habe: Zuerst sind das Dr. Fritz PFEIL und ganz besonders Dr. Maximilian SCHEUNGRAB vom Pfeil-Verlag in München sowie das Team des Hochgebirgs-Naturparkes Zillertaler Alpen unter der Leitung von Dipl.-Geogr. Willi SEIFERT, ferner Dr. HAUPOLTER vom Amt der Tiroler Landesregierung, Mag. Werner BEER vom österreichischen Alpenverein Innsbruck sowie Dr. Jerzy ZASADNI vom Geologischen Institut der Universität Krakau. In diesem Rahmen möchte ich auch meinem ehemaligen Kollegen an der Universität Innsbruck, Dr. Franz REITER, für erhellende tektonostratigraphische Einsichten zum Tarntaler Mesozoikum und insbesondere der Hippold-Decke herzlich danken. Dasselbe an Dank schulde ich Prof. Dr. Christoph SPÖTL (Innsbruck) für entscheidende Impulse hinsichtlich des Bereiches um die Spannagelhöhle.

Ganz besonderer Dank geht in diesem Rahmen an die Gemeinden Tux und Brandberg: Das Interesse an Landschaft und Geologie sowohl des touristischen Leiters der Gemeinde Tux, Gernot ERLER, als auch des Bürgermeisters der Gemeinde Brandberg, Heinz EBENBICHLER, öffnete buchstäblich Tür und Tor für die nachfolgend stehenden erdgeschichtlichen Wanderungen rund um das Tuxertal sowie Brandberg. Das Finanzieren einer geologischen Karte samt eines geologischen Wanderführers ist schließlich (leider) nichts Alltägliches.

Großen Dank schulde ich dem Waldaufseher der Gemeinde Tux, Herrn Franz GEISSLER, dessen großzügige Überlassung des Generalschlüssels zu allen das Tuxertal sowie die Gemeinde Finkenberg betreffenden Forstwegen mir viele doppelt und dreifach abgelaufene Kilometer ersparte und den einen oder anderen kurzen Abstecher ermöglichte, wenn gerade mal das Wetter gut wurde und das eine oder andere Foto noch fehlte. Vielen Dank auch an Christoph ANFANG (Vorderlanersbach) für ein ganz spezielles Höhlentrekking durch die Spannagelhöhle, Mag. Clemens ASTLEITHNER (St. Panthaleon/Wals) für seine Unterstützung auf dem sterbenden Gefrorene-Wand-Kees sowie dem Großen Kaserer und Christoph KLAUS (Berchtesgaden) für seine Begleitung an einem denkwürdigen, da wunderbar klaren Herbsttag am Brandberger Kolm. Und dann wären da noch das zufällige Treffen mit Franz WECHSELBERGER (Tux) und ein sehr erhellendes Gespräch über das Tuxer Magnesitwerk.

Ein strahlender »goldener« Oktobernachmittag am Rastkogel mit einer beinahe arktisch anmutenden Tundrenstimmung. In diesen Regionen trifft man auch an solch schönen Tagen – wenn überhaupt – nur wenige Menschen und ist meistens alleine mit sich und den Bergen (siehe auch Exkursion P).

Einige meiner Geologenkollegen und Freunde haben wieder die mühevolle Aufgabe des kritischen Lektorats übernommen, wenn der eigene Tellerrand zu hoch und das Brett vorm Kopf wieder mal zu dick war: Stefan BERGER und Philipp FURCH (beide Salzburg), Franz REITER (Aldrans), Ulrich TEIPEL (Landsberg am Lech), Julia TERNONIG (Anthering), Elias WALLNER und Herwig ZEHENTNER (beide Salzburg). Auch meine Tochter hat Teile des Manuskriptes aus "Nichtgeologen"-Sicht nochmals quergelesen.

Am Gipfel des Brandberger Kolms (2700 m) – der Blick geht nach Osten gegen die Reichenspitzgruppe (siehe auch Exkursion K).

Topographischer und geologischer Überblick des Exkursionsgebietes

Wie bereits im Vorwort angeklungen, sind die Grenzen des Exkursionsgebietes im Westen nicht exakt 1
an den Talschaften und topographischen Linien zwischen den Gebirgsgruppen ausgerichtet. Im Osten bildet der Ziller die Südgrenze und umfasst mit dem 2700 Meter hohen Brandberger Kolm einen sehr markanten, beinahe ideal symmetrisch zugeschnittenen westlichen Eckpfeiler im Gerloskamm der Reichenspitzgruppe. Diese bildet die östlichste Teilgruppe der Zillertaler Alpen im "Grenzgebiet" zwischen Tirol und Salzburg. Über Mayrhofen, Finkenberg und den Tuxbach westwärts zieht sich die Südgrenze bis Hintertux, nimmt jedoch noch einen kleinen Anteil des Tuxer Kammes mit, der sich nicht mehr im Gebiet des Hochgebirgs-Naturparkes Zillertaler Alpen befindet. Hier liegen die Gipfel der "Kaserer" – es gibt einen Großen (3263 m), einen Falschen (3254 m) und einen Kleinen (3093 m). Sie bilden die Nordwestecke der Zillertaler Alpen, die das breite Tuxer Joch (2317 m) topographisch von den Tuxer Alpen trennt. Letztere erstrecken sich nördlich des Tuxertals und über

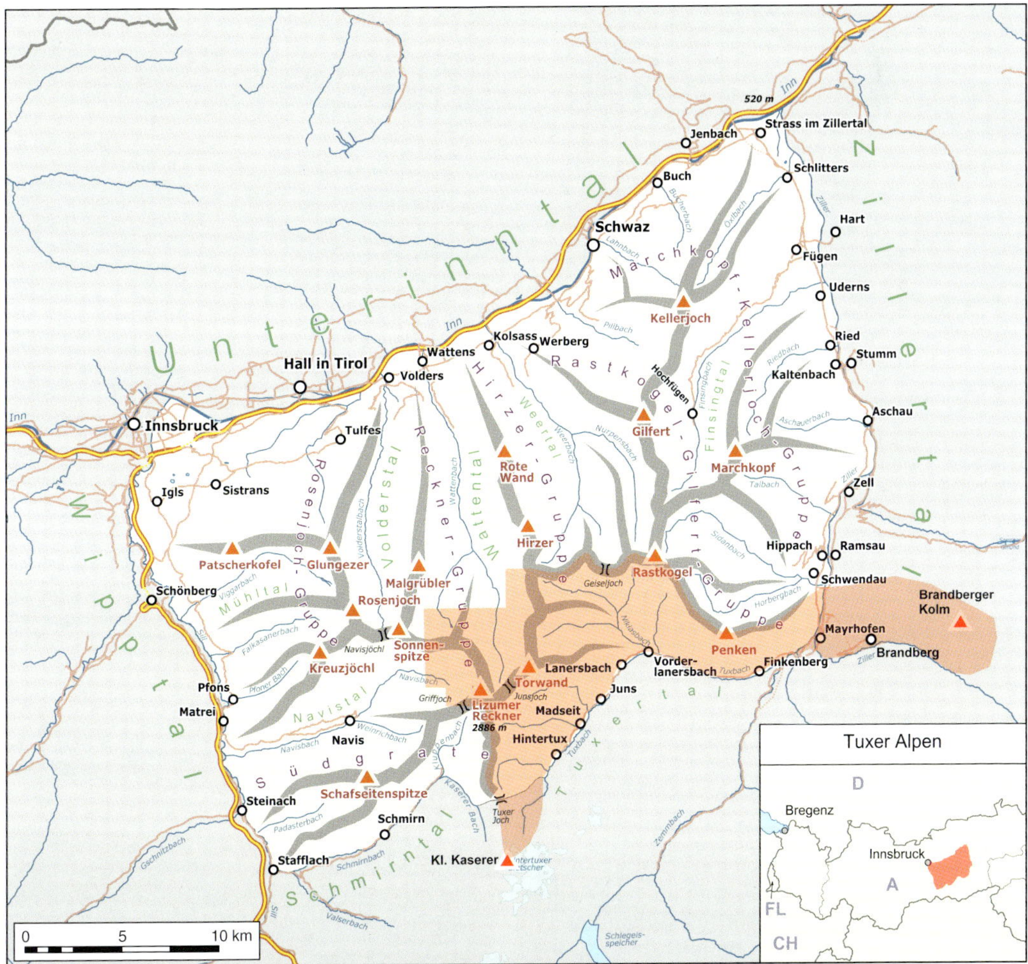

Abb. 1. Topographie der Tuxer Alpen mit dem rot eingefärbten Anteil des Exkursionsgebietes, das am Kleinen Kaserer sowie am Brandberger Kolm noch kleine Abschnitte der Zillertaler Alpen außerhalb des Hochgebirgs-Naturparkes mit einbindet (verändert aus Wikimedia commons).

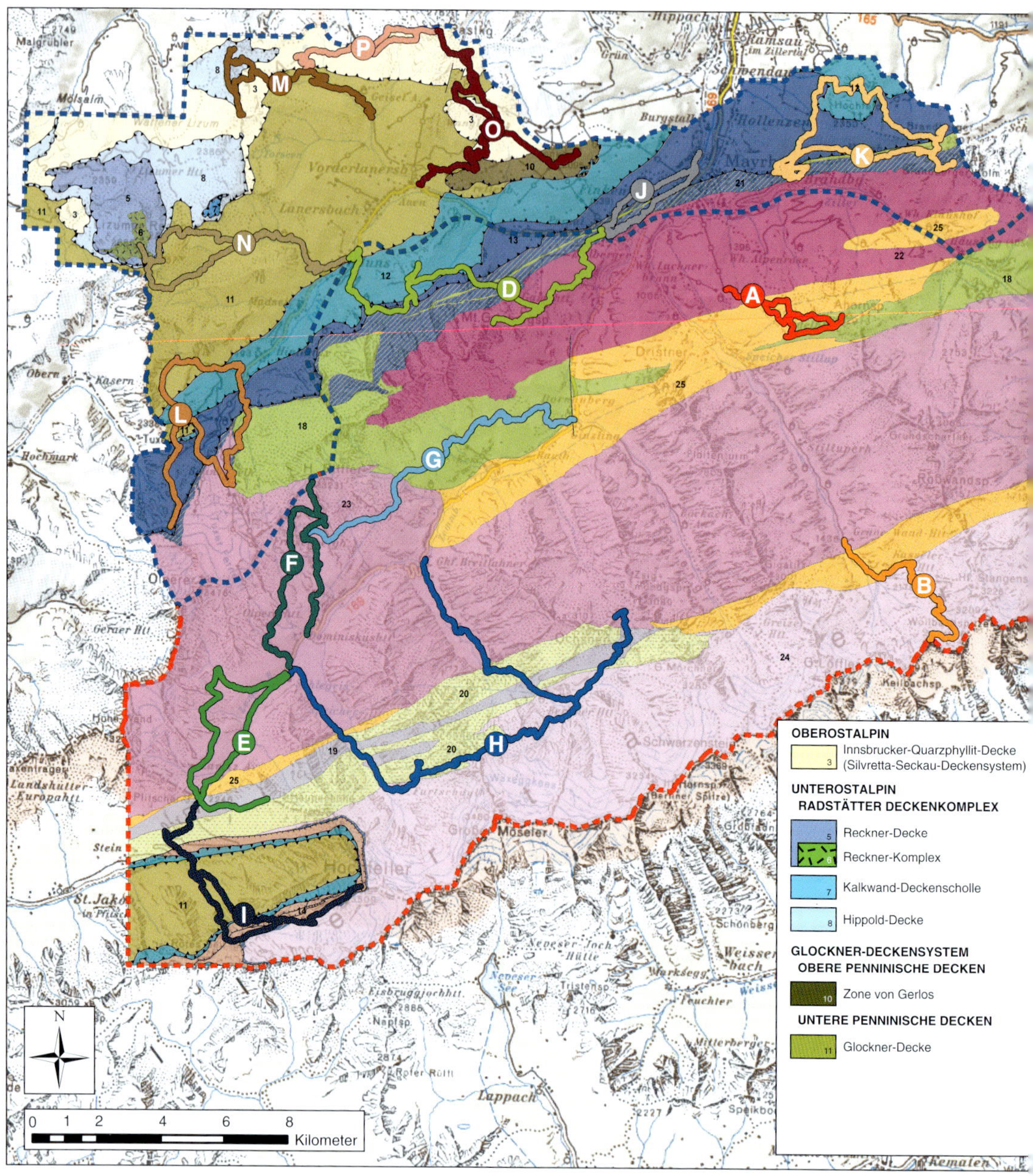

den meist stillen Seitentälern ihres südlichen Abschnittes verstecken sich auch ihre höchsten Gipfel. Zwar gibt es keine Gletscher und auch keine Dreitausender, aber Geier (2857 m), Lizumer Reckner (2886 m) und Kalkwand (2826 m) reichen immerhin knapp an diese Marke heran. Weitere markante Erhebungen, die das Tuxertal nordwärts einrahmen, sind die Gamskarspitze (2750 m), die Torspitze (2663 m), die Hippoldspitze (2642m) sowie der 2762 Meter hohe Rastkogel ganz im Norden. Diese Linie sowie der nach Südosten verlaufende Kamm bis zum Penken (2095 m) und dessen Osthang nach Mayrhofen bilden die Nordgrenze des hier beschriebenen Gebietes.

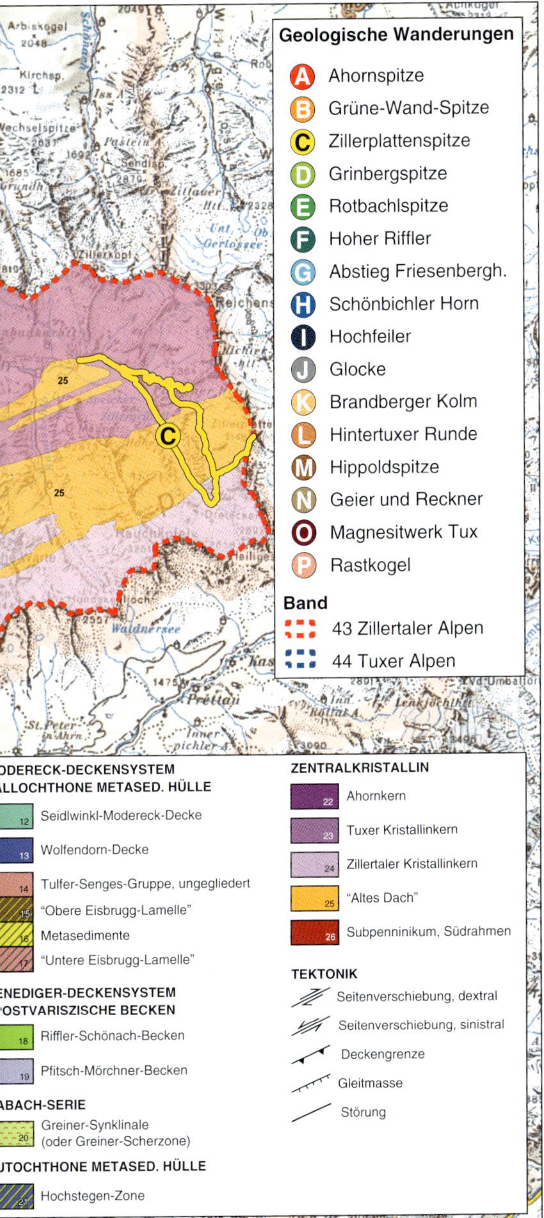

◁ *Abb. 2. Tektonische Karte des Exkursionsgebietes mit den erdgeschichtlichen Wanderungen (inkludiert auch jene des Vorgängerbandes).*

Die Tuxer Alpen bedecken ein Gesamtgebiet von mehr als 1000 Quadratkilometern und bilden neben den Zillertaler Alpen eine der flächenmäßig größten Gebirgsgruppen der Ostalpen. Politisch gehören die Berge zu den Tiroler Bezirken Schwaz und Innsbruck. Das Exkursionsgebiet wird durch Ziller und Tuxbach entwässert, wobei gerade der Ziller einen wichtigen Innzufluss bildet. Und da der Inn zum Stromgebiet der Donau gehört, fließt alles an abgehenden Niederschlagswässern irgendwann und schlussendlich ins Schwarze Meer.

Das Klima der Region wird entscheidend von der Gebirgsfront des Zillertaler Hauptkammes geprägt, die nicht nur als Wasser-, sondern auch als Wetterscheide fungiert. Die Tuxer Alpen liegen dabei wetterbegünstigt zwischen der Mauer der Nördlichen Kalkalpen und dem Zillertaler Hauptkamm, die mitunter größere Niederschlagsgebiete aus Nordwesten, Süden und Südosten abfangen können. So fallen in weiten Bereichen der Tuxer Alpen gerade mal 1000 Millimeter Jahresniederschlag auf den Quadratmeter – nicht gerade viel für ein Hochgebirge! Das begünstigt durch den Klimawandel leider mittlerweile "nur" noch die Grundwasserneubildung und trägt seit mehr als drei Jahrzehnten nicht mehr zum Wachstum von Gletschern bei, die in den Tuxer Alpen ohnehin seit Langem schon Geschichte sind.

Kommen wir zu einem sehr knapp gehaltenen geologischen und tektonischen Abriss des Gebietes: Wie praktisch überall in der Natur, verstärkt natürlich in den Gebirgen, ist die Geomorphologie auch in den Tuxer Alpen sowie den Randgebieten der Zillertaler Alpen ein Spiegel der Geologie, hervorgerufen durch die Einwirkungen von Witterung, Erosion und der unterschiedlichen Widerstandsfähigkeit vielfältigster Lithologien. Die im Exkursionsgebiet wiedergegebene lithologisch-tektonische Abfolge ist in ausführlicherer Form im Kapitel zur regionalen Geologie des Vorgängerbandes 43 beschrieben, sei aber an dieser Stelle für das hier behandelte Exkursionsgebiet zum besseren Verständnis nochmals in stark geraffter Form zusammengefasst. Eine tektonische
Übersicht gibt Abbildung 2, eine Zusammenfassung der wichtigsten das Gebiet betreffenden Er- 2
eignisse Abbildung 3. 3

Ganz im Süden des Exkursionsgebiets ist am Gefrorene-Wand-Kees südlich des Kleinen Kaserers der Tuxer Kristallinkern als Teil "ureuropäischer Kruste" erschlossen – gleichbedeutend mit einem kleinen Ausschnitt des nordwestlichen Tauernfensters und des "Venediger-Deckensystems" (oder

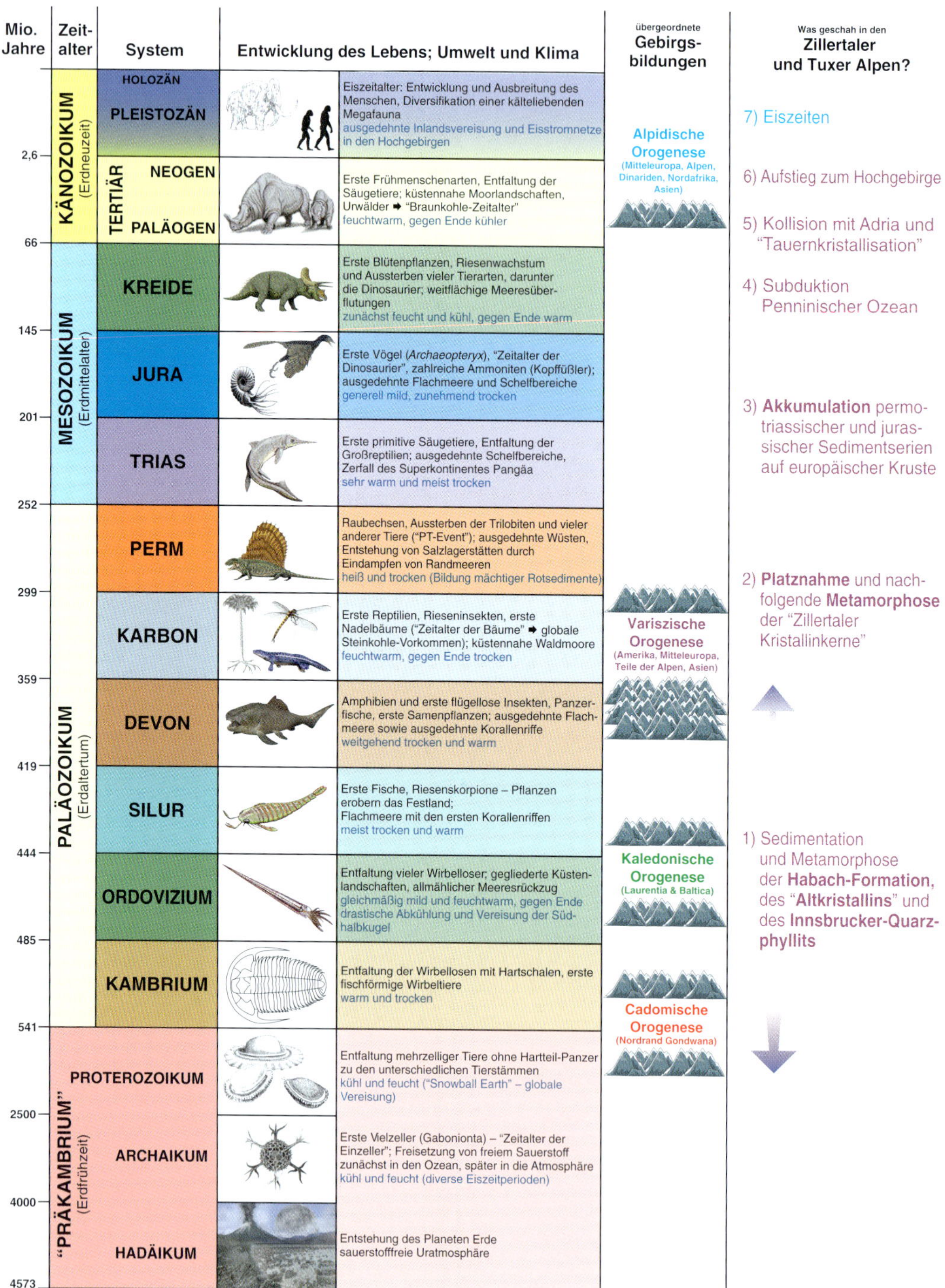

Abb. 3. Knapp gehaltener Abriss der Erdgeschichte mit Bezugnahme auf wichtige, die Zillertaler und Tuxer Alpen betreffende Ereignisse.

Abb. 4. Aussicht vom P. 3106 m oberhalb der Höllscharte auf Großen Kaserer (3263 m), Falschen Kaserer (3254 m), Olperer (3476 m) und Fußstein (3381 m): Der Bergsteiger im Vordergrund steht auf jurassischen Metasedimentgesteinen der Hochstegen-Zone und blickt auf Abfolgen des Tuxer Kristallinkerns und damit – tektonisch gesehen – »hinab« ins nordwestliche Tauernfenster mit alter europäischer Kontinentalkruste.

"Venediger-Duplex"). Die hier anstehenden Gneise drangen im Zuge der variszischen Orogenese als Granite und Granodiorite in kristalline Kruste sowie überlagernde (alt-)paläozoische Gesteinsserien auf, die teilweise weiter südlich im "Altkristallin" sowie einer schmalen, stark deformierten Zone überliefert sind ("Greiner-Synklinale", genauere Ausführungen siehe das Kapitel zur regionalen Geologie in Band 43 sowie dort bei den Exkursionen F, G und H). Sehr interessant in diesem Zusammenhang sind in postvariszischer Zeit (also nach der variszischen Gebirgsbildung im Karbon) durch Grabenbrüche zwischen Krustenhochgebieten angelegte, tiefe Sedimentationsbecken, die ab dem Oberkarbon zum Teil mächtige, klastische Sedimentserien aufnahmen. Das "Pfitsch-Mörchner-Becken" ist heute innig mit besagter Greiner-Synklinale verfaltet, trennt Zillertaler vom Tuxer Kristallinkern und liegt südlich außerhalb des hier besprochenen Gebietes. Das größere und besser erhaltene "Riffler-Schönach-Becken" jedoch, das den Tuxer Kristallinkern vom nördlich benachbarten 4
Ahornkern trennt, ist Thema in Exkursion L. Dessen Struktur und heutige Überlieferung wird dort eingehender dargelegt. Auch das kleinere "Kaserer-Becken" mit einer Sedimentationsgeschichte ab der Perm/Trias-Grenze wird ebendort eingehender erläutert.

Offenbar waren große Teile der während der variszischen Gebirgsbildung intrudierten granetoiden Schmelzen der heutigen Zillertaler Kristallinkerne in der Zeit während der Sedimentation der postvariszischen Becken bis nahe an die Trias/Jura-Grenze Hochgebiete und damit Erosions- und Abtragungsräume – zumindest gibt es von dort keine Anzeichen sedimentärer Überdeckung. Das änderte sich grundlegend mit einer im Unterjura beginnenden marinen Transgression, die Sedimentgesteine über ein weitgehend nivelliertes Relief sowohl über die Kristallinkerne des Tauernfensters als auch über die nunmehr aufgefüllten postvariszischen Becken akkumulieren konnte: Mit der jurassischen Hochstegen-Formation wurden weite Bereiche der kontinentalen Kruste von Flachwasser-Karbonaten überzogen. Im Oberjura beziehungsweise der tieferen Unterkreide endete die Sedimentation auf dem europäischen Schelf im Bereich der heutigen Zillertaler und Tuxer Alpen, im Zuge der alpinen Orogenese mutierten die granetoiden Intrusionen zu Gneisen, die postvariszischen Becken zu lithologisch heterogenen, metamorphen Serien von Arkosegneisen, Knollengneisen, Konglomeratgneisen, (rauwackoiden) Quarziten, Graphit- und Biotitphylliten sowie Kalk- und Dolomitmarmoren. Auch das sedimentäre, jurassische "Cover" veränderte sein Bild und ist heute in der Hochstegen-Zone als bis zu 100 Meter mächtige Abfolge von Graphitphylliten, eisenoxidreichen Quarziten und Kalkmar-

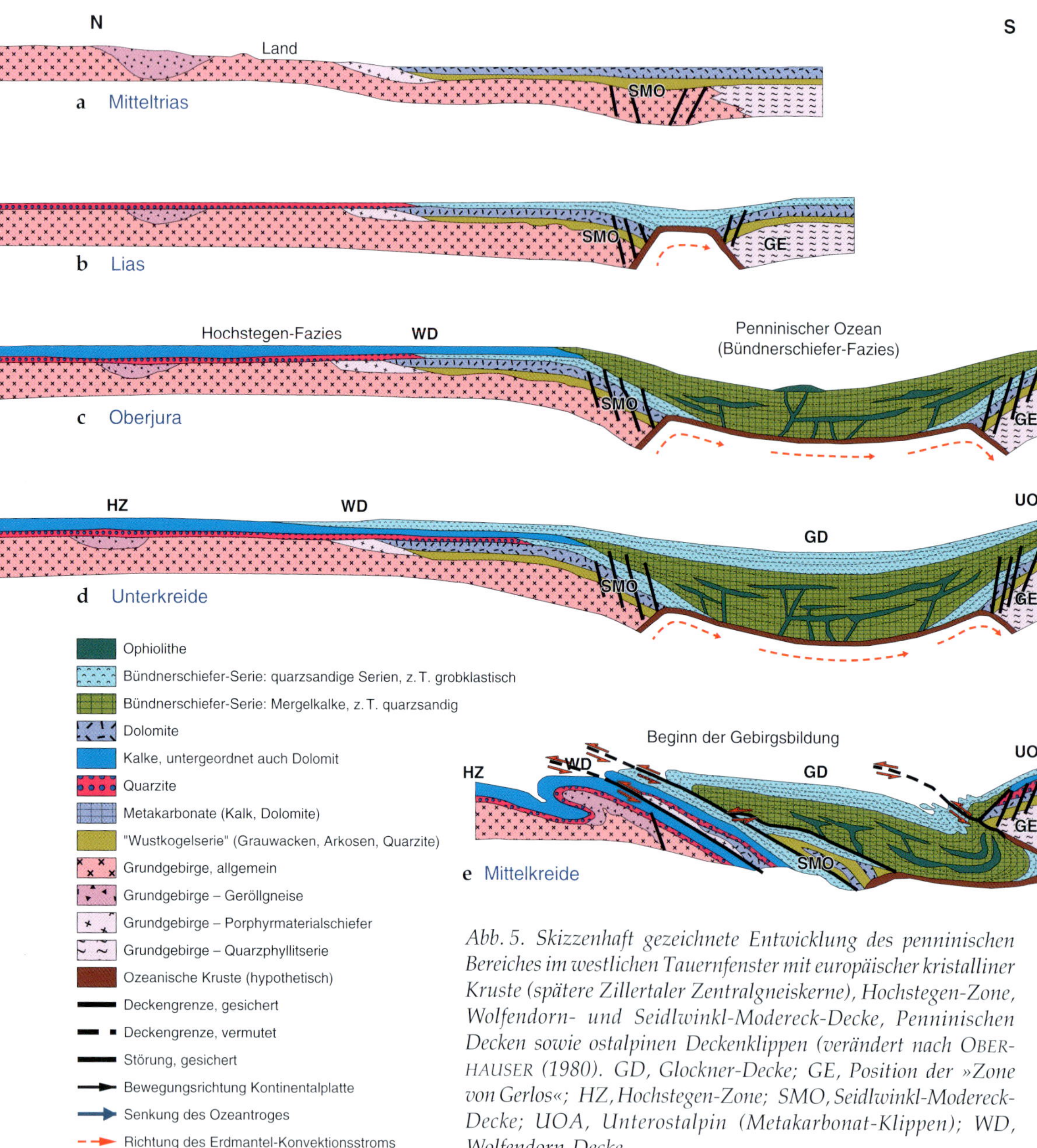

Abb. 5. Skizzenhaft gezeichnete Entwicklung des penninischen Bereiches im westlichen Tauernfenster mit europäischer kristalliner Kruste (spätere Zillertaler Zentralgneiskerne), Hochstegen-Zone, Wolfendorn- und Seidlwinkl-Modereck-Decke, Penninischen Decken sowie ostalpinen Deckenklippen (verändert nach Oberhauser (1980). GD, Glockner-Decke; GE, Position der »Zone von Gerlos«; HZ, Hochstegen-Zone; SMO, Seidlwinkl-Modereck-Decke; UOA, Unterostalpin (Metakarbonat-Klippen); WD, Wolfendorn-Decke.

moren metamorph umgewandelt. Das Entscheidende: Der primäre Kontakt zwischen einst granetoiden Plutoniten und subtropisch gebildeten Flachwasserkalken ist dabei erhalten geblieben und ist beispielsweise knapp südlich von Finkenberg an der Glocke (Exkursion J) sowie nahe Brandberg (Exkursion K) zu sehen. An beiden Lokationen treffen Hochstegen-Kalkmarmore auf Gneise des Ahornkerns. Der Kontakt zwischen dem postvariszischen Riffler-Schönach-Becken mit seinen Paragneisen zur überlagernden Hochstegen-Formation kann hautnah in der Spannagelhöhle "erlebt" werden (Exkursion L). Oft ist er so scharf ausgebildet, dass man die Hand darauf legen kann!

Damit ist die geologische Geschichte jedoch nicht zu Ende erzählt. Über der Hochstegen-Zone liegt eine ganz ähnliche permomesozoische Abfolge, jedoch abgeschert, disloziert und als tektonisch stark reduzierte Deckenspäne überliefert: Dies sind die Wolfendorn-Decke sowie die überlagernde Seidlwinkl-Modereck-Decke. So kommt es, dass der Hochstegen-Kalkmarmor gleich dreimal in unterschiedlichen tektonischen (oder "tektonostratigraphischen") Stockwerken auftreten kann: Einerseits autochthon über den Zillertaler Kristalllinkernen und postvariszischen Becken des "Venediger-Deckensystems", andererseits innerhalb der allochthonen Wolfendorn- und der Seidlwinkl-Modereck-Decke (beide werden zum "Modereck-Deckensystem" zusammengefasst).

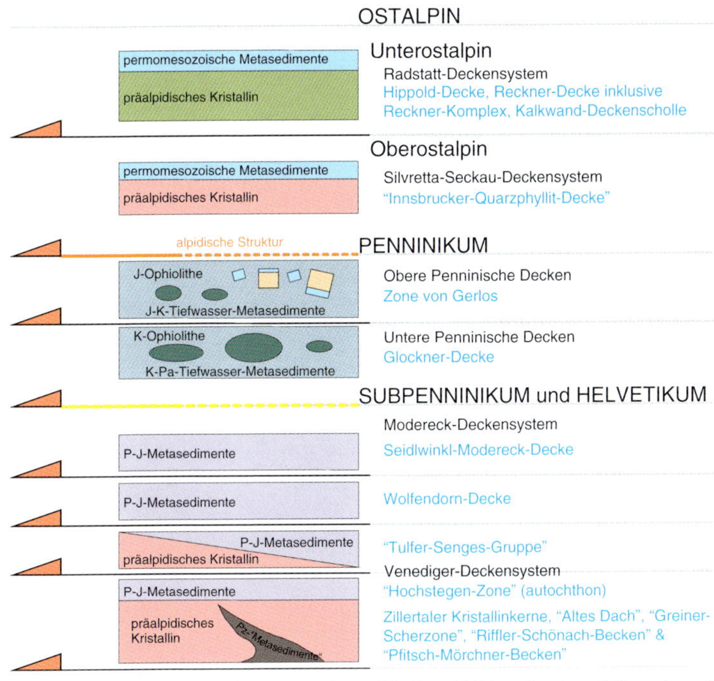

Abb. 6. Vereinfachte tektonostratigraphische Abfolge der im Zillertal und den angrenzenden Tuxer Alpen erschlossenen Einheiten.

Über dem Venediger- und Modereck-Deckensystem liegt das "Glockner-Deckensystem" mit penninischen Einheiten. Der untere Bereich wird als "Glockner-Decke" bezeichnet und deren metasedimentäre Einheiten als lithologisch heterogene Bündnerschiefer-Serie zusammengefasst. Diese wurde ab dem Unterjura in einem kleinen, sich am europäischen Rand öffnenden Randozean – dem Penninischen Ozean – gebildet und umfasst einen Großteil der südlichen Tuxer Alpen. Bündnerschiefer erstrecken sich vor allem an der Südabdachung des Tuxertals vom Tuxer Joch bis ins Rastkogelebiet. Mit der Subduktion des Penninischen Ozeans im jüngeren Mesozoikum wurden Teile der Abfolge obduziert und auf europäische Kruste samt sedimentärer Überdeckung geschoben. Vor allem Exkursion N, 5
aber auch teilweise die Exkursionen L und M verlaufen in diesem Bereich. Die obere Einheit des im Exkursionsgebiet erhaltenen Penninikums wird durch die "Zone von Gerlos" (siehe Exkursion O) vertreten – hier sind vor allem Metasedimentgesteine triassischen und jurassischen Alters erschlossen.

Die "Zone von Gerlos" wird von monotonen Abfolgen der Innsbrucker-Quarzphyllit-Decke überlagert, die als tiefste Einheit des Silvretta-Seckau-Deckensystems angesehen und zum Oberostalpin gerechnet wird. Mit diesen Abfolgen müssen wir zumindest gedanklich den europäischen Kontinentalbereich verlassen und uns auf das jenseitige, südöstliche Ufer des Penninischen Ozeans begeben: Einst als Sedimentserien im Schelfbereich eines Mikrokontinentes namens "Adria" abgelagert, wurden sie im Zuge der alpinen Gebirgsbildung über penninische Abfolgen hinweg auf europäischen Boden transportiert, wo sie bis heute liegen. Das Exkursionsgebiet betreffend reicht das Oberostalpin vom Rastkogel bis zur Kalkwand und ist vorwiegendes Thema der Exkursionen O und P. Seine Verbreitung geht allerdings weit über das hier besprochene Gebiet hinaus und erstreckt sich nordwest- und nordwärts nach Innsbruck beziehungsweise ins Inntal und weiter über die Stubaier und Ötztaler Alpen bis zur Silvretta, wo es den südlichen Rahmen der ebenfalls oberostalpinen Nördlichen Kalkalpen bildet und deren kristallines Basement darstellt. Sowohl Penninische Decken als auch die oberostalpine Innsbrucker-Quarzphyllit-Decke als Teil des Silvretta-Seckau-Deckensystems werden 6
in unserem Gebiet von unterostalpinen Deckenklippen überlagert. Diese wurden ebenfalls während

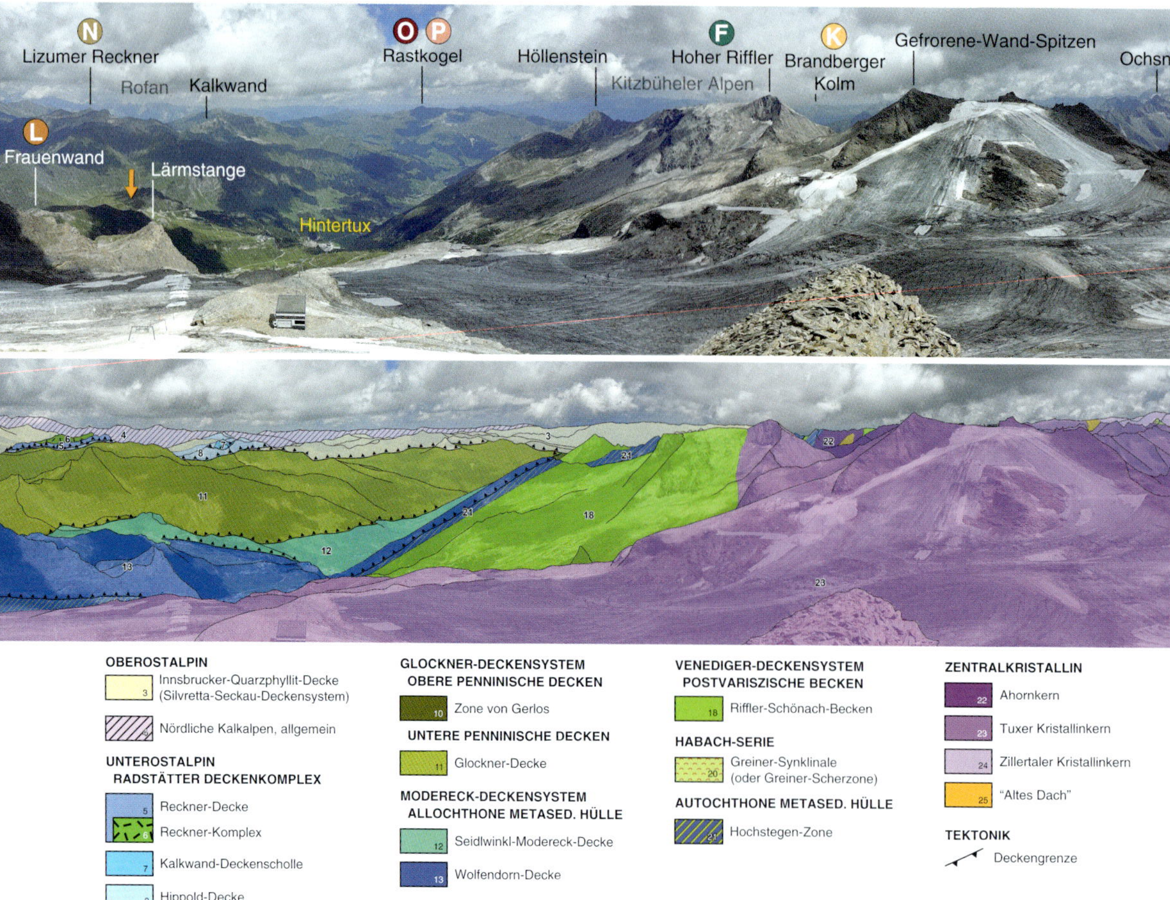

Abb. 7. Vom Großen Kaserer (3263 m) hat man eine sehr gute Aussicht aus den kristallinen Einheiten des nordwestlichen Tauernfensters hinaus gegen seine metasedimentäre, sowohl autochthone als auch allochthone Hülle – und überdies einen sehr schönen Überblick über das gesamte westliche Exkursionsgebiet. An Ort und Stelle über den Zentralgneiskernen blieben dabei lediglich die Metakarbonate der Hochstegen-Zone und die darin eingefalteten beziehungsweise verschuppten Reste des Riffler-Schönach-Beckens (vor allem nördlich des Hohen Rifflers). Darüber liegen die Einheiten der Wolfendorn- und Seidlwinkl-Modereck-Decke sowie jenseits des Tuxertales penninische Einheiten der Glockner-Decke und der »Zone von Gerlos«. Auf das Penninikum ist die oberostalpine Innsbrucker-Quarzphyllit-Decke überschoben und nochmals darüber liegen die unterostalpinen Deckenklippen von Lizumer Reckner, Kalkwand und Hippoldspitze. Den Rahmen im Norden des Panoramas bilden die Nördlichen Kalkalpen als ein nicht metamorph umgewandeltes Pendant zu den unterostalpinen Deckenklippen. Die Berge um Karwendel und Rofan werden allerdings zum Oberostalpin gezählt, das weitgehend von seinem kristallinen Basement (beispielsweise der Innsbrucker-Quarzphyllit-Decke) abgeschert und nach Norden geglitten ist. Der orangefarbene Pfeil markiert das Tuxer-Joch-Haus.

Permotrias und Jura in Form weitgehend flachmariner Sequenzen auf kontinentalen Schelfarealen von Adria sedimentiert. Dieser Mikrokontinent – oft etwas generös in Sachen Alpenauffaltung mit Afrika gleichgesetzt, lag er doch "nur" als kontinentaler Splitter an dessen nördlichem Rand – wurde geprägt von weitläufigen, von Leben wimmelnden Schelfarealen einer gewaltigen Meeresbucht namens Tethys. Auch die Ablagerungen dieser einstigen Lebensräume wurden im Zuge der Alpenauffaltung disloziert und sowohl über penninische als auch auf (und in) oberostalpine Einheiten

Abb. 8. Aussicht vom Nordgrat des Großen Kaserers über das Gefrorene-Wand-Kees hinweg nach Norden gegen die Tuxer Alpen. Der ähnliche Blickwinkel wie in Abbildung 7 zeigt die überschobenen metasedimentären Einheiten der Wolfendorn-Decke noch etwas besser: Diese bilden den im Vordergrund gelegenen Kamm vom Kleinen Kaserer zur Lärmstange und setzen sich jenseits des Gletschers nach rechts am Schmittenberg fort. Der Höllenstein wird von Einheiten des Riffler-Schönach-Beckens aufgebaut. Im gelben Rechteck liegt eine komplexe tektonische Struktur, die näher unter Exkursion (L) sowie in Abb. 96 (S. 90) beschrieben wird. Der orangefarbene Pfeil markiert das Tuxer-Joch-Haus.

geschoben. Sie erlebten dabei jedoch einen bisweilen erstaunlich geringen Metamorphosegrad, so dass sie nicht nur genetisch und faziell, sondern auch bezüglich des heutigen Gesteinshabitus durchaus mit dem "Großen Bruder" der Nördlichen Kalkalpen vergleichbar sind. In ihnen finden sich ähnliche Fossilien und dieselben primären Sedimentstrukturen (z. B. Brekzien, Algenmatten, Sturmlagen, Schilllagen etc.). Sie wurden aber im Zuge des nordgerichteten Deckenschubes während einer kreidezeitlichen und damit frühalpinen Gebirgsbildungsphase "verloren" und schlugen einen etwas anderen "geologischen Lebenslauf" als die quasi pristinen Gesteine der Nördlichen Kalkalpen ein. Heute bilden sie als Deckenklippen, namentlich die Reckner-Decke inklusive Reckner-Komplex,
die Kalkwand-Deckenscholle sowie die Hippold-Decke, die höchsten und geologisch komplexesten 7
Bereiche der Tuxer Alpen ("Tarntaler Mesozoikum"). Ihre Gesteinsabfolgen werden eingehender in 8
den Exkursionen (M) und (N) beschrieben. 9

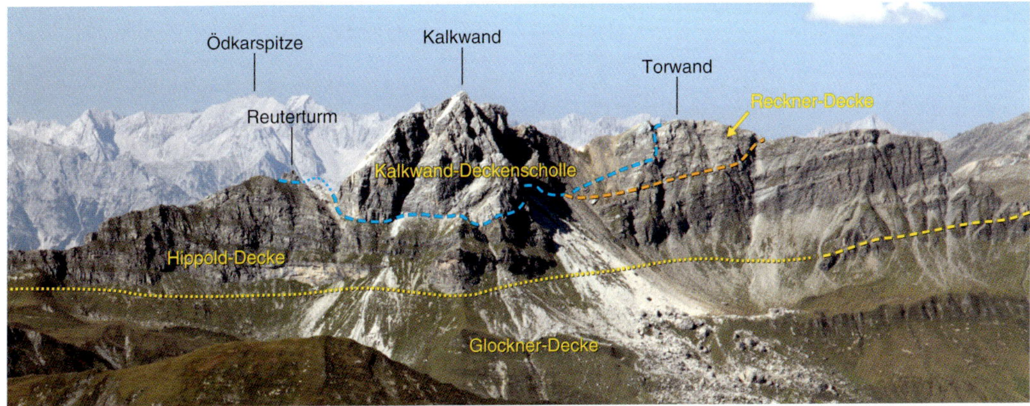

Abb. 9. Abfolgen der Hippold-Decke sowie der obenauf sitzenden Kalkwand-Deckenscholle bilden schroffe Gipfelformen und liegen wie Fremdkörper über den begrünten Hängen der penninischen Glockner-Decke. Sie zeigen ähnliche Abfolgen wie die bleiche Mauer der Nördlichen Kalkalpen im Hintergrund, mit dem Unterschied, dass die Gipfel um das Karwendel metamorph kaum bis gar nicht überprägt wurden (Aufnahmepunkt des Fotos: Hoher Riffler).

Abb. 10. Am Brandberger Kolm zeigen geomorphologische Strukturen wie Berggrate und Sekundärtäler eine ausgesprochen gleichförmige Ausrichtung von WSW nach ONO: man findet sie sowohl am Hauptgipfel des Kolm (Hochstegen-Zone) als auch im Brandberger Tal auf dem Weg zum Brandberger Joch (Riffler-Schönach-Becken) sowie am kleinen markanten Gratkamm links (Wolfendorn-Decke) wieder. Letzterer steht genau senkrecht zur Druckachse der alpinen Hauptauffaltung.

Während der alpinen Hauptauffaltung vor 50 bis 20 Millionen Jahren wurden alle diese Einheiten nochmals überprägt, zerschert oder geschiefert. Dabei spielt die Hauptkompressionsrichtung der Orogenese unseres Gebirges von SSO nach NNW eine gewaltige Rolle. So zeigen, abgesehen von den unterostalpinen Decken im Nordwesten des Exkursionsgebietes, alle hier besprochenen strukturgeologischen Einheiten eine ausgesprochene Orientierung längs einer Achse von WSW nach ONO – und stehen damit genau senkrecht zur orogenen Hauptdruckachse. Ganz besonders schön sieht man das im Gerloskamm auf der Tour zum Kolmhaus beziehungsweise Brandberger Kolm (siehe auch Exkursion K).

Ein eigenes, ungemein spannendes Kapitel wird durch die metasedimentäre, verkarstbare Auflage der Zillertaler Kristallinkerne geschrieben. Die Hochstegen-Zone, die abgescherten, allochthonen permomesozoischen Decken des Modereck-Deckensystems sowie die unterostalpinen Deckenklippen der Tuxer Alpen bilden nicht nur eine ganz eigene und spezielle Hydrogeologie, sondern auch mitunter erstaunlich weitläufige Höhlensysteme in einzigartiger Lage inmitten des (noch) vergletscherten Hochgebirges – die Spannagelhöhle unter dem Gefrorene-Wand-Kees beispielsweise ist Thema in Exkursion L.

Das zur Gegenwart führende erdgeschichtliche Kapitel in diesem Rahmen wird vom Eiszeitalter während des Pleistozäns geschrieben. Die Grundlagen beziehungsweise Begriffserklärungen hierfür finden sich im Kapitel zu den Eiszeiten des Vorgängerbandes. Es soll hier nicht wiederholt werden. Im Einzelnen wird auf quartärgeologische Besonderheiten im Zuge der Erläuterung der einzelnen Exkursionen eingegangen.

Exkursionen

Wie bereits im Vorwort angedeutet, muss man sich auch in diesem Band der "Wanderungen in die Erdgeschichte" alle hier beschriebenen geologischen Exkursionen per Muskelkraft erarbeiten. Das Fahrrad ist in den weiten, grünen Seitentälern des Tuxertals geradezu ein Muss, vor allem um knackenden Knien und bleiernen Waden beim Abstieg elegant zu entkommen. Und das Auto taugt wirklich nur für die Anfahrt. Alle hier beschriebenen Routen sind darüber hinaus so konzipiert, dass man den Ausgangspunkt von den zentralen Talorten auch mit öffentlichen Verkehrsmitteln erreichen kann, so dass das uns liebste Transportvehikel eigentlich obsolet wird. Einige der Wanderungen enden oder münden an talnahen Knotenpunkten, so dass sie aneinander gehängt leicht zu einem wochen- und/oder urlaubsfüllenden Programm ausgeweitet werden können.

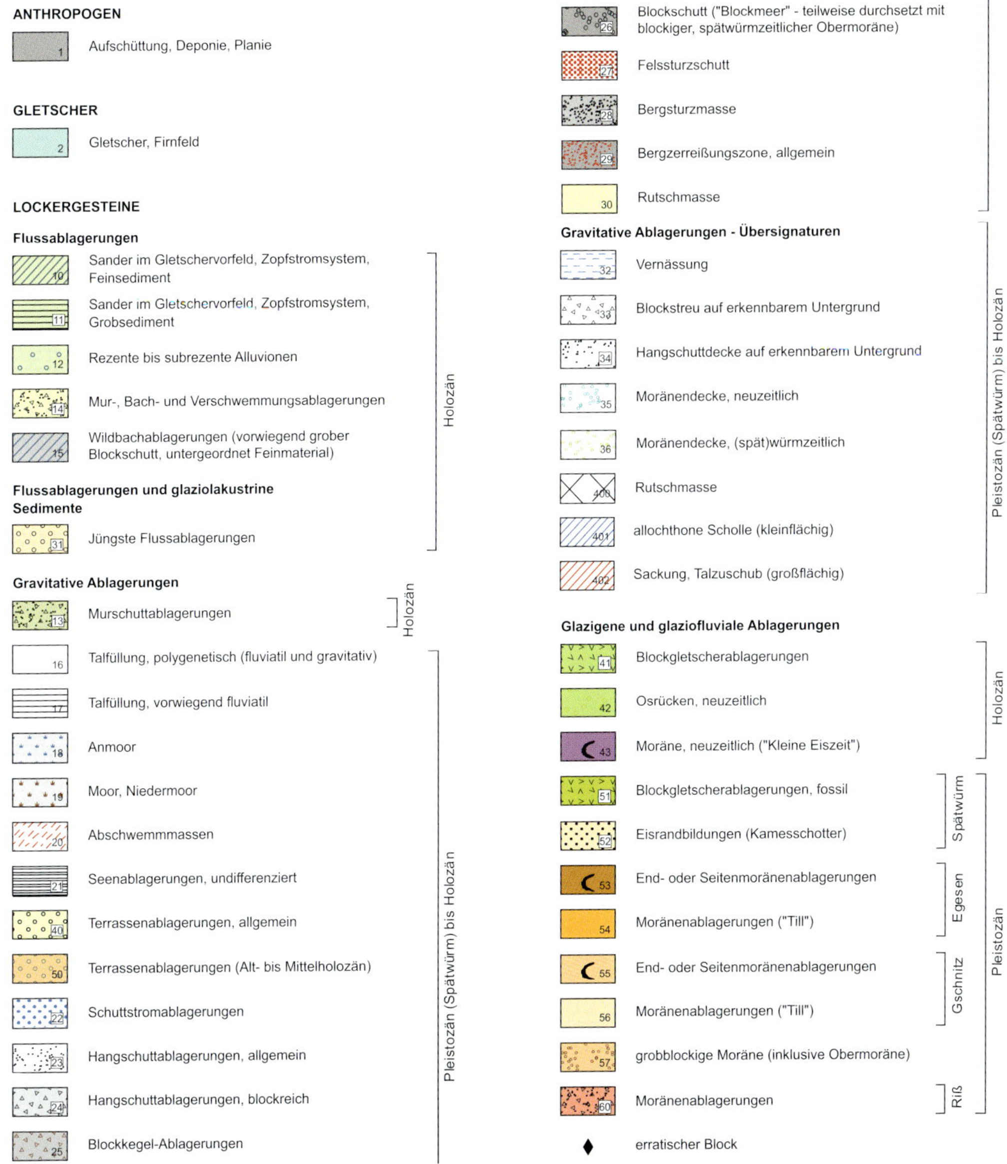

Abb. 11. Legende für die geologischen Karten zu den einzelnen Exkursionen: Quartär.

OBEROSTALPIN

SILVRETTA-SECKAU-DECKENSYSTEM

- 70 Innsbrucker Quarzphyllit
- 71 Eisendolomit (Ankerit, Fe-reicher Dolomit)
- 72 Quarzit

UNTEROSTALPIN

RADSTÄTTER DECKENKOMPLEX

Recknerkomplex

- 80 Kalkschiefer

- 81 Kieselschiefer
- 82 Serpentinit (Lherzolithischer Ophiolith)

Recknerdecke i.e.S.

- 83 Kalkschiefer (?Mitteljura)
- 84 Hippold-Formation (Jurabrekzie; ?Unterjura)
- 85 Kalktonschiefer (Rhätium bis Unterjura)
- 86 Rhätischer Dolomit

- 87 Kössen-Formation (Rhätium)

- 88 Hauptdolomit (Norium)

- 89 Raibler Schichten (Karnium)
- 90 Wettersteindolomit (Ladinium bis Karnium)

Kalkwand-Deckenscholle

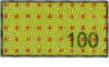

- 100 Kössen-Formation (Rhätium)

- 101 Hauptdolomit (Norium)

- 102 Raibler Schichten (Karnium)

- 103 Wettersteindolomit (Ladinium bis Karnium)

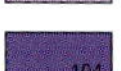

- 104 Gutenstein-Formation (Anisium)

Hippold-Decke

- 110 Graue-Wand-Formation, ungegliedert (?Unterkreide)
- 111 Kalkschiefer mit Kalk-Dolomit-Brekzien
- 112 Arkoseschiefer
- 113 Kalkschiefer und Kalktonschiefer
- 114 Quarzitschollenbrekzie

- 115 Eiskar-Formation, ungegliedert (?Unterkreide)
- 116 Meta-Grauwacken und Meta-Arkose
- 117 Meta-Tonschiefer
- 118 Meta-Feinkonglomerat
- 119 grüner Phyllit

- 120 Hippold-Formation, ungegliedert (Megabrekzie; Oberjura)
- 121 Kalkmarmore & Bänderkalkmarmore (?Lias)
- 122 Hauptdolomit
- 123 Arlberg-Formation und Rauhwacken der Raibl-Formation
- 124 Virgloria- und Reifling-Formation (Metakarbonate)
- 125 Anisium und Ladinium, ungegliedert
- 126 Rauhwacken (teilweise mit Gips; Untertrias)
- 127 Lantschfeldquarzit, gebankt, hellgrün (?Perm)

- 128 Ruhpolding-Formation (Meta-Kieselschiefer; Oberjura)

- 129 Tarntaler Brekzie, ungegliedert

GLOCKNER-DECKENSYSTEM

OBERE PENNINISCHE DECKEN

Zone von Gerlos

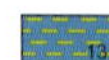

- 130 Penkenquarzit (Oberer Jura bis Untere Kreide)

- 131 Phyllit, kalkführend

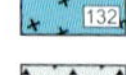

- 132 Quarzitphyllit (Jura)

- 133 "Knorren-Brekzie" (Obere Trias)

- 134 Penken-Brekzie (Obere Trias)

UNTERE PENNINISCHE DECKEN

Glockner-Decke

- 140 Bündnerschiefer, ungegliedert (Kalkschiefer, Tonschiefer, Kalkglimmerschiefer; Oberjura bis Kreide)
- 141 Bunte Phyllite
- 142 Grüne Phyllite
- 143 Serizitquarzite und quarzreiche Phyllite
- 144 Prasinit

- 145 Metabasite (Ophiolithische Ozeankrustenreste)

MODERECK-DECKENSYSTEM

ALLOCHTHONE METASEDIMENTÄRE HÜLLE

Seidlwinkl-Modereck-Decke

- 150 Seidlwinkl-Formation, ungegliedert (Dolomitmarmor, schwarze Karbonatschiefer, Quarzit; Trias)
- 151 "Hangendkalk" (?Obertrias)
- 152 karbonatische Obertrias
- 153 karbonatische Mitteltrias
- 154 Dolomit
- 155 Quarzit

- 156 Alpiner Verrucano
- 157 Wustkogel-Serie, undifferenziert (?Obertrias)

Wolfendorn-Decke

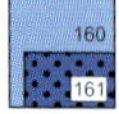

- 160 Hochstegen-Marmor (gebänderter Kalkmarmor; Oberjura)
- 161 Hochstegen-Dolomit (Oberjura)

- 162 Jura-Basiskalk (Lias, ?Dogger)

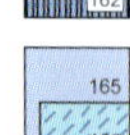

- 165 Kaserer-Serie, undifferenziert (Quarzit, Arkosegneis, Marmor & Phyllit; ?Permotrias)
- 166 Phyllite, quarzitreich
- 167 Schwarzphyllite mit Kalklagen
- 168 blaugrauer Kalk, Dolomitkalk und sandiger dunkler Kalk
- 169 Metaarkose, Arkosegneis und Glimmerschiefer
- 170 Quarzite und grüne Glimmerschiefer
- 171 Chloritphyllite

- 175 Olistolithe mit Trias-Karbonaten

- 176 Serpentinit und Grünschiefer

- 177 Porphyroid, Metaarkoseschiefer mit dunklem Phyllit und Amphibolit

- 178 Mylonitgneise und -quarzite sowie Platten-Mylonite

◁ *Abb. 12. Legende für die geologischen Karten zu den einzelnen Exkursionen: Oberostalpin, Unterostalpin, Penninikum und metasedimentäre permomesozoische Decken des Venediger-Deckensystems.*

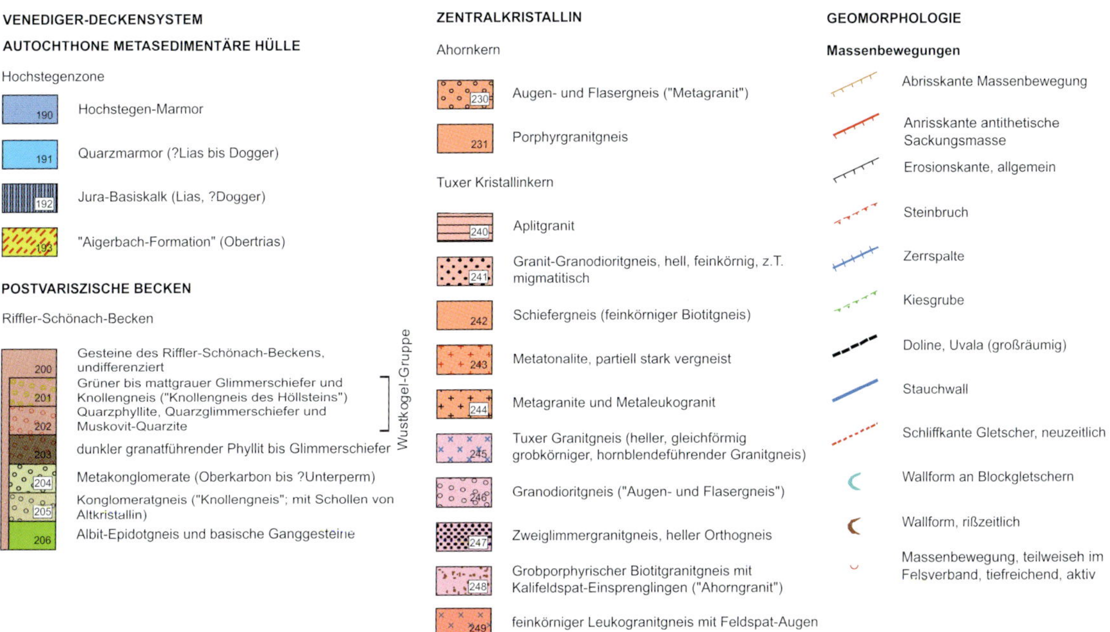

Abb. 13. Legende für die geologischen Karten zu den einzelnen Exkursionen: Autochthon des Venediger-Deckensystems (Hochstegen-Zone), postvariszische Becken (»Riffler-Schönach-Becken«), Zentralkristallin (Ahornkern und Tuxer Kern) und geomorphologische Signaturen.

Da die Geologie in den südlichen Tuxer Alpen und nördlichen Randgebieten der Zillertaler Alpen sehr komplex sowie vielfältig und durch die Alpenauffaltung und die zugrundeliegenden gebirgsbildenden Prozesse verzerrt, gestaucht, zerwürgt und verschert ist, bleibt es gänzlich unmöglich, nur ein geologisches Schlüsselthema pro Exkursion zu beleuchten. Stets gibt es Interessantes zu Aufschlüssen, besonderen Lithologien und deren Geschichte, Strukturgeologie, Mineralogie, Tektonik, Gebirgsbau und den fast allgegenwärtigen Hinterlassenschaften des Eiszeitalters zu berichten. Also: Geologische Flexibilität ist auch in diesem Gebiet ein unverzichtbares Muss! Aus diesem Grund wird angeraten, sich die einleitenden Kapitel im Vorgängerband 43 zu Gemüte zu führen, bevor es mit Bergschuhen, Wanderkarte und hoffentlich strammen "Wadln" hinaus in die Natur geht!

Doch abgesehen von der überschwänglichen Fülle an landschaftlichen Kostbarkeiten, stillen Winkeln und berauschend schönen Bergwelten, ist das hier vorgestellte Gebiet in erster Linie immer noch ein Hochgebirge! Darüber mögen die sanft abgerundeten Gipfelformen der südlichen Tuxer Alpen geradezu höhnisch hinwegtäuschen, aber gerade dort darf man die Weitläufigkeit der Landschaft und die langen Anfahrts- und Anmarschwege niemals unterschätzen! Von Hintertux auf den Kleinen Kaserer sind es immer noch knapp 1700 Meter Höhenunterschied, und auch auf den Zweitausender des Lizumer Reckners müssen per Muskelkraft 1500 Meter zurückgelegt werden! Dementsprechend sind die meisten der hier vorgeschlagenen Unternehmungen von einem kuscheligen Wohlfühlprogramm weit entfernt und sicherlich nichts für Anfänger in Sachen Gebirge! Fast immer braucht es Ausdauer, Trittsicherheit, ein gutes Maß an Schwindelfreiheit und ein gewisses Durchhaltevermögen bei zahlreich vorhandenen Zwischenan- und abstiegen. Zwar sind sommerliche Wetterstürze wie in den zentralen Zillertaler Alpen in den Tuxer Alpen sowie am Brandberger Kolm eher die Ausnahme, aber ein schweres Gewitter unter dem Lizumer Reckner kann auch sehr furchteinflößend sein. Also sollte man stets ein wachsames Auge auf den (auch mittel- und kurzfristigen) Wetterbericht haben und nicht blauäugig losziehen.

Die Routen wurden so gewählt, dass sich ein jeder mit seinen Möglichkeiten innerhalb der oben angesprochenen alpinen Fertigkeiten wiederfinden kann: Von der gemütlichen Talwanderung zu einem der letzten alpinen Schluchtwälder, kombinierten Fahrrad- und Wanderrouten auf grün-felsige Gipfel über dem Tuxertal sowie Höhenwegen über den Tälern und Gründen bis zu einem waschechten Zillertaler Dreitausender, der auf einer verhältnismäßig einfachen Route vom Tuxer Joch her erreicht werden kann, ist alles dabei. Um das Zurechtfinden in den beigefügten Exkursionskarten zu erleichtern oder um sich gewisse landschaftliche und geologische Rosinen herauszupicken, wurden die einzelnen Exkursionen mit Etappen durchnummeriert, die entsprechend in den topografischen Karten markiert wurden. Die geologischen Karten zeigen genau den Ausschnitt der Exkursionsroute
11 in lesbaren Maßstäben – die Legende zu allen Karten ist Abbildung 11 bis Abbildung 13 zu entneh-
12 13 men. Eine Übersicht über die nachfolgend beschriebenen Wander- und Bergtouren findet sich auf
der vorderen Einbandinnenseite.

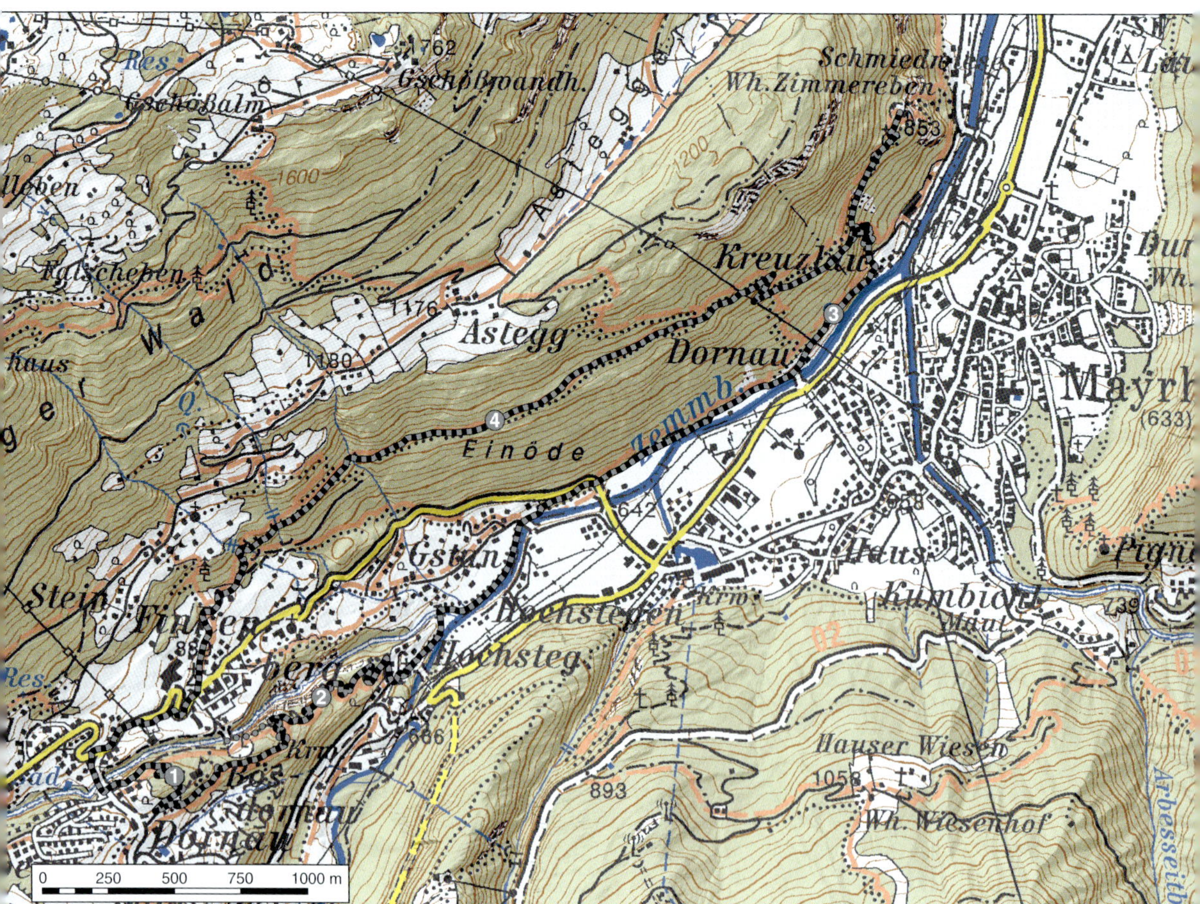

Abb. 14. Übersichtskarte der Exkursion J – Glocke (Geodatenbasis: BEV Österreich)

Ⓙ Rundweg von Finkenberg durch die Glocke nach Mayrhofen und zum Gasthaus Zimmereben

Wegstrecke: Finkenberg – Teufelsbrücke – Naturerlebnisweg "Schluchtwald Glocke" – Hochsteg – Gstan – Mayrhofen-Dornau – Kreuzlau – Zimmereben (853 m) – Leonhard-Stock-Weg – Finkenberg.

Geologie und Landschaft: Wanderung durch einen der letzten Schluchtwälder der Alpen: spätglaziale Entstehung im Hochstegen-Kalkmarmor – Geologische Übersicht an der Nordgrenze des Ahornkerns zu autochthoner permomesozoischer Überlagerung ("Hochstegen-Zone") sowie Deckentektonik – Aussicht Zimmereben.

Einfache Halbtageswanderung (5 Stunden, 500 m Höhenunterschied, 10,5 km Wegstrecke) entlang der unteren Tuxbachklamm durch einen von nur drei Schluchtwäldern der Alpen sowie auf aussichtsreichem Höhenweg zum Gasthaus Zimmereben über Mayrhofen. Die beste Jahreszeit für eine Unternehmung ist die Spanne zwischen April und November, doch durch die geringe Höhenlage kann die Unternehmung nahezu in jeder Jahreszeit erwandert werden – ausgenommen im Winter bei Schnee und Eis! Die Route verläuft auf durchwegs gut ausgebauten und markierten Pfaden, dennoch wird gerade für den Anstieg von Kreuzlau nach Zimmereben und den Leonhard-Stock-Weg zurück nach Finkenberg festes Schuhwerk angeraten. Die Tour eignet sich bestens auch für Familien mit Kindern.

Abb. 15. Geologische Karte der Exkursion Ⓙ – Glocke (Auszug aus HORNUNG & ZASADNI *2023; Geodatenbasis: BEV Österreich), Legende siehe Seiten 19–21.*

Abb. 16. a, Die Teufelsbrücke überspannt den tief in oberjurassische Hochstegen-Kalkmarmore eingeschnittenen Tuxbach in schwindelerregenden 48 Metern Höhe. Die bald 150 Jahre alte Holzkonstruktion konnte einst mit Fuhrwerken überquert werden.

1 Naturerlebnis Glocke – durch einen der letzten Schluchtwälder der Alpen

Unsere Exkursion beginnt in Finkenberg. Am zentralsten und strategisch günstigsten liegt der Parkplatz zwischen der Hauptstraße und der Abzweigung nach Dornau und Ginzling (Wegweiser) knapp unterhalb der markanten Doppelhaarnadelkurve in Sichtweite eines Spar-Supermarktes bergwärts (auch Ausgangspunkt für Exkursion D in Band 43). Der Parkplatz ist kostenfrei und die Buslinie Tux–Mayrhofen hält direkt davor, was eventuell für diejenigen von uns wichtig ist, die sich entscheiden, die Tour von Mayrhofen aus mit öffentlichen Verkehrsmitteln anzugehen.

Ein paar Meter bleiben wir zunächst auf der Asphaltstraße, dann zweigt links ein kleiner
Weg zur nahegelegenen Teufelsbrücke ab. 16a

Diese sehenswerte, bereits im Jahr 1876 erbaute Holzbrücke quert den hier schluchtartig in den Hochstegenmarmor eingeschnittenen Tuxbach – in immerhin 48 Meter Höhe! Sie verbindet die beiden Ortsteile von Finkenberg, "Persal" und "Dornau", miteinander, war lange Zeit der einzige direkte Weg zwischen den Weilern und konnte einst sogar mit Fuhrwerken überquert werden. Erzählenswert ist die Sage, die zu dem
alten Holzbauwerk gehört. Dabei hatte 16b
selbstverständlich der Leibhaftige seine schwarzen Finger im Spiel: Er errichtete für die Anwohner den wichtigen Übergang über die Schlucht, forderte aber die erste Seele, die die Brücke überquerte. Ein kluger Finkenberger Bauer überlistete letztendlich den schwarzen Gesellen, indem er als erstes einen Ziegenbock über die Brücke trieb.

Abb. 17. Hochstegen-Kalkmarmor mit steil nach NNW fallender Schieferung steht gleich am Beginn des Themenweges »Schlucht. WELTEN« durch das Landschaftsschutzgebiet »Glocke« an, kurz nach Überqueren der Teufelsbrücke.

Wer schwindelfrei ist, kann zwischen den Balken einen Blick in die saugende Tiefe wagen: Die Gesteine der Schlucht gehören steil nordfallend geschiefertem Hochstegen-Kalkmarmor an, der als oberjurassisches Metasedimentgestein und wesentlicher Teil der Hochstegen-Zone unter anderem die autochthone Hülle des weiter südlich anstehenden Ahornkerns und seiner Gneise bildet.

> Auf der Dornauer Seite weist eine Infotafel den weiteren Weg durch den geschützten Landschaftsteil "Glocke".

Der Themenweg "Schlucht.WELTEN" zeigt in zahlreichen Schautafeln Aspekte zu Landschaftsmorphologie, Geologie und Biologie und ist gerade deswegen für Familien mit Kindern von hohem Wert. Gleich zu Beginn des Pfades kommen wir unter einem Anwesen am Rand der Tuxbachklamm in direkten Kontakt mit dem
17 Hochstegen-Kalkmarmor. Dass es sich auch wirklich um metamorphe Kalke handelt, beweist der einfache Geländetest mit verdünnter Salzsäure, der eine heftige "brausige" Reaktion hervorruft.

> Wir folgen dem bestens ausgeschilderten Naturlehrpfad durch den in allen Jahres-
> 18a zeiten wunderschönen Buchenmischwald am Rande der Tuxbachklamm.

Sei es bei einer Wanderung im zeitigen Frühjahr mit frischem Hellgrün zwischen den dunklen Stämmen, im Herbst, wenn sich die altehrwürdigen Bäume in
18b einem wahren Farbenrausch ergehen, oder im Frühwinter nach dem ersten,
18c frisch gefallenen Schnee, der Wald ist zu jeder Jahreszeit einen Besuch wert.

Auf dem kurvenreichen Pfad erfahren wir einiges über die Besonderheiten des Standortes "Schluchtwald" mit Sommer- und Winterlinden, Bergahorn, Buche, Tanne, Grau-Erle, seltener Eibe sowie Bergulme. Hier, auf der Südseite der Schlucht bis zum Gasthaus "Schöne Aussicht", wandern wir zunächst durch einen Fichten-Lärchen-Tannen-Wald mit nur vereinzelten Buchen, teilweise aber durchsetzt mit Espen, Weiden und Vogelbeerbäumen. Das Besondere an diesem Standort ist die relative Kühle sowie der Lichtmangel, der allerdings von einigen Laubbaumarten durch eine Vergrößerung der Blattflächen wettgemacht wird – beim Bergahorn beispielsweise sind die Blätter doppelt so groß wie an gewöhnlichen Standorten.

Abb. 18. Zu allen Jahreszeiten lohnt der Buchen-Bergmischwald der Glocke einen Besuch: a, im zeitigen Frühjahr Mitte April, b, im Herbst mit Farbenrausch und geheimnisvollen Nebelschwaden (Foto © Paul Wechselberger) oder c, im Frühwinter mit dem ersten, frisch gefallenen Schnee (© Hochgebirgs-Naturparkes Zillertaler Alpen).

Abb. 19. a, Am Parkplatz des Gasthauses »Schöne Aussicht« ist der Kontakt zwischen kontinentaler, kristalliner europäischer Kruste und flachmarin gebildeten, metasedimentären Hochstegen-Kalkmarmoren erschlossen. b, Im direkten Übergangsbereich zum Kristallin des Ahornkerns liegen mehrphasig deformierte Mylonite. c, Auch die nahebei erschlossenen Augengneise des Ahornkerns zeigen eine intensive Verfaltung, die durch eingeschaltete, geringmächtige Aplitgänge akzentuiert wird.

19 Aus geologischer Sicht besonders interessant ist die Gegend um den Gasthof "Schöne Aussicht": Hier treffen wir auf den Kontakt zwischen der zuvor angesprochenen autochthonen Metakarbonathülle und unterlagernden Augengneisen des Ahornkerns. Wenn man so will, stehen wir an der Nahtstelle zwischen alter kristalliner kontinentaler Kruste ("Ur-Europa") und ehemaliger flachmariner, sedimentärer Überdeckung (siehe auch Seite 9 ff. in diesem Band sowie das Kapitel zur regionalen Geologie in Band 43). Analog der einstigen, gegen NNW gerichteten Kompressionsrichtung der alpinen Hauptauffaltungsphase finden sich entlang des Gasthausparkplatzes zunächst Hochstegen-Kalkmarmore.

Abb. 20. Frühling an der Glocke – die elegante Felspyramide des Brandberger Kolms im Hintergrund hat der Winterschnee noch fest im Griff!

In südlicher Richtung werden diese von einer mehrphasig deformierten Mylonit-Zone unterlagert, die ihrerseits auf kalifeldspatreichen Augengneisen des Ahornkerns sitzt. Eine entsprechende Schautafel des "Geolehrpfades Berliner Höhenweg" der Universität Darmstadt klärt über entsprechende Details auf.

Vom Parkplatz der "Schönen Aussicht" spazieren wir zunächst auf der asphaltierten Fahrstraße vorbei an stark verfalteten Augengneisen des Ahornkerns in Richtung Finkenberg-Dornau und zweigen bei der ersten Gelegenheit scharf links ab. Über eine steile Wiese geht es zurück in östliche Richtung – mit wunderschönem Blick auf
20 die Felspyramide des Brandberger Kolms (siehe auch Exkursion K).

Auf der nun folgenden Querung südlich der "Schönen Aussicht" wird der
21a Kontakt vom Ahornkern zu seiner metasedimentären Hülle erneut durchschritten – nur in umgekehrter Richtung. Nacheinander stehen Augengneise mit

Abb. 21. a, Augengneise des Ahornkernes stehen entlang der ostseitigen Hangquerung unter dem Gasthof »Schöne Aussicht« an. b, Detail der charakteristisch zentimetergroßen, idiomorphen Feldspateinsprenglinge.

Abb. 22. Keine fünf Minuten talwärts der Augengneise sind steil geschieferte Hochstegen-Kalkmarmore in meterhohen Klippen erschlossen.

21b ihren charakteristisch großen, idiomorphen Kalifeldspatblasten und Hochstegen-Kalkmarmore in
22 meterhohen Steilstufen im Wald an. Dieser hat sich unmerklich in einen Linden-Buchen-Mischwald gewandelt. An den Hochstegen-Kalkmarmoren erläutert eine Schautafel die besondere Geschichte, die in den metamorph umgewandelten Kalken steckt: Vor knapp 145 Millionen Jahren im Bereich eines flachmarinen, teilweise lagunenartigen Archipels am Westende der Tethys zur Ablagerung gebracht, finden sich in ihnen trotz Metamorphose und damit einhergehender Gesteinsumwandlung immer

noch fossile Zeugen wie kleine Skelettbausteine zerfallener Kieselschwämme und einzellige Radiolarien. In einem unweit unseres Standorts gelegenen, heute aufgelassenen Steinbruch nahe Ginzling fand man sogar einen klassifizier- und somit auch datierbaren Ammoniten. Gleich alte, jedoch nicht metamorphe Kalke sind heute in mächtigen, oberjurassischen Schichtfolgen des Schweizer Faltenjuras sowie des Schwäbischen und Fränkischen Juras erschlossen: Mehr als 300 Kilometer Luftlinie trennen heute die Zillertaler Alpen und die Fränkisch-Schwäbische Alb voneinander – die Ablagerungsbereiche und auch die jeweils gefundenen Ammoniten sind jedoch miteinander vergleichbar (siehe Exkursion ❶, Band 43).

Der Rundweg bringt uns nur wenig talwärts des Friedhofes Finkenberg auf einen entlang des südlichen Schluchtrands nach Hochsteg führenden Wanderweg. Ein kurzer Abstecher zum Friedhof nebst der nach Finkenberg führenden Brücke
23 lohnt – hier sind die Tiefblicke hinab in die Tuxbachklamm noch schwindelerregender als von der Teufelsbrücke.

② Abstieg nach Hochsteg

Von der Brücke am Finkenberger Friedhof steigen wir zurück zum Vereinigungspunkt mit dem "Glocke-Themenweg" und anschließend talwärts – erneut bringt uns der Steig nahe an den Südrand der Klamm und beschert einmal mehr beeindruckende
24 Tiefblicke hinab zum Tuxbach. Einige Bänke laden zum Rasten ein. Im Folgenden beginnt der Steig seinen kurvenreichen Abstieg nach Hochsteg zum Ausgang der Tuxbachklamm. Bald erreichen wir eine zwischen Wohnhäusern talwärts führende Fahrstraße und schlussendlich den Gasthof "Hochsteg". Kurz vor dessen Parkplatz führt ein Weg links hinab auf eine offene Weidefläche mit Schafen und Ziegen (Hinweisschild nach Mayrhofen).

Die Frage, warum sich der Tuxbach gerade hier so stark und markant in den Hochstegen-Kalkmarmor einschneiden konnte, erklärt sich durch seine parallele Anlage zum vorherrschenden, leicht(er) ausräumbaren Trennflächengefüge der Metakarbonate. Sowohl Schieferung als auch parallel zur Kompressionsrichtung

Abb. 23. Schwindelerregende Aussicht: Blick von der Brücke am Finkenberger Friedhof nach Osten gegen Hochsteg und Mayrhofen.

Abb. 24. a, Einmal mehr ist die imposante Tuxbachklamm der Blickfang unter den Dächern von Finkenberg. b. Der Tuxbach unweit des Klammausganges (wird von dieser Exkursion nicht erreicht, Foto © Horst ENDER*)*

eingebaute Lineationen inklusive bereichsweise intensiver Gesteinszerlegung haben das rasche Einschneiden seit dem Ende der letzten Eiszeit vor etwas mehr als 11000 Jahren entscheidend begünstigt und beschleunigt.

> Vorbei an steil geschieferten Hochstegen-Kalkmarmoren erreichen wir in wenigen Augenblicken den flachen Talboden unterhalb von Hochsteg.

Schönes Frühlingswetter vorausgesetzt, hat man von hier einen schönen Blick zurück zur tief eingeschnittenen Tuxbachklamm und der steil dahinter aufragenden Vorderen Grinbergspitze.

Abb. 25. Unterhalb von Hochsteg hat man einen schönen Rückblick zur schattenerfüllten Tuxbachklamm mit dem Schluchtwald »Glocke« links daneben. Den Hintergrund beherrscht die Vordere Grinbergspitze (2764 m).

3 Anstieg nach Zimmereben

Entlang des nun zahmen Tuxbaches erreichen wir die Siedlung Gstan.

Aktuell (April 2022) wird dort gebaut: Direkt entlang der Straße sind stark verfaltete, relativ dunkle, vermutlich unterjurassische Metakarbonate der Hochstegen-Formation erschlossen. Auch weiter in *26a*
Richtung Mayrhofen, kurz vor dem Überqueren der Tuxer Hauptstraße nach Finkenberg, stehen geschieferte Hochstegen-Kalkmarmore an. Sie liegen unmittelbar südlich eines engen, eingefalteten *26b*
Spans jungpaläozoischer Metakonglomerate des Riffler-Schönach-Beckens. Wir erinnern uns: Dieses ist eines der drei im Kapitel zum geomorphologischen Hintergrund (S. 9 ff.) kurz angesprochenen postvariszisch gebildeten Sedimentationsbecken und erstreckt sich vom Hohen Riffler am Tuxer Kamm bis ins Schönachtal auf der Salzburger Seite der Zillertaler Alpen. Vom Hohen Riffler ziehen schmale, tektonisch stark ausgedünnte und verfaltete wie verschuppte Bänder über das Kreuzjoch und die Elsalm und weiter über die Nordflanke des Grinberg-Massivs ostwärts bis ins Mayrhofener Becken (siehe auch Exkursion D, Band 43).

Nach Überqueren der vielbefahrenen Straße queren wir am Fuß des linksseitigen Talhanges neben dem Zemmbach in nordöstlicher Richtung gegen Mayrhofen blockreiche Hangschuttablagerungen. Nach etwa 750 Meter Wegstrecke zweigt links aufwärts ein breiter Weg ab (Hinweis “Zimmereben”), der in weiterer Folge aussichtsreich über dem Zemmbach bis auf Höhe Mayrhofen führt. Den Abzweig des Mariensteiges, der in zahlreichen Kehren nach links wegführt, ignorieren wir und wandern weiter geradeaus.

In diesem Bereich sehen wir seit Überqueren der Hauptstraße nach Finkenberg die ersten Aufschlüsse. Mittlerweile haben wir den Ahornkern mit seiner permomesozoischen Metakarbonat-Hülle verlassen und befinden uns im Bereich der Wolfendorn-Decke. Diese liegt tektonostratigraphisch auf Kristallingesteinen europäischer Kruste samt Hochstegen-Zone auf, abgeschert im Zuge der ostalpinen Deckenbildung. Bei den hier anstehenden, geschieferten und senkrecht zur Schieferung

Abb. 26. a, Im Zuge eines Bauvorhabens frisch erschlossener, relativ dunkler, eventuell unterjurassischer Quarzmarmor der Hochstegen-Formation nahe dem Ortseingang von Finkenberg-Hochsteg. Die innige Verfaltung ist an den zickzackförmig deformierten Quarzbändern gut nachzuvollziehen. Hier befindet man sich nahe der Überschiebungsbahn der Wolfendorn-Decke samt eines eingefalteten, sehr schmalen Bandes jungpaläozoischer Metasedimentgesteine des Riffler-Schönach-Beckens. Foto b zeigt erschlossene Hochstegen-Kalkmarmore am Beginn der Tuxer Straße nach Finkenberg.

Abb. 27. a, Porphyroide und Metaarkosen bilden die ausschließliche Lithologie entlang des Anstieges von Mayrhofen nach Zimmereben und der sich anschließenden Querung zurück nach Finkenberg – hier anstehend am Panoramaweg knapp oberhalb Mayrhofen. Dabei fällt es nicht ganz leicht, zwischen einer einstigen Tufflage (Foto b), und einen ehemaligen, feldspat- und quarzreichen Sandstein (Foto c) zu unterscheiden (im Bildzentrum liegt ein Quarz-Blast). Kriterien sind Textur, Schieferung, Gesteinsfärbung und enthaltener Modalbestand – die lithologische Grenze ist in Foto a und c jeweils gelb strichliert eingezeichnet.

Abb. 28. a, An sonnigen Tagen im Frühjahr, wenn die Temperaturen in Talnähe bereits auf ein erträgliches Maß klettern und noch Schnee auf den Bergen ringsherum liegt, ist es auf der Terrasse des Gasthauses Zimmereben besonders schön. b, Über den Dächern Mayrhofens und direkt gegenüber liegt der »Fast-Dreitausender« Ahornspitze, dessen Zustieg mit der Ahornbahn entscheidend verkürzt wird (siehe Exkursion **A***, Band 43).*

geklüfteten Gesteinen handelt es sich 27a um Porphyroide und Metaarkoseschiefer vermutlich permotriassischen Alters. Als "Porphyroid" bezeichnet man metamorph überprägte, saure bis intermediäre Vulkanite, also ehemalige Tuffe und Tuffite, die samt ihrer metasedimentären Umrahmung, den Metaarkosen, in den alpinen Verfaltungsprozess miteinbezogen wurden. Metaarkosen charakterisieren metamorph umgewandelte, feldspat- und quarzreiche Sandsteine, die aus Verwitterungsprodukten kontinentaler Kruste entstanden sind. Die Trennung zwischen einstigen Tufflagen 27b und Sandsteinen fällt dabei aufgrund der metamorphen Überprägung nicht leicht: Ein strikt geschiefertes Gefüge mit einer sehr feinen Textur und leicht grünstichiger Gesteinsfärbung deutet eher auf einen Tuff hin, ein feinkörnig-granulares, glimmer- und quarzreiches Gefüge mit gräulich-bräunlichen Gesteinstönungen und auf eine einstige 27c Arkose.

Einen gesperrten, links im steilen Bergwald aufwärtsstrebenden Pfad ignorieren wir ebenfalls – unser Steig nach Zimmereben zweigt kurz danach ebenfalls links ab, zuletzt leicht absteigend und in etwa auf der Höhe, an der sich Zemmbach und Ziller vereinigen. In zahlreichen, eng gelegten Kehren wird eine felsige Steilstufe am Rande überwunden und nach etwa 20 Minuten Anstieg und knapp 120 Höhenmetern ist der oben verlaufende Höhenweg nach Finkenberg beziehungsweise Astegg erreicht. Von hier muss man eine weitere Viertelstunde Querung entlang eines Hangschuttfeldes und zuletzt einige felsige Stufen überwinden, um den aussichtsreich 28a gelegenen Gasthof Zimmereben zu erreichen. Da hinter dem Haus ein interessant gestalteter Spielplatz steht, sollte jeder, auch die Kinder, nach den Aufstiegsmühen auf seine Kosten kommen.

Zum etwa 200 Meter tiefer liegenden Mayrhofen ist es Luftlinie nur ein Katzensprung, thront das Haus doch wie ein Adlerhorst auf der Felsstufe am orographisch linken Talhang. Die 2973 Meter 28b hohe Ahornspitze als Mayrhofens Hausberg liegt direkt gegenüber.

Abb. 29. a, Metaarkosegneise mit steil nach NNW einfallender Schieferung stehen am Leonhard-Stock-Weg an. Den Hintergrund beherrscht der markante Brandberger Kolm (siehe Exkursion K). b, Ein erratischer Block, etwas Aussicht hinab ins Tal und eine ergonomisch geformte Doppel-Liegebank zum Faulenzen – eine treffliche Kombination!

Abb. 30. Knapp vor Finkenberg gelegener Wasserfall mit immerhin 20 Meter Fallhöhe – angelegt in mächtigen Porphyroiden und Metaarkosegneisen der Wolfendorn-Decke.

④ Über den Leonhard-Stock-Weg zurück nach Finkenberg

Nach einer Rast gehen wir den Anstiegsweg bis zur Abzweigung des vorherigen Anstieges zurück und halten uns dort in weiterer Folge rechts aufwärts (Wegweiser "Finkenberg").

Das aufschlussarme Gelände erlaubt zwischen ausgedehnten Hangschuttfeldern nur wenige Einblicke in den Untergrund. Knapp oberhalb der Abzweigung des gegen Mayrhofen absteigenden Marienpfades sowie etwa 500 Meter weiter in Richtung Finkenberg, kurz nach der Abzweigung nach Astegg (die wir rechts liegen lassen), gibt es jeweils einen Aufschluss. Beide zeigen bereits bekannte Porphyroide sowie Metaarkosegneise. *29a*

In diesem Bereich des "Leonhard-Stock-Weges" – benannt nach einem Finkenberger Goldmedaillengewinner in der Abfahrt bei den Olympischen Spielen des Jahres 1980 – stehen Metaarkosegneise im distalen Bereich einer lokalen, aber tiefgründigen Rutschscholle an, bei der die glazigen überprägte Südostkante der Astegg-Terrasse gegen das Hintere Zillertal abgesackt ist.

Auf dem nun folgenden knappen Kilometer quert der Steig den Hang der sogenannten "Einöde" über Gstan ohne viel Höhengewinn. Einige erratische Blöcke sowie *29b*
ein Rastplatz samt Liegebank laden zum Verweilen ein.

Nach einem markanten Einschnitt mit einem kleinen Wasserfall wird der Leonhard-Stock-Weg zum "Wasserfallweg". Zwei weitere Wasserfälle unterquert der Pfad – der letzte liegt bereits nahe *30*
an Finkenberg und besitzt eine Fallhöhe von immerhin knapp 20 Metern. Zum gischterfüllten Fallbecken führt ein kurzer Zustieg, was wichtig sein kann, wenn im August die mittäglichen Temperaturen allzu hoch sein sollten und etwas Abkühlung vonnöten ist.

Der Wasserfallweg trifft kurz absteigend auf *31*
einen zunächst geschotterten Fahrweg, der in die asphaltierte Dorfstraße mündet, welche an der Kirche vorbeiführt. Unterhalb der Finkenberger Almbahnen treffen wir auf die

Abb. 31. Der Wasserfallweg mündet bald in die Finkenberger Dorfstraße, die uns an der Kirche entlang zur Tuxer Straße und bald zum Ausgangspunkt zurückbringt. Im Mittelgrund sind der bewaldete Hügel mit dem Schluchtwald »Glocke« sowie das freistehende Gasthaus »Zur schönen Aussicht« zu erkennen. Dahinter liegt der enge Zemmgrund, links flankiert vom eleganten Dristner. Die verschneiten Berge im Hintergrund gehören zum Floitenkamm.

Hauptstraße, der wir entweder folgen oder die wir, uns links haltend, auf einem Steig zum geräumigen Parkplatz an der Seilbahn-Talstation etwas abkürzen können. Von dort ist es nicht mehr weit bis zum Ausgangspunkt.

Weiterführende Literatur

HORNUNG, T. & J. ZASADNI (2023): Geologische Karte des Hochgebirgs-Naturparkes Zillertal, der Gemeinden Tux, Finkenberg und Brandberg, Maßstab 1:25 000, 3 Kartenblätter, Hochgebirgs-Naturpark Zillertaler Alpen, Ginzling.

K Entschleunigung mal ganz anders: Die lange Runde von Brandberg über Gerlosstein und Torhelm auf den Brandberger Kolm

Wegstrecke: Brandberg (1082 m) – Windhag – Laberg (1773 m) – Karlalm (1746 m) – Alte Kotahornalm (1624 m) – Gerlossteinwand (2166 m) – Heimjoch (1982 m) – Lixlkarschneide (2290 m) – Torhelm (2452 m, optional) – Brandberger Joch – Kolmhaus (1845 m, Übernachtung) – Brandberger Kolm (2700 m, optional) – Kolmhaus – Ahornach – Brandberg.

Geologie: Hochstegen-Zone auf Ahorn-Kristallinkern – Hochstegen-Formation und Kaserer-Formation der Wolfendorn-Decke – Metakarbonat-Abfolgen der Seidlwinkl-Modereck-Decke am Gerlosstein – Aussicht Torhelm und Brandberger Kolm: Struktur der metasedimentären Überdeckung am Rand des Tauernfensters.

Anspruchsvolle Zweitages-Rundtour (1. Tag: 1700 m Höhenunterschied, circa 10 Stunden Gehzeit, etwa 15 km Wegstrecke; 2. Tag: 900 Höhenmeter, circa 5 Stunden Gehzeit und etwa 10 km Wegstrecke) abseits vielbegangener Steige und Wege auf kleine Zweitausender und das “Brandberger Matterhorn” im stillen Winkel des westlichen Gerloskammes (nördliche Zillertaler Alpen). Obwohl stets gut markierte Pfade begangen werden, ist einiges an Bergerfahrung, Trittsicherheit, Ausdauer und Wetterglück vonnöten, um die Tour zu einem Erlebnis werden zu lassen. Sowohl Gerlossteinwand und Torhelm als auch Brandberger Kolm können optional bestiegen werden – aufgrund der Länge der Rundtour ist dann eine Übernachtung im gastlichen Kolmhaus empfohlen! Unmittelbar nach Neuschneefällen sollte der Brandberger Kolm wegen einer oft bestehenden Gipfelwechte nicht begangen werden. Beste Jahreszeit ist Mitte Juni bis Ende Oktober (Saisonende am Kolmhaus).

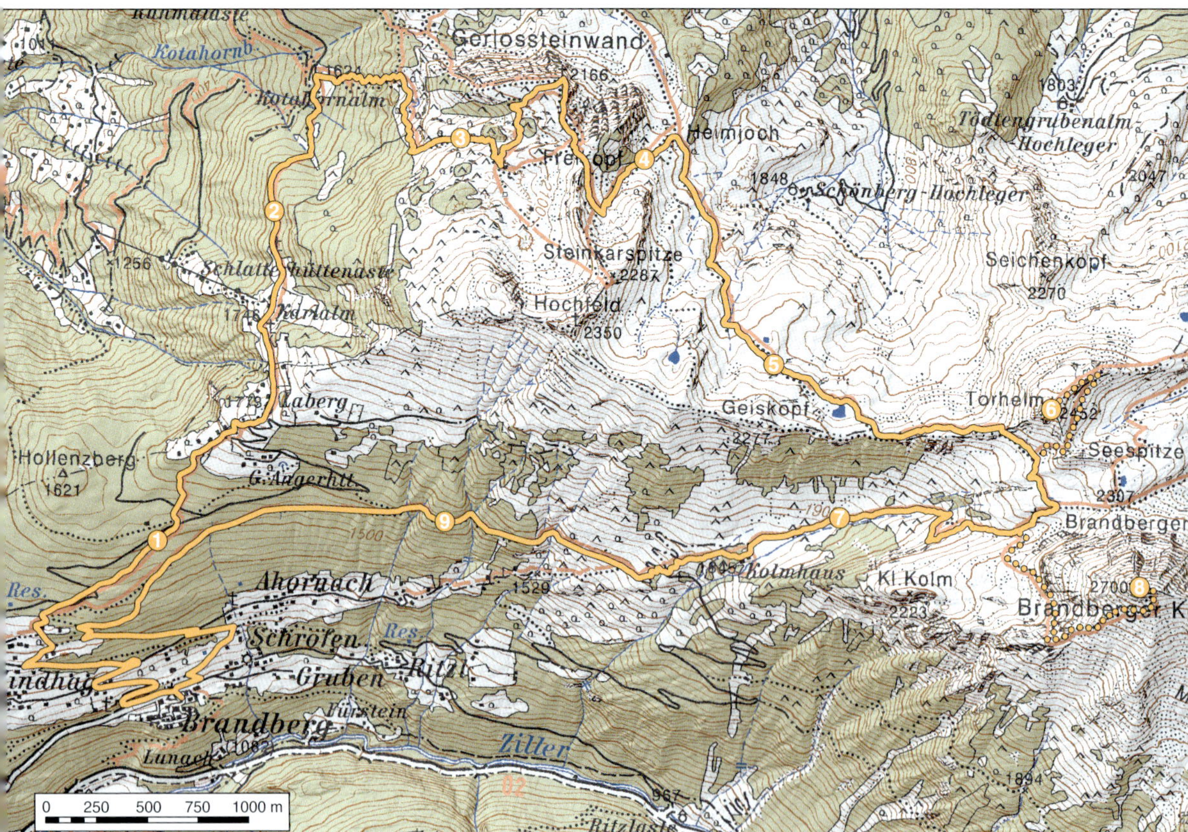

Abb. 32. Übersichtskarte der Exkursion K – Brandberger Kolm (Geodatenbasis: BEV Österreich).

① Von Brandberg zum Laberg

In Brandberg scheint die Welt noch weitgehend in Ordnung. Etwas entrückt liegt die kleine Gemeinde mit nur 369 Einwohnern auf einer undeutlich ausgebildeten, glazigen geschaffenen Terrasse aus Gneisen des Ahornkerns über dem unteren Zillergrund. Schnörkellos, da kerzengerade und ziemlich steil, führt ein Tunnel von Laubichl (kleiner Vorort nördlich von Mayrhofen) hinauf in das Tal – kurz vor Erreichen der Mautstelle Zillergrund (siehe Exkursion Ⓒ in Band 43) biegt man rechts ab und erreicht über eine langgezogene Kurve den kleinen Ort zu Füßen des Brandberger Kolms. Letzterer kann auch getrost als das "Wahrzeichen" von Brandberg bezeichnet werden, denn seine elegante, schlank pyramidenartige Form erinnert ein klein wenig an das Matterhorn – und damit ist eigentlich alles gesagt. Natürlich kann man von Brandberg direkt zu diesem 2700 Meter hohen Gipfel ansteigen, aber auch eine "entschleunigte" Annäherung samt bleibenden Eindrücken seiner wandelbaren Berggestalt ist möglich. Genau davon berichtet die vorliegende Exkursion.

> Für den Start der zweitägigen Runde schickt man sein Auto am besten am Parkplatz neben der Kirche von Brandberg in Urlaub – wahlweise kann man auch mit der Buslinie 4100 von Mayrhofen hierherfahren. So spart man sich etwaige Nöte bei der Parkplatzsuche, wenn die Stellflächen in Brandberg aus irgendwelchen Gründen besetzt sein sollten.

Die Kirche von Brandberg steht nahe der lithologisch primären Grenze zwischen kristallinen Gesteinen des Ahornkerns und seiner autochthonen, metasedimentären Überdeckung, der Hochstegen-Zone. Der steile Abbruch hinab in den Zillergrund ist aus Augen- und Flasergneisen mit zahlreichen idio-

Abb. 33. Geologische Karte der Exkursion Ⓚ – Brandberger Kolm (Auszug aus HORNUNG & ZASADNI 2023; Geodatenbasis: BEV Österreich), Legende siehe Seiten 19–21.

Abb. 34. Die kleine Ortschaft Brandberg liegt auf einer Glazialterrasse über dem Zillergrund und zu Füßen des Brandberger Kolms (links).

morphen Kalifeldspateinsprenglingen aufgebaut. Es ist dieselbe lithologische Einheit, die große Teile der Waldflanke unter der namensgebenden Ahornspitze am gegenüberliegenden Talhang bildet. Sie ist teilweise Thema der Exkursion A des Vorgängerbandes 43.

> Von der Kirche folgen wir zunächst der Hauptstraße etwa 250 Meter talwärts und biegen am Abzweig in Richtung Windhag und Steinerkogel rechts ab. Dieser Fahrstraße (für den allgemeinen Verkehr gesperrt) folgen wir über die nächsten drei Spitzkehren bergauf – und haben bald den Tiefblick auf die Ortschaft samt Brandberger 34
> Kolm vor Augen.

Bis zum nächsten Hof und dem Abzweig des Steiges nach rechts stehen bergseitig gut geschichtete, stahl- bis blaugraue Metakarbonate des Hochste-

Abb. 35. a, Porphyroide und Metaarkoseschiefer bilden die Basis der Wolfendorn-Decke und stehen entlang der Fahrstraße zum Laberg an, die der Steig mehrfach kreuzt. b, Der Verschnitt aus flach gegen Norden einfallender Schieferung mit orthogonal darauf stehender, dominanter Klüftung sorgt für quaderförmige Ausbrüche unterschiedlich großen Ausmaßes.

Abb. 36. Rück- und Ausblick auf etwa 1600 Meter Höhe gegen den glazigen überprägten, langgezogenen Zillergrund und den Brandberger Kolm (links). Die beiden frisch überschneiten Gipfel direkt über der Talflucht sind die Kleinspitze und der 3252 Meter hohe Rauhkofel, Letzterer bereits am Grenzkamm zwischen Österreich und Italien gelegen.

gen-Kalkmarmors an. Diese dank eines nahe Ginzling gefundenen Ammoniten (siehe Exkursion J in diesem Band sowie das Kapitel zur regionalen Geologie und Exkursion I in Band 43) sicher in den Oberen Jura datierten metamorphen Sedimentgesteine werden kurz nach besagtem Abzweig von ebenfalls plattigen, geschieferten, aber braun- bis rötlichgrauen Gesteinen abgelöst. Es handelt sich dabei um Porphyroide und Metaarkoseschiefer der Wolfendorn-Decke, die tektonisch über 35 der Hochstegen-Zone liegt. Über das Alter der Porphyroide – ehemalige, heute metamorph umgewandelte vulkanische Effusiva (Aschelagen oder Tuffe) – ist nicht allzu viel bekannt. Thiele (1988) stellt sie aufgrund sporadisch vorkommender Pegmatoide und Quarzgänge ohne Bekanntgabe weiterer Gründe ins Altpaläozoikum. Für die Metaarkosen gibt es gar keine Alterseinstufung – man weiß nur, dass die Ausgangsgesteine als terrigen geprägte Arkoseserien abgelagert wurden. Ob nun im älteren oder jüngeren Paläozoikum, etwa im Perm, als diese Art von Sediment entlang des Südrandes Ureuropas weit verbreitet war, bleibt Spekulation. Zumindest bilden sie die zuunterst liegende lithologische Einheit der Wolfendorn-Decke und werden uns die nächsten paar hundert Höhenmeter bergan begleiten. Dabei sticht die flach nach Norden einfallende Schieferung ins Auge, die mit einer orthogonal darauf positionierten, dominanten Klüftung für quaderförmige Ausbrüche sorgt. Die Scherbahn der Wolfendorn-Decke verläuft dabei von WSW nach ONO, entspricht dem Streichen der in unserem Bereich lithologieunabhängigen Schieferung und steht folglich senkrecht zur Hauptkompressionsrichtung der Alpenauffaltung. Wir werden diese Richtung und die damit verbundenen geomorphologischen Strukturen in der Landschaft heute und besonders morgen noch mehrfach und teilweise eindrucksvoll wiedersehen.

Die Porphyroide werden bereichsweise von geringmächtigen, spätwürmzeitlichen Moränenablagerungen überdeckt. Auch von hier bleibt die Aussicht hinab auf Brandberg und den alles beherrschenden Brandberger Kolm präsent. Dabei ist die klassische glazigene Überprägung des Zillergrunds in Form 36 eines Trog- oder U-Tals mit sehr steilen, basalen Talflanken und über der Trogschulter gelegenen, etwas flacheren Hängen unübersehbar.

Insgesamt viermal kreuzt der Steig den Fahrweg zum Laberg. Der dichte Lärchen- und Bergfichtenwald weicht auf etwa 1650 Meter Höhe schlagartig zurück. Die nächsten einhundert Höhenmeter überwindet der Steig auf Moränen- beziehungsweise Weidegelände, dann ist der aussichtsreiche Laberg auf 1773 Meter Höhe erreicht.

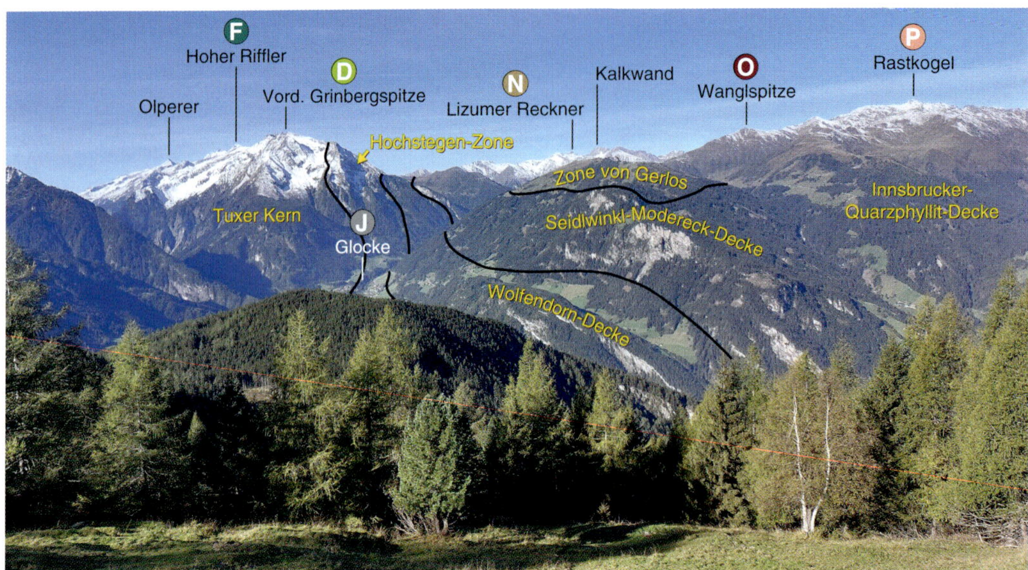

Abb. 37. Ausblick von der Anhöhe über der Karlalm nach Westen gegen den Tuxer Kamm (links) und die Tuxer Alpen (rechts). Die metasedimentäre Überdeckung des westlichen Tauernfensters mit Autochthon (»Hochstegen-Zone«) und Allochthon (»Wolfendorn-» und »Seidlwinkl-Modereck-Decke«) schmiegen sich steil nordfallend mit vergleichsweise schmalen, tektonisch ausgewalzten Zonen an. Darüber liegen penninische und oberostalpine Einheiten.

2 Vom Laberg über die Karlalm zur Alten Kotahornalm

Der letzte Anstieg zum Laberg und die Weidefläche erschließt eng geschieferte (Schwarz-)Phyllite mit zwischengeschalteten Kalklagen, die der triassischen Kaserer-Formation auf der Wolfendorn-Decke zugerechnet werden und das stratigraphisch Hangende der zuvor durchwanderten Metaarkosen bilden (über die stratigraphische Stellung der Kaserer-Formation siehe auch die nachfolgende Exkursion L). Bis zum Straßenabzweig in Richtung Karlalm geben die Almweiden den Blick in den felsigen Untergrund nur zögerlich frei – immer wieder erkennt man dünnplattige Scherben entlang des Weges. Bald werden die Abfolgen wieder von geringmächtigen, eiszeitlichen Lockergesteinen (Grundmoränenablagerungen des Egesen-Stadials) überlagert.

37 Leicht ansteigend erreichen wir eine übergrünte, freie Anhöhe und haben einen eindrucksvollen Rundumblick gegen das hintere Zillertal samt dem darüber aufragenden Tuxer Kamm mit Olperer, Hohem Riffler sowie den schroffen Grinbergspitzen und den sich nördlich anschließenden Tuxer Alpen.

Mit den Dreitausendern des Tuxer Kammes, die mit den Grinbergspitzen gegen den Talkessel bei Mayrhofen abschließen (siehe auch Exkursion D in Band 43), sehen wir Abfolgen des Tuxer Kristallinkerns und damit einen Teilbereich des westlichen Tauernfensters. Zwiebelschalen gleich liegen darauf die die Kristallinkerne überdeckende, autochthone und metasedimentäre Hochstegen-Zone sowie die allochthone, dislozierte Wolfendorn- und Seidlwinkl-Modereck-Decke mit vorwiegend triassischen Metasedimentgesteinen. Vor allem die markanten, da erhabenen Felsrippen an der Basis des uns unmittelbar gegenüberliegenden Penkens (Exkursion O), die die grünen Wiesen am Weiler Asten wie in eine eigene kleine Welt einschließen, zeichnen sehr gut den Ausbiss der beiden nach Osten breiter werdenden Decken nach. Sie verlaufen in WSW-ONO-Richtung und wurden durch genau jene zuvor angesprochene Nord- bis NNO-gerichtete Kompressionsichtung der Alpenauffaltung gebildet. Den weitläufigen Penkengipfel formen penninische Einheiten ("Zone von Gerlos"). In einem noch höheren Stockwerk liegt die oberostalpine Innsbrucker-Quarzphyllit-Decke am Kamm gegen Wanglspitze und Rastkogel (siehe Exkursion O).

Abb. 38. Die Karlalm (1746 m) vor den herbstlich angezuckerten Bergen der Tuxer Alpen. Auf dem gegenüberliegenden Hang verläuft die mautpflichtige Zillertaler Höhenstraße knapp jenseits der Waldgrenze. Der Talboden des Zillertals befindet sich mittlerweile mehr als 1100 Höhenmeter tiefer.

Auf der Anhöhe zweigen wir nahe einem Wegkreuz links ab und steigen dann ein paar Höhenmeter zur
Karlalm ab. Wer möchte, kann sich hier stärken: Es gibt eine typische Tiroler Brettljause und dazu diverse 38
kühle Getränke!

Die Aussicht auf die umliegenden Berge währt nur kurz – der Weiterweg nach Norden quert den steilen Hang bald in einen dichten Bergfichtenwald hinein.

Hier finden sich nur wenige, stark überwachsene Aufschlüsse mit graugrünen, quarzitischen Glimmerschiefern sowie schlecht erschlossenen Schwarzphylliten mit zwischengeschalteten Metakarbonaten. Immer noch bewegen wir uns innerhalb der Kaserer-Formation, die in diesem Bereich der nördlichen Zillertaler Alpen innerhalb der Wolfendorn-Decke großflächig ausbeißt.

Bis nahe 1800 Meter Höhe steigt der Steig an, danach fällt er über aufschlussloses Moränengelände bis zur Alten Kotahornalm ab, zuletzt mehrere kleine Bachläufe querend. Die urige, an den Hang geduckte Almhütte liegt auf 1624 Meter Höhe und bietet ebenfalls eine Almjause sowie kühle Getränke zur Stärkung an. Es ist die letzte Möglichkeit zur Einkehr bis zum fernen Kolmhaus!

3 Der Anstieg zum Gerlosstein

Unser Aufstieg beginnt gleich hinter der Kotahornalm und führt zunächst gerade in den Bergwald hinauf. Dort windet sich der Steig in zahlreichen engen Kehren steil über von Hangschutt bedecktes Moränengelände bergauf und erreicht auf etwa 1760 Meter Höhe eine markante Senke, in die wir wenige Meter absteigen müssen.

Hier treten zum ersten Mal Gesteinsabfolgen der Seidlwinkl-Modereck-Decke zutage, die das nächsthöhere Stockwerk über der Wolfendorn-Decke bildet. Zwei weitere, sich an diesen Punkt anschließende Senken sind breit klaffende Zerrspalten einer kleinen, lokalen Bergzerreißungszone, an denen der Westhang der über uns aufragenden Gerlossteinwand vermutlich über weiche und folglich leicht deformierbare Phyllit- und Glimmerschiefer-Abfolgen der Wolfendorn-Decke (Kaserer-Formation) abgleitet. Wenn man sich die Mühe macht und in der ersten Senke durch Büsche und Gestrüpp zur gut sichtbaren, meterhohen Felswand hinüber quert, hat man überraschend gering metamorph
überprägte Dolomit-Abfolgen vor sich, deren ursprüngliche Schichtung sowie sedimentäres Gefüge 39
(z. B. Lamination und bankinterne Brekziierung) noch erkennbar sind. Sie entstanden vermutlich in

Abb. 39. Triassische Dolomitabfolgen stehen entlang des Anstieges von der Alten Kotahornalm zur Gerlossteinwand auf etwa 1760 Meter Höhe in den Zerrklüften einer kleinen, lokalen Bergzerreißungszone an.

der Mittleren Trias und bilden die Basis des bereits vom Zillertal gut sichtbaren Kalkklotzes der 2166 Meter hohen Gerlossteinwand. Wie eine Art starrer "Topfdeckel" liegt das Bergmassiv der weichen Kaserer-Formation der Wolfendorn-Decke auf.

Wenige Höhenmeter über den markanten Zerrspalten treffen wir an einem flachen Moränenfleck auf den Steig, der vom Arbiskogel (Bergstation der Gerlossteinbahn) hier entlang führt. Wir halten uns rechts und folgen dem gut markierten Pfad den Hang querend bergan bis zu einer scharfen Biegung nach links in östliche Richtung. Ab hier wird es wieder etwas steiler.

Die Karbonate werden uns auf dem weiteren Anstieg bis zur Gerlossteinwand in unterschiedlichen Lithofazies-Ausprägungen begleiten. Nach besagter Wegbiegung stehen ostwärts schwach meta-
40a morphe Karbonate an. Besonders beeindruckend sind die mächtigen, gut gebankten Abfolgen an der Wandstufe, die das kleine Tälchen im Norden begrenzt, durch das sich der Pfad schlängelt. Zunächst noch mit üppigem Bergwald bewachsen, setzen sich die Felsstufen bis über die Waldgrenze hinweg
40b fort und leiten auf den flacher werdenden Gipfelhang der Gerlossteinwand über.

Vorbei an einem verfallenen Unterstand, von dem nur noch Grundmauern zu sehen sind, erreichen wir auf etwa 2000 Meter Höhe eine Hochebene. Die Gerlossteinwand ist im Moment nicht mehr zu sehen und liegt nun nördlich (links) von uns. Der steinige Gipfel direkt vor uns ist der etwa 2200 Meter hohe Freikopf, der durch einen zerhackt wirkenden Grat mit der 2278 Meter hohen Steinkarspitze und dem 2350 Meter messenden Hochfeld verbunden ist.

Abb. 40. Mächtige Trias-Metakarbonate – hier schwach metamorphe, gut gebankte Kalksteinsequenzen – bilden eine mehrere Zehnermeter hohe Wandstufe aus (a) und setzen sich bis zum flacher werdenden Gipfelhang der Gerlossteinwand (b) fort.

Unter Freikopf und Steinkarspitze liegt
41 ein kleiner fossiler Blockgletscher, der beinahe das gesamte linksseitige Kar ausfüllt. Seine geröllige Zunge greift dabei bis in den flachen Talboden direkt vor uns aus. Gegen das Hochfeld bedecken steile Hangschuttfelder den Rand des Hochkars.

An einem kleinen, versteckt unter einer Felswand gelegenen Schäferhüttchen wendet sich unser Weiterweg scharf nach links und beginnt – zunächst leicht absteigend – den Schlussanstieg unter der Gerlossteinwand durch Niederwuchs, Latschengestrüpp und felsig-schroffiges, unübersichtliches Gelände. Zuletzt steigt man in einem flachen Tälchen mäßig steil ostwärts und erreicht den Gipfelkamm – zum Kreuz der Gerlossteinwand sind es nordwärts nur noch wenige Meter.

Entlang des Pfades treffen wir auf tafel-
42a bankige, beinahe horizontal gelagerte Kalke, teilweise mit schönen primären

Abb. 41. Unterhalb von Freikopf und Steinkarspitze liegt ein kleiner fossiler Blockgletscher (mit Gelb strichlierter Linie umrandet), dessen Zunge gegen das auf etwa 2000 Meter Höhe gelegene Hochkar ausgreift.

Abb. 42. Die Trias-Metakarbonate entlang des Steiges zur Gerlossteinwand treten in unterschiedlichen Fazies-Ausprägungen auf: a, dick tafelbankig und subhorizontal geschichtet (auf circa 2060 Meter), b, dünnbankig und nahezu saiger stehend (ca. 2120 Meter) sowie c, dünn- bis mittelbankig und wieder subhorizontal geschichtet unmittelbar am Gipfel der Gerlossteinwand über seiner senkrechten Nordwand.

Abb. 43. Das 270-Grad-Panoramafoto von der Gerlossteinwand reicht vom Gipfel bis zur breiten Furche des Zillertals und den westlichen Kitzbüheler Alpen und verläuft von Osten über Süden nach Nordwesten.

Sedimentgefügen wie Internbrekzien, Laminiten und verwaschenen Bioturbationsspuren. Teilweise
wandern wir aber auch über steilgestellte, beinahe senkrecht einfallende, sehr dünnbankige Meta- *42b*
karbonate. Insgesamt jedoch bleibt bis zum 2166 Meter hohen Gipfel der Gerlossteinwand der tafel-
bankige, subhorizontal geschichtete Charakter von Trias-Metakarbonaten der Seidlwinkl-Modereck- *42c*
Decke erhalten. So verwundert es auch kaum, dass wir auf dem ersten Gipfel unserer Exkursion eine überraschend weitläufige, übergrünte und sanft gegen Westen abfallende Gipfelfläche vorfinden, deren Nordabbrüche mit schwindelerregend hohen, lotrechten Wänden zur Gerlossteinalm abfallen.

Vor allem die Aussicht nach Norden geht ungehindert über das breite Zillertal, das vor den bleichen *43*
Bergen des Rofans (Nördliche Kalkalpen) beinahe rechtwinklig ins Inntal mündet. Im Süden fällt der Blick auf den breiten und abgestumpften Kamm des Brandberger Kolms sowie die Steinkarspitze und das Hochfeld davor, etwas verdeckt vom breiten, latschenüberwachsenen und namenlosen Berggrat im unmittelbaren Vordergrund.

(4) Abstieg zum Heimjoch

> Vom Gipfel der Gerlossteinwand wenden wir uns zunächst wieder nach Süden, lassen den zuvor im Anstieg erreichten Abzweig rechts liegen und gelangen, stets etwas unterhalb der latschenüberwucherten Gratschneide, zwischen Felsen und teilweise matschigem Residuallehm, nach einer knappen Viertelstunde in die Freikopfscharte. Hier beginnt der weitere Abstieg hinunter zum flachen Sattel des Heimjochs.

Mit der Freikopfscharte ändert sich schlagartig der Charakter der uns umgebenden Gesteine. Vor uns
liegen keine Metakarbonate, sondern zerfressen wirkende, weiß-grünliche, fein absandende Quarzite. *44*
Ausgangsgestein waren wohl einst terrigen geschüttete, feldspat- und quarzreiche Arkosen. Der hier von den damaligen Kartierern dieses Gebietes (Müller 1981, Wagner 1988) verwendete Begriff "Wustkogel-Serie" (analog zu lithologisch und genetisch ähnlichen Gesteinen vom Wustkogel im Salzburger Rauris) sollte – wie auch in der nachfolgend beschriebenen Exkursion (L) – nur bedingt Anwendung finden, da die Gesteine der Typlokalität streng genommen mit dem permotriassischen Buntsandstein des Germanischen Beckens beziehungsweise der genetisch ähnlichen Gröden-Formation der Südalpen koinzidieren. Die hier anstehenden Gesteine sollten jedoch eher dem Stubensandstein des Germanischen Faziesbereichs und damit der Obertrias zugeschlagen werden, da sie lateral mit Bündnerschiefern verzahnen (Thiele 1970). Gemäß Veselá et al. (2008) sollte man eigentlich den stratigraphisch neutralen Ausdruck "Grüne Metaarkoseserie" verwenden.

Abb. 44. a, Weiß-grünliche Metaarkosen stehen südlich der Freikopfscharte (rechts im Bild) an. An den jenseitig (nach rechts) zur Gerlossteinwand führenden Latschenhängen sind Trias-Metakarbonate erschlossen. b, Die weißlich-grünen, innig geschieferten Quarzite und Metaarkosen im Detail.

Unter der Annahme, dass die grünstichigen Metaarkosen obertriassischen Alters sind, braucht ihre Position zwischen Freikopf und Steinkarspitze nur eine einfache sedimentär-tektonische Erklärung – sie liegen schlichtweg als das stratigraphisch Hangende in einer seichten Muldenstruktur auf den Metakarbonaten mitteltriassischen Alters. Übrigens: Der in Abbildung 41 gezeigte Blockgletscher besteht zur Gänze aus solchen weiß-grünlichen Metaarkose-Geschieben.

Abb. 45. Unter der Hochfeldscharte liegt ein kleiner fossiler Blockgletscher (gelb strichliert umrandet). Oder etwa ein kleiner Felssturz?

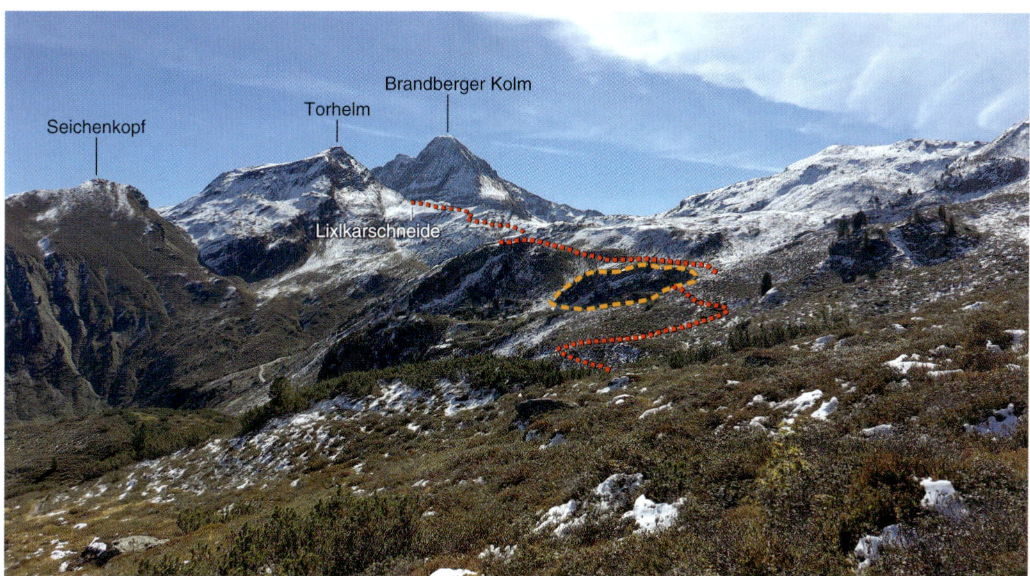

Abb. 46. Der Blick vom Heimjoch ins Schönbergkar gegen die Lixlkarschneide unter dem Torhelm offenbart viel der weiteren Route (rot punktiert) über sanft nordwärts abfallende, mit Felsstufen durchsetzte, Grashänge. Orangefarben hervorgehoben liegen die nachfolgend besuchten Olistholithe mit Trias-Komponenten (siehe Abb. 48).

Von der Freikopfscharte queren wir zunächst unter dem mit Felstürmchen übersäten Grat südwärts in ein Hochkar, biegen dann nach Norden ab und steigen unter einem kleinen, ebenfalls fossilen Blockgletscher ab, 45
der von der gerade überschrittenen Freikopfscharte aus talwärts zieht.

Ob es sich tatsächlich um eine ehemalige, späteiszeitliche, blockige Schubmasse handelt oder um ein Felssturzereignis, das vom Grat des Freikopfes abgegangen ist, bleibt dabei unbekannt.

Teilweise über späteiszeitliches Moränengelände, teilweise über Hangschuttfelder erreichen wir nach etwa 20 Minuten Abstieg ab der Freikopfscharte das Heimjoch. Nur noch 1982 Meter hoch gelegen, bildet es einen undeutlich ausgeprägten Übergang zwischen der Steinkarspitze und einem latschenbewachsenen Rücken nach Südosten ins weitläufige Schönbergkar. Nach links zweigt der Anstieg zur Gerlossteinbahn und zum Arbiskogel ab – wir halten uns rechts und beginnen den langen, aber gemütlich ansteigenden Weg zur Lixlkarschneide. 46

(5) Entschleunigung alpin: Der lange Anstieg auf die Lixlkarschneide

Am Heimjoch liegt ein markanter lithologischer Wechsel vor, der tektonisch erklärt werden muss. Bislang waren wir zwischen Metakarbonaten und grünlichen Metaarkosen auf der Seidlwinkl-Modereck-Decke unterwegs. Bereits auf den ersten Metern nach dem Heimjoch treffen wir auf ruppigrissig anwitternde, enorm quarzreiche Phyllite und Glimmerschiefer. Teilweise liegen dazwischen große Quarzbrocken, teilweise finden sie sich als zentimeter- bis dezimetermächtige Bänder mit flach südwärts einfallendem Schieferungsgefüge. Würden wir vom Heimjoch weiter nach Norden auf den begrünten Latschenrücken steigen, fänden wir wieder besagte grünliche Metaarkosen, mit denen wir bereits unter der Freikopfscharte auf Tuchfühlung gehen konnten. Zur tektonischen Auflösung der hiesigen Situation: Am Heimjoch versetzt eine größere dextrale Seitenverschiebung die Basis der Seidlwinkl-Modereck-Decke in einen nach Süden geschobenen Westblock ("Gerlossteinwand", siehe vorangegangenes Unterkapitel) sowie einen nordwärts versetzten Ostblock, der unter anderem den Latschenrücken nördlich von uns umfasst. Entlang der Lateralstörung tritt die südlich des Ostblockes unterlagernde, zur Wolfendorn-Decke gehörende Kaserer-Formation zutage – eben hier
mit quarzreichen Phylliten und Glimmerschiefern. Übrigens lohnt ein genauerer Blick bei den zahl- 47

Abb. 47. a, Unmittelbar südlich des Heimjoches stehen quarzreiche Phyllite und Glimmerschiefer der Kaserer-Formation an. b, Teilweise findet man zahlreiche große, herausgewitterte Komponenten aus derbem Quarz. In den Hohlräumen können durchaus kleine, aber glasklare Bergkristallspitzen vorkommen!

reich umherliegenden ausgewitterten Quarzknauern. Hin und wieder können in unscheinbaren Hohlräumen kleine, klare Bergkristallspitzen erhalten sein.

Ab etwa 2060 Meter Höhe gelangen wir zu einer Reihe von markanten Fels- 48a
wänden, die sich talwärts gegen den Schönfeld-Hochleger ziehen. Es handelt sich um Olistholithe mit großen Triaskomponenten, die wohl über der Kaserer-Formation liegen. Dabei ist das übergeordnete Gefüge nicht ohne weiteres sofort zu erkennen: Es sind helle, ruppig anwitternde und massige, ohne deutlich erkennbare Schieferung und/oder Schichtung erhaltene, deutlich tektonisierte Metakarbonate, die in einer 48b
stark geschieferten Abfolge dunkler, 48c
stängelig verwitternder Schwarzphyllite und Glimmerschiefer stecken. Entlang 48d
des Weges ist diese eigentliche Matrix sporadisch erschlossen und am besten aufgrund der dunkel glänzenden Schieferungsflächen erkennbar. Wann diese einstige Schuttstromablagerung mit aus dem Untergrund aufgearbeiteten Trias-Geröllen (die mitunter Hausgröße und mehr erreichen können) entstanden ist, lässt sich zeitlich zumindest grob eingrenzen: Da triassischer Untergrund eingearbeitet wurde, dürfte sie irgendwann im Jura entstanden sein, eventuell sogar im Oberjura, weil wir aus dieser Zeit entsprechend mächtige Brekzienbildungen kennen (vergleiche mit Exkursionen M und N).

49 Bevor wir weitergehen, wäre vielleicht noch ein Blick zurück gegen das Hochfeld, die Steinkarspitze und den Freikopf zu wagen. Die sich uns bietende Szenerie zeigt die zuvor beschriebene tektonische Situation nochmals im Überblick: Alle drei Gipfel samt der sich nördlich anschließenden Gerlossteinwand werden zur Seidlwinkl-Modereck-Decke gezählt – der bewaldete Schrofenrücken von Freikopf und Steinkarspitze mit den grünlichen Metaarkosen bildet das stratigraphisch Hangende der Metakarbonatserien am Hochfeld beziehungsweise an der Gerlossteinwand. Die Anlage der Schichtfolge in einer seichten, West-Ost-streichenden tektonischen Mulde bedingt, dass stratigraphisch ältere Schichten am Südschenkel ("Hochfeld") und Nordschenkel ("Gerlossteinwand") aufgebogen sind und dort zutage treten. Darüber hinaus wird auch der lithologische Kontrast von harten Metakarbonaten und Quarziten der Seidlwinkl-Modereck-Decke zur unterlagernden, vergleichsweise weichen Kaserer-Formation der Wolfendorn-Decke geomorphologisch sehr deutlich.

Bergwärts der besagten Olistholithe quert der flacher werdende Steig – weitgehend aufschlussarme, da mit eiszeitlichen Moränenablagerungen überdeckte Hänge unter dem Geiskopf. Vorbei an einem kleinen See umgeben von Hochstegen-Kalkmarmoren, erreichen wir – zuletzt wieder steiler ansteigend und im Bereich plattiger Mylonit- und Quarzitschiefer an der Basis der Wolfendorn-Decke – die schmale, 2290 Meter hohe Lixlkarschneide.

Abb. 48. a, Die Reihe von Felswänden, die ab etwa 2060 Meter Höhe entlang des Anstieges zur Lixlkarschneide erschlossen sind, wird von Olistholithen mit hellen Trias-Karbonaten gebildet. Die Trias-Komponenten können hausgroß und größer werden (b), aber auch als kleinere Einzelstücke ausgewittert umherliegen (c). d, Die eigentliche olistholithische Matrix – ehemals ein dunkles, tonig-mergeliges Feinsediment – ist heute zu einem stark geschieferten und stängelig verwitternden Schwarzphyllit und bereichsweise Glimmerschiefer umgewandelt worden. Aufschlüsse finden sich sporadisch entlang des Weges und in ausgeschwemmten, kleinen Bachrunsen.

Abb. 49. Rückblick aus 2060 Meter Höhe gegen den Bergkamm vom Hochfeld bis zur Gerlossteinwand mit der eingezeichneten geotektonischen Situation.

Die Lixlkarschneide – in der aktuellen Alpenvereinskarte ohne Namen – liegt an der Basis des
50 Torhelm-Westgrats. Vom schmalen Übergang bietet sich ein schöner Blick auf das morgige Exkursionsgebiet zwischen Torhelm, Brandberger Joch und Brandberger Kolm. Geologisch betrachtet sehen wir vier Bauelemente der nördlichen Zillertaler Alpen (man erinnere sich an die "Zwiebelschalen") dicht nebeneinander: Torhelm sowie der Grat zum Geiskopf mit unserem Standpunkt liegen auf Einheiten der Wolfendorn-Decke, das Hochfeld bekanntlich auf der tektonisch höheren Seidlwinkl-Modereck-Decke. Das Gebiet zwischen der namenlosen Scharte südlich des Torhelms (über die unser weiterer Anstieg verläuft), und dem markant helle Gratkopf sowie das Gebiet bis zum Brandberger Joch gehören zum postvariszisch gefüllten Riffler-Schönach-Becken (siehe Exkursion Ⓛ sowie Ex-

Abb. 50. Der Ausblick von der Lixlkarschneide gegen den Brandberger Kolm zeigt gleich vier unterschiedliche tektonische Bauelemente am Nordrand des Tauernfensters: Die zuunterst liegende Hochstegen-Zone überlagert autochthon den Ahornkern, der im Hintergrund an der Ahornspitze erschlossen ist. Darüber liegt ein schmaler Span postvariszischer Metasedimentgesteine des Riffler-Schönach-Beckens, seinerseits überlagert von Wolfendorn- und Seidlwinkl-Modereck-Decke. Die Anstiege auf Torhelm (orangefarben) und Brandberger Kolm (rot) sind punktiert hervorgehoben. Der Abstieg zum Kolmhaus ist von hier noch nicht einsehbar.

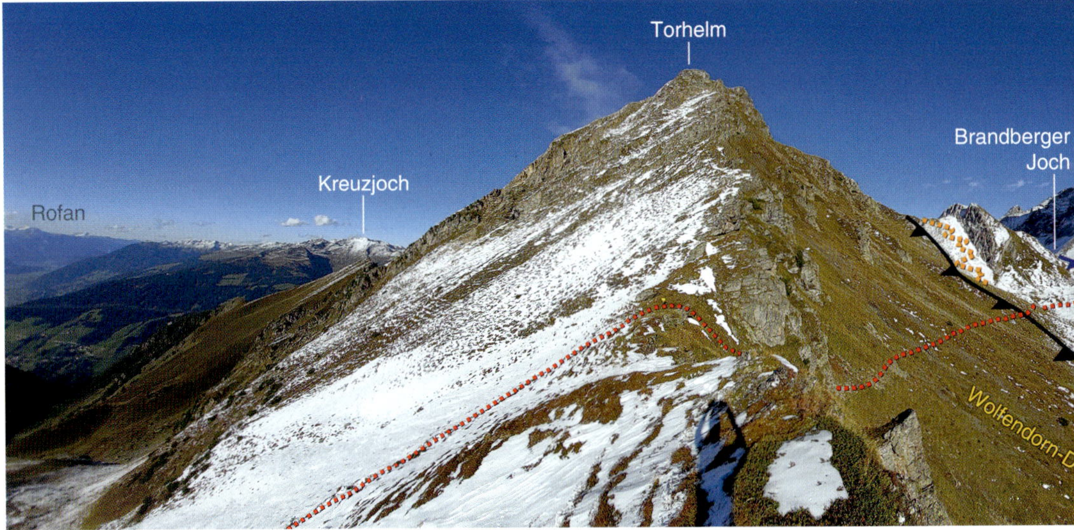

kursion G in Band 43), das hier in einem tektonisch stark ausgewalzten, nördlich gelegenen Strang an der Nordgrenze des Ahornkerns von Westen aus dem Mayrhofener Becken nach Osten zieht. In dieser Richtung verbreitert sich sein Ausbiss zusehends und vereinigt sich im weiter östlich gelegenen Schönachtal mit einem Südstrang, der den Ahornkern vom sich südlich anschließenden Tuxer Kristallinkern trennt. Er quert den Zillergrund auf Höhe des Höhenbergkarkopfes im Gerloskamm.

An diejenigen, die sich im Anschluss eine Ersteigung des nahen, 2465 Meter hohen Torhelms vorgenommen haben, ergeht folgende Bitte: auf keinen Fall über den kurzen, brüchigen und klettertechnisch heiklen Westgrat auf den verlockend nahen Gipfel steigen! Der beste Anstieg wird nachfolgend beschrieben und umrundet den Berg südseitig, um von Osten den höchsten Punkt zu erreichen.

6 Abstecher zum Torhelm

Die unter der Kaserer- und Hochstegen-Formation durch ein schmales, schlecht erschlossenes Band von Grüngesteinen wie Serpentiniten und Amphiboliten
51a getrennten, plattigen Mylonit- und Quarzitgneise sind direkt südseitig unterhalb der Lixlkarschneide gut zugänglich erschlossen. Hier finden sich neben

Abb. 51. a, Plattenmylonite und Quarzitgneise mit flach nordwärts einfallender Schieferung stehen direkt unterhalb der Lixlkarschneide (Übergang links im Bild) an und bilden hier die Basis der Wolfendorn-Decke. b, Tektonisch eingefaltet und stark überprägt, treten dunkle Phyllite mit zentimeter- bis dezimetergroßen Quarzklasten auf.

Abb. 52. Der Anstieg zum Torhelm verläuft vom Hauptweg linkerhand steil in eine Einschartung links eines markanten Felskammes (»Seespitzl«) aus hellen Metakarbonaten der Hochstegen-Formation – gleichbedeutend mit der Grenze zwischen der Hochstegen-Zone über dem postvariszischen Riffler-Schönach Becken rechts (von hier nicht sichtbar) sowie den Porphyroiden der Wolfendorn-Decke (links). Der breite, frühherbstlich überschneite Berggrat rechts im Hintergrund ist der Brandberger Kolm.

braun- bis weißlichgrauen und auch rostbraun anwitternden Gesteinen auch dunkle, fein geschieferte und stark verfaltete Phyllite mit dünnen Amphibolit-Gängen. Sie umschließen kontrastreich zentimeter- bis dezimetergroße Quarz- *51b*
Klasten.

Absteigend gelangen wir über Hangschuttfelder zur Abzweigung des Steiges zum Torhelm. Diejenigen unter uns, die genug haben vom "Berghopping", steigen von hier auf bestens markiertem Pfad direkt zum Kolmhaus ab. Der Abstecher zum Gipfel beginnt an einem rot markierten Block (Aufschrift "Torhelm") und verläuft auf Trittspuren in eine Scharte neben einem markant steil aufragenden Felskamm mit hellgrauem Gestein, zuletzt in eng gesetzten Spitzkehren.

Auf den folgenden knapp 50 Höhenmetern zum Sattel bewegen wir uns
ziemlich genau entlang der tektonischen *52*
Grenze zwischen Wolfendorn-Decke und Einheiten des unterlagernden Riff-

Abb. 53. Grüngesteine und Amphibolite im Vordergrund sind allenfalls beim Ausstieg aus der Südflanke des Torhelms gegen dessen flachen Gipfelhang erschlossen. Links steht der Brandberger Kolm und in der Bildmitte die Ahornspitze (Exkursion A in Band 43). Das Foto wurde Ende September 2022 nach heftigen, im Spätsommer allerdings nicht ungewöhnlichen Schneefällen aufgenommen. Es ist gerade so viel Schnee aus der Südflanke abgetaut, dass man diese einigermaßen gefahrlos durchsteigen kann. Unter solchen Bedingungen ist an eine Ersteigung des Brandberger Kolms nicht zu denken!

Abb. 54. Kann sich sehen lassen: die Aussicht vom Torhelm gegen Westen hinab nach Brandberg (knapp rechts der Bildmitte) sowie Ahornspitze, die Grinbergspitzen und die südlichen Tuxer Alpen im nachmittäglichen Gegenlicht. Unter dem orangefarbenen Pfeil liegt das Kolmhaus.

ler-Schönach-Beckens. Links von uns erschließt die steile Südflanke des Torhelms dieselben Plattenmylonite, wie zuvor an der Lixlkarschneide gesehen. Der helle Gratkamm rechts des Anstieges (in der Alpenvereinskarte als "Seespitzl" bezeichnet) wird aus Metasedimentgesteinen der Hochstegen-Formation (Hochstegen-Kalkmarmore) aufgebaut. Diese bilden die autochthone Überdeckung des Riffler-Schönach-Beckens und wurden zusammen mit diesem tektonisch eingefaltet.

> Nach der Scharte queren wir die steilen Hänge unter dem Torhelm in nordöstlicher Richtung, bis der flache, ostwärts abfallende Gipfelrücken erreicht ist. Von hier benötigen wir nur noch wenige Minuten bis zum höchsten Punkt.

Die im Bereich der nordostexponierten Gipfelabdachung des Torhelms anstehenden Serpentinite und 53
Grünschiefer treten nur selten gut erschlossen zutage – so beispielsweise beim direkten Ausstieg
aus der Flanke auf den Gipfelrücken.

Der Gipfelblick des Torhelms ist ähnlich beeindruckend wie jener des nahen Brandberger Kolms –
lediglich im Süden wird er durch Letzteren eingeschränkt. Von hier sehen wir westwärts zum 54
ersten Mal das Ziel des heutigen Tages, das Kolmhaus. Geschützt liegt es am Ende eines seichten,
grünen, eindeutig glazigen überprägten Trogtals, das sich vom Brandberger Joch westwärts öffnet.
Darüber liegt der schmale Berggrat des Kleinen Kolms und jenseits des Zillergrundes ist erneut die
breite Berggestalt der Ahornspitze zu sehen. Weiter westlich liegen Dristner, die Grinbergspitzen
und der Tuxer Kamm mit seinen Dreitausendern rund um den Olperer. Gegen Norden werden die
Gipfelhöhen sukzessive niedriger – wir erkennen die breite Front der Tuxer Alpen, den weit offenen Talboden des vorderen Zillertals und die Kitzbüheler Alpen östlich davon. Ganz im Norden steht, jenseits des Inntals, auf der Höhe von Jenbach und Schwaz, die bleiche Mauer der Nördlichen Kalkalpen. Die dieser Aussicht zugrundeliegende Tektonik wird im Zuge der morgigen Ersteigung des Brandberger Kolms behandelt, da dessen Aussicht noch umfassender ist.

Abb. 55. *a, Auffallend grünliche Metaarkosen gehören genauso zur postvariszischen Füllung des Riffler-Schönach-Beckens wie steil geschieferte, hier mit Flechten überwucherte und stark verwitternde helle Glimmerschiefer (b).*

7 Feierabend! Abstieg zum Kolmhaus

Der nachmittägliche Abstieg zum Kolmhaus ist – gutes herbstliches Wetter vorausgesetzt – ein Genuss. Man steigt gegen die langsam im Westen untergehende Sonne – und am Ende wartet eine warme Unterkunft mit gutem Essen. Vom Torhelm steigen wir zurück über die namenlose Scharte zum Steig unter der Lixlkarschneide und queren die flachen, mit geringmächtigem eiszeitlichen Moränentill überzogenen Almmatten.

Um die Gesteine des zuvor angesprochenen Riffler-Schönach-Beckens zu finden, braucht es etwas Übung. Auf dem beinahe ebenen Abschnitt ("Kühkar" in der Alpenvereinskarte) vor dem endgültigen Abstieg zum Kolmhaus in einer Höhe von etwa 2250 Metern stehen bankige und grünliche Metaarkosen sowie stark
geschieferte, meist flechtenüberwucherte *55a*
Glimmerschiefer an. Wie in Exkursi-
on F und G im Vorgängerband 43 *55b*
sowie im nachfolgender Exkursion L berichtet, laufen wir hier über eine im Jungpaläozoikum gebildete, postvariszische Beckenfüllung. Diese kam nach Abtrag des variszischen Gebirges vor mehr als 300 Millionen Jahre in einem großen, in die kristalline Kontinentalkruste eingesenkten Halbgraben zur Ablagerung. Die Alpen waren da noch weit entfernte "Zukunftsmusik" und ihr Bau noch nicht einmal ansatzweise angelegt. Üblicherweise geht man von weit mehr als 2000 Meter Mächtigkeit der Beckenfüllung aus – die hier anstehenden Sequenzen zeigen jedoch nur knapp 200 Meter Gesamtmächtigkeit und dürften in Teilen der großräumigen Tektonik im Zuge der Alpenauffaltung zum Opfer gefallen sein.

Von einem schwach ausgeprägten Rücken steigen wir ins Tälchen unterhalb des Brandberger Joches ab – knapp unter einem Wegkreuz treffen wir auf den von der Scharte kommenden Steig und gelangen wenig später zur Abzweigung zum Brandberger Kolm. Von hier wären es nochmals 500 überaus steile Höhenmeter und knapp anderthalb Stunden Gehzeit. In Anbetracht der bereits geleisteten Wegstrecke des heutigen Tages sollten sich auch ambitionierte und konditionsstarke Berggeher dieses durchaus alpine Kapitel für den kommenden Tag aufsparen.

Etwas weiter talwärts treffen wir auf 2200 Meter Höhe auf einen markanten, langgestreckten und
56 abgerundeten Wall, der talparallel bergab zieht. Er markiert eine spätglaziale Seitenmoräne aus dem Egesen-Stadial, die vor mehr als 12000 Jahren einen kleinen, aus dem Kar unterhalb der Brandberger-Kolm-Nordwand talwärts fließenden Gletscher gegen das Kühkar begrenzte. Quasi ein kleines Schmankerl für "Eiszeit-Liebhaber", die auf dieser Exkursion bislang etwas zu kurz gekommen sind. Morgen gibt es davon mehr.

Wir folgen dem gut markierten Steig talwärts und halten uns links gegen eine markante Felswand aus Hochstegen-Kalkmarmor.

Abb. 56. Auf etwa 2200 Meter Höhe quert der Steig eine kleine, aber gut erhaltene Seitenmoräne aus dem Egesen-Stadial – hier gut akzentuiert durch den Neuschnee der vergangenen Tage.

Die mit etwa 60 Grad steil nach Norden einfallende Plattenflucht kennzeichnet das Einfallen der 57
Schieferung (nicht Schichtung!) nahe der tektonischen Grenze zu den überlagernden Glimmerschiefern und Metaarkosen des Riffler-Schönach-Beckens, dessen Abfolgen am felsigen Begrenzungskamm des Tälchens nördlich von uns liegen.

Mit zwei letzten, etwas steiler abwärts führenden Spitzkehren überwinden wir eine einfache, mit Eisenstiften gesicherte Passage und wandern im sanfter abfallenden Talgrund in einer weiteren knappen halben Stunde gemütlich westwärts zum bereits seit langem sichtbaren Kolmhaus.

Abb. 57. Die steil nordwärts fallende Plattenflucht aus Hochstegen-Kalkmarmor (ca. 2030 m Höhe) liegt ziemlich genau an der Grenze der Hochstegen-Zone zu den überlagernden Metasedimentgesteinen des Riffler-Schönach-Beckens.

Abb. 58. Das Kolmhaus mit dem Brandberger Kolm.

58 Das Kolmhaus steht auf 1845 Meter Höhe am Ende des Brandberger Kars, jenem kleinen Tal, das vom Brandberger Joch gegen den Zillergrund zieht, und ist mit der eleganten Pyramide des Brandberger Kolms im Hintergrund fast schon berückend malerisch gelegen. Bereits im Jahr 1927 von der Familie PFISTER (Mayrhofen) erbaut, ist es eher ein Tages- als ein Übernachtungsziel, steigt man doch von Brandberg in knapp zwei Stunden gemütlich bis hierher. Jedoch möchten die beiden neuen, seit 2021 die Hütte bewirtschaftenden Pächter die Hütte als Wanderstützpunkt ausbauen.

Für diejenigen unter uns, die sich am kommenden Tag den Brandberger Kolm vorgenommen haben,
59 ist hier eine Übernachtung obligatorisch. Auf der auch noch am Abend sonnigen, da westexponierten Terrasse lässt es sich bei hervorragendem Essen wunderbar aushalten. Eine feste Speisekarte gibt es nicht. Das Pächter-Ehepaar Andreas und Elisabeth HEIM zaubert auf den Tisch, wonach ihm

Abb. 59. Herbstlicher Sonnenuntergang am Kolmhaus.

Abb. 60. Die Trogtal- oder U-Form des Brandberger Kars ist noch heute unübersehbar, wenngleich die steilen Wände unter dem Hochfeld (am rechten Bildrand) von ausgedehnten Hangschuttfeldern überprägt wurden. Übrigens: Die zum Zeitpunkt der Aufnahme herrschende, sonnseitige Schneegrenze (Ende September 2022) bei 2200 Meter Höhe entspricht in etwa der Höhenlage, die das Zillertaler Eisstromnetz während des Würm-Hochglazials gehabt haben dürfte. Von unserem Standort hätten wir Ausblick auf eine riesige Eisfläche und könnten beinahe eben zu den fernen Tuxer Alpen hinüberwandern (natürlich etwas Phantasie vorausgesetzt).

gerade ist. Aber egal, ob Kaspressknödel, Schweinsbraten oder das diverse Kuchensortiment, alles wird frisch zubereitet, wobei meist Andreas in der Küche steht. Das reichliche Frühstück nach einer hoffentlich ruhigen Nacht ist mit Omelette auf Wunsch eh fast nicht zu schaffen.

8 Eiszeitliches aus dem Brandberger Kar

Vom Kolmhaus steigen wir durch das Brandberger Kar auf bekanntem gestrigem Abstiegsweg wieder bergauf bis auf etwa 2200 Meter Höhe.

Es sei noch ein Wort zur letzten Eiszeit-Epoche erlaubt, die selbstverständlich auch in dieser Region ihre Spuren hinterlassen hat – wir erinnern uns an gestern besuchte Seitenmoräne (Abb. 56). Als der zugehörige kleine Lokalgletscher während des Egesen-Stadials vor etwa 12 000 Jahren unter der Kolm-Nordwand noch existierte und in etwa bis auf 2200 Meter Höhe hinab reichte, waren die Eisströme alpenweit bereits stark im Rückgang begriffen. Auch der große Zillergrund-Gletscher zwischen Gerlos- und Ahornkamm hatte seine Endzunge bereits weit taleinwärts zurückgezogen, in etwa auf Höhe des heutigen Speichers Zillergründl. Während des etwas älteren Gschnitz-Stadials, also etwa 2500 Jahre zuvor, trug das gesamte Brandberger Kar über die heutige Position des Kolmhauses hinweg einen Gletscher. Dieser hatte jedoch keine Verbindung mit dem großen Gletscherstrom im Zillergrund mehr. Dessen erosiv überprägte Seitenmoräne liegt heute bei etwa 1100 Meter Höhe auf jener glazial überformten Terrasse, auf der die Ortschaft Brandberg erbaut wurde. Während des Würm-Hochglazials vor 21 000 Jahren haben sich beide – Kolmgletscher und Zillergrund-Gletscher – im Bereich des Kolmhauses vereinigt, allerdings in einer Höhe von etwa 2200 Metern (vgl. mit eiszeitlichen Gletscherstands-Rekonstruktionen im Kapitel zu den Eiszeiten in Band 43). Der Kolmgletscher war damals nur ein unbedeutender, fast ebener Seitenast am Ostrand des Mayrhofener Eisplateaus.

Die glazigenen Spuren sind heute im Brandberger Kar über dem Kolmhaus unübersehbar, zeigt der *60*
Einschnitt doch ein flaches Trogtal, das seine charakteristische Form durch fließendes Eis erhalten hat. Während die steilen Seitenwände unter dem Kleinen Brandberger Kolm in den steil nordfal-

Abb. 61. Im »Grubach« östlich des Kleinen Kolms (pyramidenförmiger Gipfel im Mittelgrund) liegt ein fossiler, aber vorzüglich erhaltener kleiner Blockgletscher. Deutlich sind die Fließloben zu erkennen, die eine einstige Bewegungsrichtung gegen das Brandberger Kar erahnen lassen.

lenden Plattenfluchten aus Hochstegen-Kalkmarmor noch weitgehend erhalten sind, wurden die südexponierten, leichter erodierbaren Porphyroid-Wände unter Hochfeld und Geiskopf weitgehend durch postglaziale Hangschuttfelder überprägt.

Nach Überwindung der ersten felsig-schroffigen Steilstufe im Anstieg zum Brandberger Kolm quert der Steig ab etwa 2350 Meter Höhe ein Hochkar ("Grubach" in der Alpenvereinskarte) zwischen
61 unserem Gipfelziel und dem Kleinen Kolm an dessen Ostseite. Hier liegt ein wunderschöner Blockgletscher als letzter Zeuge der vergangenen Würm-Eiszeit. Seine wallartigen Fließloben konturieren sehr schön den Stirnbereich, der gegen den pyramidenförmigen Kleinen Kolm vorgreift. Obgleich morphologisch sehr gut erhalten, dürfte dieser Blockgletscher inaktiv und quasi "fossil" sein. Unter Permafrost-Bedingungen der ausgehenden Glazial-Epoche entstanden, ist sein "fluidabler" Kern aus Eis und Gesteinsschutt längst abgeschmolzen – seine Endzunge kann im Gegensatz zu einem echten Gletscher nur nicht zurückweichen und liegt heute noch dort, wohin ihn eiszeitlicher Permafrost und Gravitation vor weit mehr als 12000 Jahren getragen haben.

9 Gewaltig (und) steil: Auf das "Brandberger Matterhorn"

Wenn Wetter und Schneelage mitspielen, man trittsicher und einigermaßen schwindelfrei ist, ist eine Besteigung des Brandberger Kolms aus dem Grubach-Kar vor allem im Herbst eine rundum gelungene Sache. Sowohl bei Nebel, schlechter Sicht, nasser Witterung als auch Neuschnee kann sich der 2700 Meter hohe Gipfel jedoch schnell in einen Albtraum verwandeln, denn er ist vor allem eines: steil! Deswegen nochmals der Appell: Bitte nur an eine Besteigung denken, wenn man sie sich auch wirklich zutraut – und einem der Wettergott gewogen ist.

Bei Querung des Grubach-Kares unterquert der Steig mächtige Abfolgen von steil nordfallenden Hochstegen-Kalkmarmoren. Die scheinbar große Mächtigkeit der Hochstegen-Zone in diesem Bereich ist allerdings mehr Schein als Sein, denn der Metasedimentgesteins-Stapel ist teilweise stark verfaltet. Bei genauerem Hinsehen erkennen wir innerhalb der himmelwärts strebenden Westflanke
62 unseres Berges ausgreifende Isoklinalfalten im Großen sowie nur dezimetergroße Zickzack-Falten im Kleinen unmittelbar am Wegesrand.

Vom Grubach-Kar durchsteigen wir eine gut gestufte Fels- und Schrofenstufe und erreichen den Grat bei
63 einem großen Steinmann auf der Gratschulter P. 2480 m.

Abb. 62. a, Sonnenaufgang im Grubach-Kar. Im Hintergrund erkennt man die steil nach Norden fallenden, verfalteten Hochstegen-Kalkmarmore (gelb strichliert hervorgehoben). b, Die Kalkmarmore der Hochstegen-Zone sind auch im Dezimeter- und Zentimeterbereich stark verfaltet, wie diese Zickzackfalte beweist.

Abb. 63. Von der Gratschulter am großen Steinmann (Höhe ca. 2480 m) gesehen, stehen die herbstlich verschneiten Dreitausender des Tuxer Kammes aufgereiht wie an einer Perlenschnur. Von links der spitze Schrammacher (3411 m, knapp rechts neben dem Dristner im Vordergrund), der Dreikant des Olperers (3476 m), die Gefrorene-Wand-Spitzen (3289 m), der Großer Kaserer (3263 m), der Hohe Riffler (3231 m) sowie die 3039 Meter hohe Realspitze. Über dem großen Steinmann steht das klobige Massiv der Grinberg-spitzen (bis 2889 m). Der Gipfel am rechten Bildrand ist der 3277 Meter messende Habicht, bereits in den Stubaier Alpen gelegen.

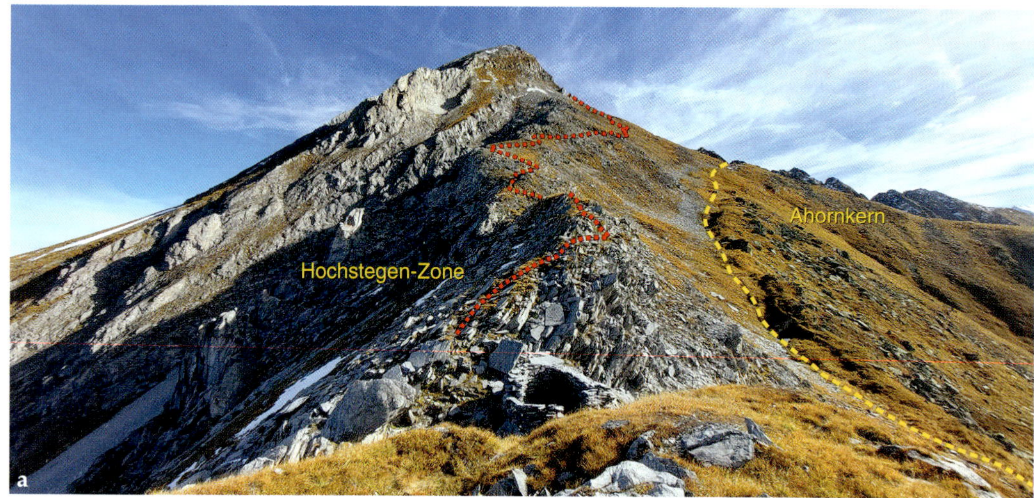

Abb. 64. a, Nicht nur der Weiterweg auf den Brandberger Kolm ist vom Steinmann auf der Gratschulter P. 2480 m einsehbar, sondern auch die wichtige geologische Grenze zwischen Hochstegen-Zone und dem unterlagernden Augen- und Flasergneis des Ahornkerns (gelb strichliert hervorgehoben). b, Vom Weiterweg zum Gipfel des Brandberger Kolms lässt sich das Nackentälchen, das den Kontakt markiert, gut verfolgen (gelb strichlierte Linie). Der beste Abstieg vom Steinmann (gelber Pfeil) zu den Augen- und Flasergneisen des Ahornkerns (Detailbild c), ist weiß punktiert nachgezeichnet.

Abb. 65. a, Durch die graue Gipfelwand des Brandberger Kolms aus Hochstegen-Kalkmarmoren zieht sich ein auffallend braunes Band von sandigen Kalkphylliten. b, Auf ebenjenem Absatz brüchiger Gesteine quert der Schlussanstieg die Gipfelwand. Hier sind Vorsicht und absolute Trittsicherheit geboten!

Der Ausblick, der sich nach dem Steigen im engen Brandberger Kar sowie im Grubach-Kar plötzlich auftut, ist überwältigend und gibt einen ersten Eindruck dessen, was uns weiter oben am Gipfel erwartet. Die Aussicht reicht von den Gipfeln im hintersten Zillergrund nahezu über den gesamten langen Ahornkamm und das Mayrhofener Becken hinweg bis in die südlichen Tuxer Alpen. Über dem Hauptort des Zillertals aufgereiht stehen die höchsten Gipfel des Tuxer Kamms, überragt vom markanten Dreikant des 3476 Meter hohen Olperers.

Aus geologischer Sicht sind dieser Gratpunkt und der folgende steile Anstieg ebenfalls beeindruckend, liegen sie
64a doch nahe der Grenze der Hochstegen-Zone, mit den im Oberjura ablagerten Hochstegen-Kalkmarmoren, zum darunter situierten Kristallingestein des Ahornkerns aus dem Paläozoikum. Der direkte Kontakt findet sich in einem langgezogenen, hangparallel verlaufenden,
64b schutterfüllten Nackentälchen, knapp 20 Meter unterhalb unseres Standortes. Sowohl im Gesteinshabitus als auch farblich ist der Unterschied deutlich: Während die Hochstegen-Kalkmarmore eher zu kleinstückigen, plattigen Scherben zerfallen und eine sattgraue Färbung aufweisen, kontrastieren die Augen- und Flasergneise des Ahornkerns durch ihr blockiges Erscheinungsbild und die grüngraue Verwitterungsfarbe (die zum Teil durch überwuchernde Landkartenflechten hervorgerufen wird). Eine kurze Schuttrinne, die von der Gratschulter P. 2480 m gegen den Zillergrund verläuft, bietet die einzige halbwegs passable Möglichkeit, zum autochthonen Kontakt zwischen ehemaliger europäischer Kontinentalkruste und überdeckenden Metasedimentgesteinen abzusteigen, doch Vorsicht: Die steilen Schrofen- und Wiesenhänge in diesem Bereich fallen mit 45 bis 50 Grad Hangneigung etwa 1300 Meter haltlos in den Zillergrund ab.

Von der Schulter P. 2480 m bleiben wir zunächst noch am breiten, aber steil über kleine Felsstufen aufwärts führenden Grat, verlassen diesen jedoch bald und beginnen die Querung der ebenfalls sehr steilen, mit plattigem Schutt übersäten Flanke, die zum felsigen Gipfelaufbau führt. Bis zu diesem Punkt, etwa 30 Höhenmeter unter dem Gipfel, ist der Anstieg zwar steil, aber bei trockenen und schneefreien (!) Bedingungen kein Problem.

Durch die zu überwindende Felsstufe aus plattigem Hochstegen-Kalkmarmor zieht sich ein auffal-
65a lendes braunes Band brüchiger und bröseliger Metakarbonate. Vermutlich markiert es ehemals mergelreichere, eisenoxidhaltige Sedimentgesteine, deren Tonminerale durch die alpine Metamorphose zu sandigen Kalkphylliten umgewandelt wurden. Dieses Band zieht sich als eine Art Schwachstelle
65b durch die Gipfelwand des Brandberger Kolms. Genau in diesem Bereich verläuft der Durchstieg zum höchsten Punkt des Berges.

Abb. 66. Heikler Ausstieg von der Gipfelwand durch die Gipfelwechte zum höchsten Punkt des Brandberger Kolms (Fotos Christoph KLAUS). Auch wenn die südexponierte Gipfelflanke bereits aper sein sollte, kann das auskragende Schneeband einen Ausstieg drastisch erschweren oder gar unmöglich machen. Eine Woche vor dieser Besteigung wäre die Gipfelwechte nicht zu überwinden gewesen (Anfang Oktober 2022).

Zunächst quert man beinahe in Falllinie des bereits sichtbaren Gipfelkreuzes und steigt auf schmalem Pfad den steilen Abbruch schräg nach Osten aufwärts. Spätestens hier sollte man sich darüber im Klaren sein, was man tut und wohin man steigt, denn die Wandstufe unter uns ist bald 30 Meter hoch und sehr steil.

Abb. 67. 330°-Panorama vom Gipfel des Brandberger Kolms zum tief eingeschnittenen Zillergrund und der darüber liegenden Reichenspitzgruppe (links) sowie zum österreichisch-italienischen Grenzkamm sowie dem langgezogenen Ahornkamm, der mit der 2973 Meter hohen Ahornspitze annähernd 2300 Höhenmeter in den Mayrhofener Talkessel abbricht (wird vom Gipfel verdeckt). Links der Gipfelschneide erkennt man den Tuxer Kamm, rechts davon die Tuxer Alpen, das breite Zillertal sowie die westlichen Kitzbüheler Alpen. Bevor sich der Gipfelreigen mit dem Gerloskamm rechts schließt, sind bei guter Sicht über der breiten Salzach-Talfurche die prominentesten Gipfel der Berchtesgadener Alpen und des Dachsteins zu erkennen.

Abb. 68. Vom Brandberger Kolm sind große Teile der bisher abgelaufenen Exkursionsroute rund um das Hochfeld und die Gerlossteinwand zu erkennen.

Ganz gemein ist es, wenn sich nach herbstlichen Schneefällen eine Gipfelwechte herausbilden konnte, die wie ein Pilz über die Steilwand auskragt und auch noch dann vorhanden sein kann, wenn der übrige Schnee am südseitig exponierten Gipfelhang bereits weggeschmolzen ist. Der Ausstieg zur Gipfelfläche kann dann auf den letzten zwei Höhenmetern noch vereitelt werden, es sei denn, man ist gewillt, sich nahe einer steilen Abbruchkante auf einem schmalen Felssims durch die Wechte zu graben. 66

Der Gipfel des Brandberger Kolms ist überraschend geräumig: ein zunächst sanft gegen Norden geneigter 67
Buckel, an dessen höchstem Punkt das Gipfelkreuz steht. Den schönsten Tiefblick haben wir knapp 20 Höhenmeter gegen Westen absteigend an einem großen Steinmann. Vorsicht vor zu viel Wagemut – nach Westen und Norden bricht der Berg mit mehrere hundert Meter hohen Plattenfluchten in die Kare ab!

Durch seine balkonartige, nach Westen vorgeschobene Position über dem Brandberger Kar ist die
Aussicht vom Brandberger Kolm zu Recht hoch gerühmt. Vor allem der Blick westwärts beeindruckt: 68
Man steht luftige 1600 Meter über dem Ausgangsort – die Ortschaft Brandberg liegt geradezu

unscheinbar klein auf dem schmalen hellgrünen Band der Glazialterrasse, die sich jenseits der Zillertal-Furche nach Hochsteg und Finkenberg fortzusetzen scheint. Dazwischen liegt jedoch das Hintere Zillertal mit dem Mayrhofener Becken. Darüber steht die mittlerweile bekannte Gipfelparade zwischen Ahornkamm, Zillertaler Hauptkamm, Tuxer Kamm und Tuxer Alpen. Bei guter Sicht ist auch der Hochfeiler, mit 3510 Meter Höhe der höchste Zillertaler Gipfel, zu erspähen. Westwärts präsentiert sich weiteres Gipfelgewirr: Man erkennt die Dreitausender der Stubaier Alpen jenseits des Wipptals sowie die bleichen Berge der Nördlichen Kalkalpen zwischen dem Wetterstein-Massiv mit der Zugspitze im Westen über Karwendelgebirge bis Rofan im Osten. Und nicht zuletzt haben wir einen guten Rückblick auf die Exkursionsroute der beiden vergangenen Tage, die bis auf die Querung vom Laberg zur Alten Kotahornalm und den Aufstieg zur Gerlossteinwand in der Zusammenschau einsehbar ist.

An einem schönen Herbstvormittag modelliert schräg von Osten einfallendes Morgenlicht in den
69 uns südwärts gegenüberliegenden Karen unter der Ahornspitze geomorphologische Strukturen heraus, die eindeutig glazigenen Ursprungs sind – wir wollen ja auch die Eiszeit-Liebhaber unter uns nicht ganz außen vor lassen! Heute grasig überzogen und von der Erosion der letzten Jahrtausende etwas abgerundet, aber eindeutig als Wallstrukturen zu erkennen, liegen im Stadelbachkar mit der

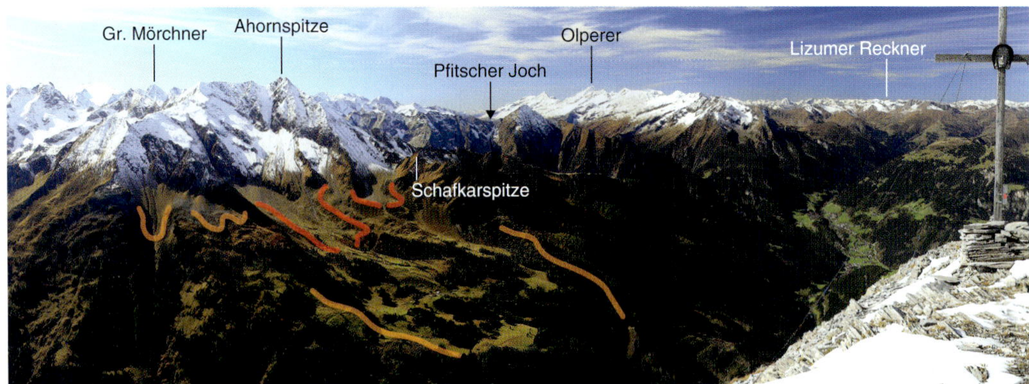

Abb. 69. Detail-Aussicht vom Brandberger Kolm zur südwärts gegenüberliegenden Ahornspitze. Im nordseitig ausgerichteten Stadelbachkar sind einige glazigene Strukturen zu erkennen: Die roten Linien kennzeichnen Endmoränenwälle des Egesen-Stadials, die orangefarbenen jene des älteren Gschnitz-Stadials. Letztere hatten wohl noch Anbindung zum Eisstrom im Zillergrund, der unterhalb unseres Standortes gegen das Mayrhofener Becken abgeflossen ist.

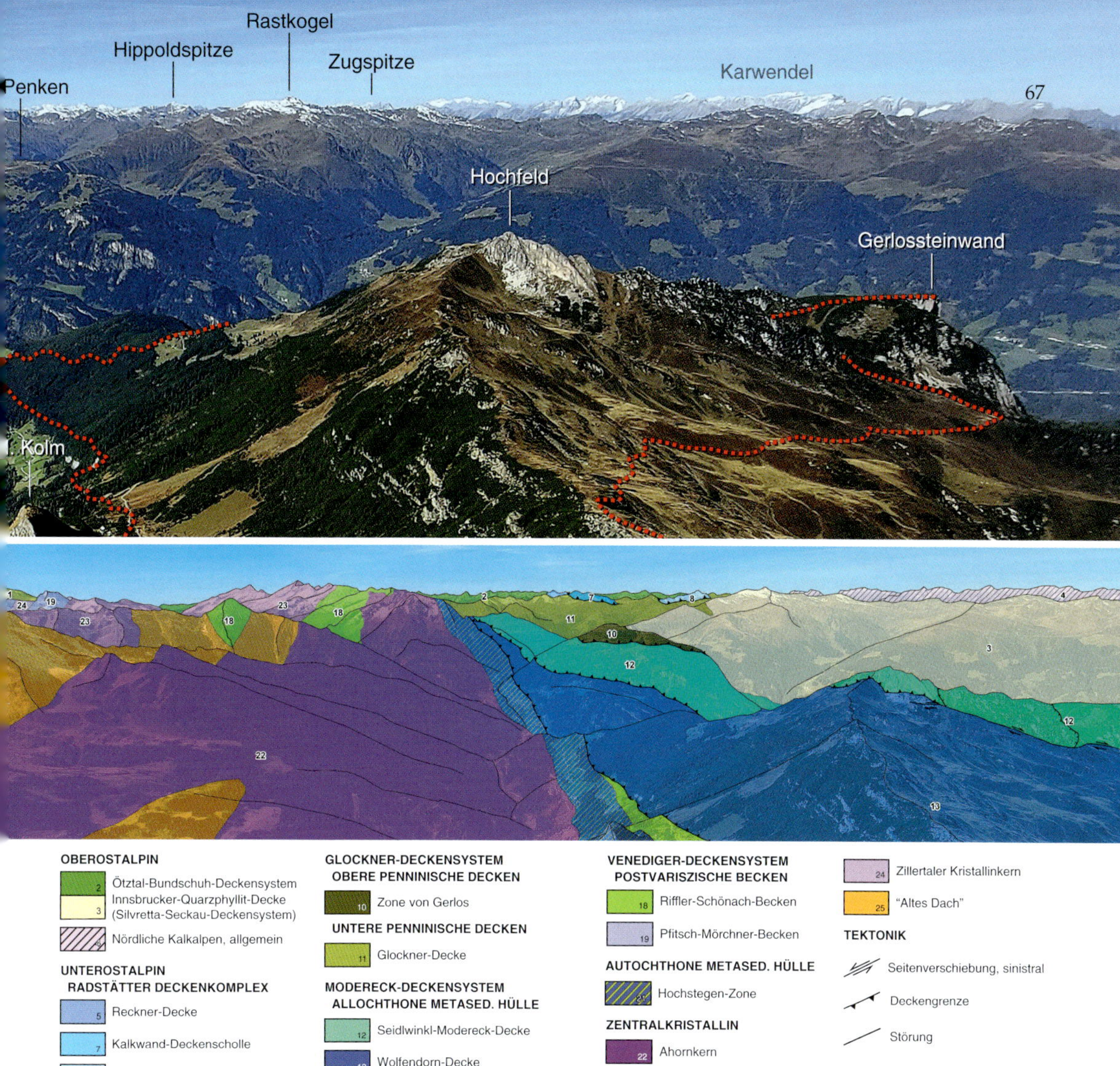

Abb. 70. Die Aussicht nach Westen mit der rot eingezeichneten Exkursionsroute rund um das markante Hochfeld. Im unteren Bild sind die tektonostratigraphischen Einheiten eingeblendet, die die Position des Brandberger Kolms unmittelbar an der Nordgrenze des Tauernfensters unterstreichen: Wir haben von hier einen beeindruckenden Einblick in Streichrichtung der hauptsächlichen Strukturelemente zwischen Kristallin und metasedimentärem Hüllgestein.

gleichnamigen Alm einstige Seiten- und Endmoränenbögen, die einen Halt zweier kleinerer, bis auf etwa 1800 Meter Höhe hinab reichender Kargletscher während des Egesen-Stadials dokumentieren. Die noch älteren Moränenwälle des Gschnitz-Stadials muss man suchen – etwas Hilfestellung gibt Abbildung 69: Die westliche Seitenmoräne liegt am unteren Bereich des Almgeländes nahe des Abbruchs zum Zillergrund, die östliche bildet einen undeutlichen, bewaldeten Kamm in Falllinie der markanten Schafkarspitze. Es ist davon auszugehen, dass der gschnitzzeitliche Gletscher noch Anbindung an den großen Eisstrom im Zillergrund hatte.

Themenwechsel zur umgebenden (Struktur-)Geologie: Der Brandberger Kolm erlaubt durch seine Position einen beeindruckenden Blick vom nördlichen Rand der Schieferhülle gegen das westliche Tauernfenster. Die im "Venediger-Duplex" aufgedomten Kristallinkerne liegen unmittelbar südlich 70

Abb. 71. Aussicht nach Osten gegen die höchsten Gipfel der Reichenspitzgruppe. Die gerade noch erkennbare Dreiherrenspitze liegt bereits jenseits des Grenzkammes in Südtirol. Links erkennt man das breite Salzachtal sowie die dahinter liegenden Nördlichen Kalkalpen zwischen bayerischen Berchtesgadener Alpen (bis 2713 m), Hochkönig (2941 m) in Salzburg und dem Dachstein-Massiv (2995 m) zwischen Oberösterreich und der Steiermark. Die gelb strichlierte Linie im Vordergrund kennzeichnet die geologische Grenze zwischen hellen Hochstegen-Kalkmarmoren (Hochstegen-Zone, links) und den Gneisen des Ahornkerns (rechts).

unseres Standortes: Die Ahornspitze ist namensgebend für die metamorphen Gesteine des Ahornkerns, wenngleich über ihren Gipfel eine tektonisch stark überprägte Zone von Variszischem Basement ("Altes Dach") und Metasedimentgesteinen des postvariszischen Riffler-Schönach-Beckens verläuft (siehe Exkursion A in Band 43). Die Reichenspitzgruppe sowie die im südlichen Ahornkamm gelegenen Berge erschließen den Tuxer Kristallinkern, ganz im Süden auch den Zillertaler Kern. Da der Kolm ziemlich genau an der Nordgrenze des Ahornkerns (und des westlichen Tauernfensters) liegt, schauen wir westwärts in Streichrichtung der sich darüber befindlichen Hochstegen-Zone samt der ihr auflagernden Einheiten des Modereck-Deckensystems (Wolfendorn-Decke und Seidlwinkl-Modereck-Decke), des Glockner-Deckensystems (Glockner-Decke mit Bündnerschiefer-Serie und Zone von Gerlos) sowie des überlagernden Oberostalpin mit der Innsbrucker-Quarzphyllit-Decke (Silvretta-Seckau-Deckensystem). Die tektonostratigraphisch im Umfeld des westlichen Tauernfensters höchstgelegenen Einheiten, namentlich die unterostalpinen Deckenklippen, erkennen wir nur bei guter Sicht in den südlichen Tuxer Alpen zwischen Lizumer Reckner und Hippoldspitze (siehe auch Exkursionen M und N).

71 Die Aussicht gegen Osten und Südosten, also zur Reichenspitzgruppe sowie auf das breite, hinter der Gerlosplatte erkennbare Salzachtal, setzt die geologische Situation zwischen dem Tauernfenster im Süden und seiner nördlichen Metasedimenthülle fort. Die wuchtigen, oft dreikantig-pyramidenartig geformten Dreitausender zwischen Wildgerlosspitze und Reichenspitze kennzeichnen Kristallingesteine des Tauernfensters (in diesem Fall jene des Tuxer Kristallinkerns). In scharf zugeschnittenen Seitenkämmen sind die Einheiten der Schieferfülle nördlich vorgeblendet: Hier fällt die starke erosive Zergliederung in engstehende Querrinnen und -runsen auf, die die vorherrschende Kompressions- und daraus resultierende Schieferungsrichtung nachzeichnen. Es handelt sich um Sequenzen des postvariszischen Riffler-Schönach-Beckens als Teil des Venediger-Deckensystems sowie den allochthone, metasedimentäre Hülle (Modereck-Deckensystem) und einen schmalen Streifen des Glockner-Deckensystems. Die weitläufigen Gras- und Schrofenberge der Kitzbüheler Alpen repräsentieren die

Abb. 72. Der Steig vom Kolmhaus talwärts quert zu Beginn landschaftlich eindrucksvoll die Hänge hoch über Brandberg. Im Hintergrund stehen die Grinbergspitzen sowie die Dreitausender des Tuxer Kammes.

ostwärtige Fortsetzung der Tuxer Alpen und das oberostalpine Silvretta-Seckau-Deckensystem. Die nochmals dahinter stehenden, bleichen Gipfel am Horizont gehören zu den Berchtesgadener Alpen, Hochkönig und Dachstein und den ebenfalls oberostalpinen Nördlichen Kalkalpen. Davor stehen die braungrünen, deutlich niedrigeren Anhöhen der Grauwackenzone.

10 Zurück nach Brandberg

So beeindruckend die Aussicht auch sein mag, uns steht ein langer Abstieg nach Brandberg zum Ausgangspunkt bevor. Zunächst gehen wir (vorsichtig!) über die Gipfelwand und Steilflanke des Brandberger Kolms und durch das gleichnamige Kar entlang des Aufstiegsweges zurück zum Kolmhaus. Dort haben wir uns eine mittägliche Stärkung verdient, bevor es weiter talwärts geht. Der Abstieg beginnt unmittelbar unter der Terrasse des Schutzhauses und führt in zahlreichen engen Kehren durch Lärchenwald talwärts. Zunächst queren wir die Fahrstraße zum Kolmhaus, später dreimal einen blind endenden, verwachsenen alten Forstweg. An dessen Ende beginnt
72 ein schmaler Steig, die Hänge hoch über der bereits sichtbaren Ortschaft Brandberg westwärts zu queren.

Abb. 73. a, Flach nach Norden einfallende Hochstegen-Kalkmarmore stehen direkt am schmalen Steig talwärts an. b, Die Sequenzen können mitunter verfaltet sein.

Abb. 74. Plattenmylonite und Quarzitgneise bilden in diesem Bereich die Basis der Wolfendorn-Decke und liegen den Hochstegen-Kalkmarmoren der Hochstegen-Zone tektonisch unmittelbar auf.

Ziemlich genau am Übergang vom Forstweg zum Steig dürfte die Grenze der Hochstegen-Zone zum tektonisch eingeschuppten Riffler-Schönach-Becken liegen. Die postvariszischen Metasedimentgesteine in Form von Phylliten und Glimmerschiefern sind nicht erschlossen, dafür deren jurassische Überdeckung von Hochstegen-Formation: Flach nach Norden einfallende, zum Teil 73
verfaltete Sequenzen stehen unmittelbar am Steig an.

Keine 200 Meter weiter treffen wir an einer Bachrunse, die unser Steig ausquert, auf feinkörnige, braungrau bis rostbraun gefärbte quarzitische Gneis- und Glimmerschiefer, die eine steil nach Süden einfallende Schieferung zeigen 74
und damit auffallend zu den gerade gesehenen Hochstegen-Kalkmarmoren kontrastieren. Es handelt sich um dieselben plattigen Mylonit- und Quarzitgneise, die wir gestern knapp unterhalb der Lixlkarschneide unter dem Torhelm besucht haben. Auch hier liegt die Einheit als Basis der Wolfendorn-Decke (und des Modereck-Deckensystems) unmittelbar über der Hochstegen-Zone. Bereits in der nächsten Bachrunse talwärts quert der Steig plattige, rostbraune Porphyroide und Metaarkosen – jene Lithologie, die wir gestern zu Beginn unserer Tour über Brandberg gesehen haben (vgl. Abb. 35, S. 40). Die Gesteine ziehen, teilweise überdeckt von spätglazialen Sedimenten unterschiedlicher Mächtigkeit, bis etwa 150 Höhenmeter oberhalb von Brandberg. Ein letztes Mal wird die Grenze zur unterlagernden Hochstegen-Zone mit der namensgebenden Hochstegen-Formation überschritten. Die plattigen Kalkmarmore begleiten uns von nun an bis hinab in den Ortskern.

Weiterführende Literatur

Hornung, T. & J. Zasadni. (2023): Geologische Karte des Hochgebirgs-Naturparkes Zillertal, der Gemeinden Tux, Finkenberg und Brandberg, Maßstab 1:25 000, 3 Kartenblätter, Hochgebirgs-Naturpark Zillertaler Alpen, Ginzling.

Müller, J. (1981) Geologie des Gebietes um die Gerlossteinwand (Zillertal, Tirol). – Unveröffentlichte Diplomarbeit Universität Münster/Westfalen, 98 Seiten, Münster.

Thiele, O. (1970): Zur Stratigraphie und Tektonik der Schieferhülle der westlichen Hohen Tauern. – Verhandlungen der geologischen Bundesanstalt, 1970 (2): 230–244, Wien.

Thiele, O. (1988): Bericht 1988 über geologische Aufnahmen auf dem Nordteil des Blattes 150 Mayrhofen – Jahrbuch der Geologischen Bundesanstalt, 132 (3): 586–587, Wien.

Veselá, P., B. Lammerer, A. Wetzel, F. Söllner & A. Gerdes (2008): Post-Variscan to Early Alpine sedimentary basins in the Tauern Window (eastern Alps). – In: Siegesmund, S., B. Fügenschuh & N. Froitzheim, (Ed.): Tectonic Aspects of the Alpine Dinaride-Carpathian System. – Geological Society, Special Publications, 298: 83–100, London.

Wagner, S. (1988): Zur Geologie des Gebietes um den Brandberger Kolm (Land Tirol/Österreich). – Unveröffentlichte Diplomarbeit Universität München, 127 Seiten, München.

L Harter Kern, weiche Schale: Von Tuxer Wasserfällen, einer Hochgebirgshöhle und dem Kleinen Kaserer

Wegstrecke: Parkplatz Hintertux (1499 m) – Schraubenwasserfall – Kleegrube – Spannagelhaus – Spannagelhöhle (2531 m, nur mit Führung) – Seitenmoräne Gefrorene-Wand-Kees – Tuxer-Joch-Haus (2318 m, Übernachtung optional) – Frauenwand (2541 m) – Kaserer Schartl (2449 m) – P. 2905 m – Kleiner Kaserer (3093 m, optional) – Weitental – Schleierfall – Hintertux.

Geologie: "Klein-Yosemite": Schraubenfall, Wasserfälle am Großen und Kleinen Kunerbach im Anstieg zur Kleegrube – Wolfendorn-Decke mit altmesozoischen Schichtfolgen des "Kaserer-Beckens" – Riffler-Schönach-Becken mit den Knollengneisen des Höllensteins ("Wustkogelgruppe") – Geologie im Bereich der Spannagelhöhle ("Höllenstein-Tauchfalte") – Grenze Wolfendorn-Decke zur Hochstegen-Zone zwischen Lärmstange und Kleinem Kaserer – "Kleine Eiszeit" am Gefrorene-Wand-Kees – "Wustkogel-Serie" der Seidlwinkl-Modereck-Decke am Tuxer-Joch-Haus – lithologisch heterogene Kaserer-Formation an der Frauenwand sowie am Kleinen Kaserer (Typlokalität) – Mitterkar-Wasserfall und Weitental – Schleierfall in Bündnerschiefern der Glockner-Decke.

Je nach Lust, Laune und Kondition variabel gestaltbare Tages- oder Zweitageswanderung über einen aussichts- und wasserfallreichen Rundweg von und nach Hintertux. Mit Übernachtung am Tuxer-Joch-Haus und gutem Wetter kann man sich optional die Besteigung des Kleinen Kaserers (nicht markiert, aber gut sichtbare Steigspuren) über den Nordgrat vornehmen. Hierfür sind neben geeignetem Schuhwerk Trittsicherheit und etwas Schwindelfreiheit erforderlich. Wichtig ist, dass kein (Alt-)Schnee mehr liegt, man also nicht allzu früh oder zu spät im Jahr unterwegs ist. Auch nach einem Schlechtwetter-Einbruch und frisch gefallenem Weiß ist von einer Besteigung des Berges abzuraten. Auf jeden Fall empfehlenswert ist ein Abstecher zur Spannagelhöhle, der mit 2531 Metern höchstgelegenen Riesenhöhle Europas. Geführte Rundtouren unterschiedlicher Schwierigkeitsgrade erlauben einzigartige Einblicke in die Hintertuxer Hochgebirgs-Unterwelt. Und falls man sowohl von Wasserfällen als auch von den bislang zahlreich abgeleisteten Höhenmetern genug hat, ist die Hintertuxer Gletscherbahn eine Option für eine schnelle Rückkunft zum Ausgangspunkt.

1 Präludium in "Klein-Yosemite": Auf dem Hintertuxer Wasserfallweg

Touristisch gesehen mag Hintertux bedeutend sein, eine Augenweide ist der knapp 1500 Meter hoch gelegene Ort aufgrund der ausufernden Hotelbauten sowie der Seilbahn-Talstation samt großer Parkplätze nicht gerade. Die gewachsenen kulturellen Strukturen wie ein paar Bauernhäuser gehen beinahe völlig unter. Aber immerhin bekommt man auch in der Hochsaison im Juli und August noch ein Plätzchen für seinen PKW, wenn man nicht gerade an einem strahlend sonnigen Tag um die Mittagszeit anreist.

Der Einstieg zu unserer Exkursion beginnt unmittelbar am Kinderspielplatz hinter der Talstation der Tuxer Gletscherbahn. Bis hierher führt ein schmaler asphaltierter Weg. Das erste Etappenziel, den
75 Schraubenfall, bekommen wir ohne Mühsal quasi "frei Haus" geliefert.

Abb. 75. Der Schraubenwasserfall liegt knapp über der Talstation der Hintertuxer Gletscherbahn am Beginn der Exkursionsroute.

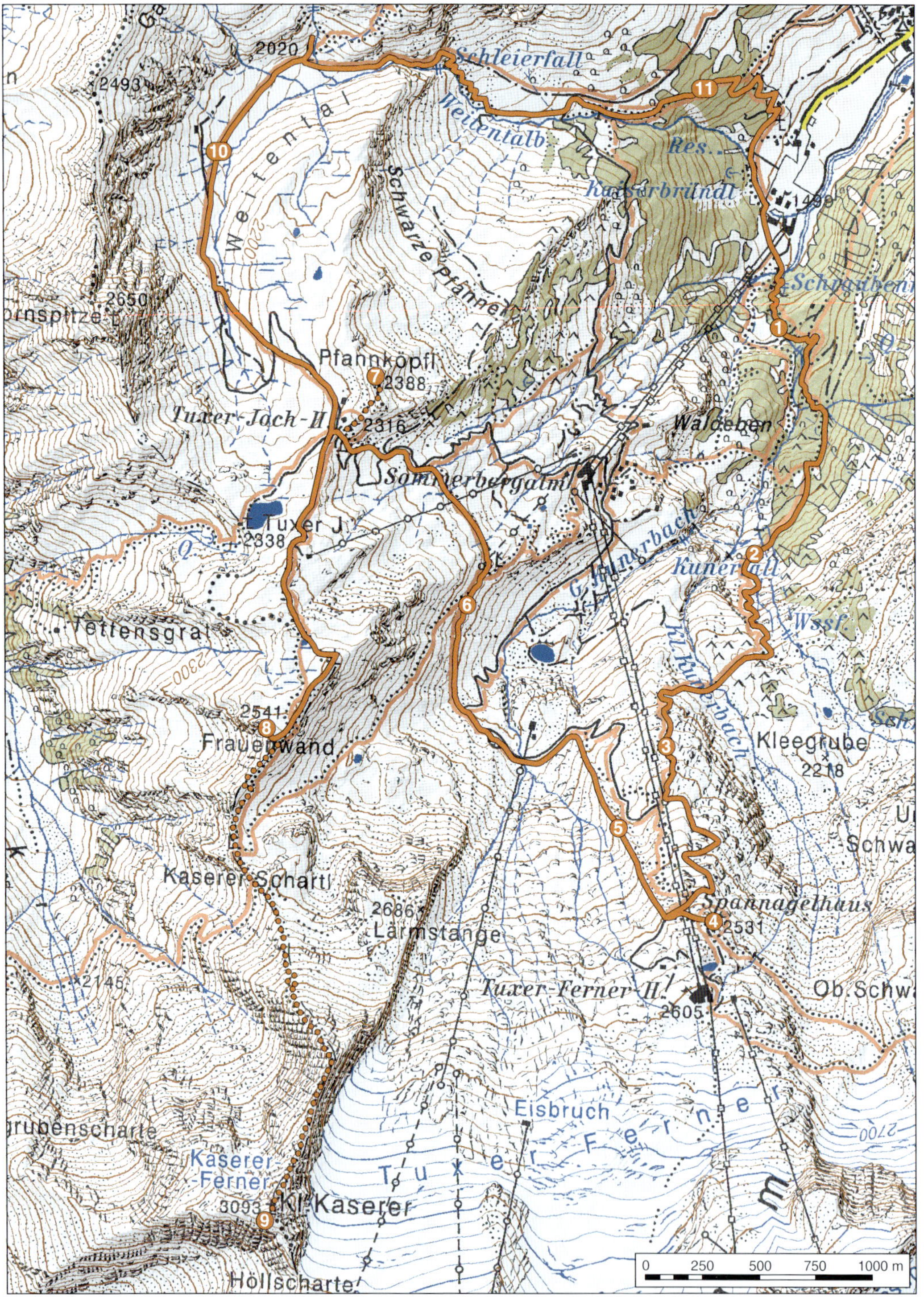

Abb. 76. Übersichtskarte der Exkursion (L) *– Hintertuxer Runde und Kleiner Kaserer (Geodatenbasis: BEV Österreich).*

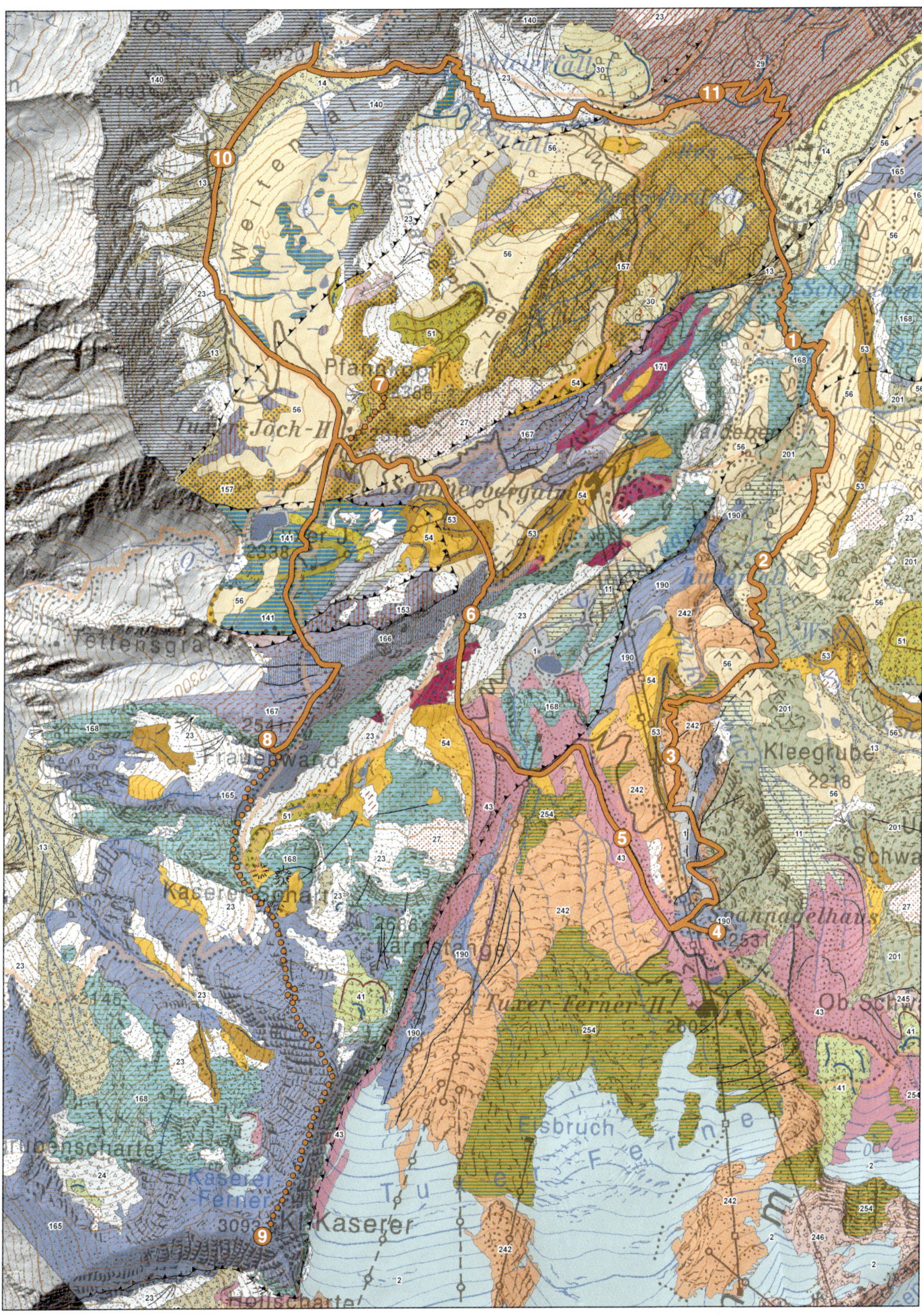

Abb. 77. Geologische Karte der Exkursion Ⓛ *– Hintertuxer Runde und Kleiner Kaserer (Auszug aus* Hornung & Zasadni *2023; Geodatenbasis: BEV Österreich), Legende siehe Seiten 19–21.*

Abb. 78. Vom Steig entlang der Klamm ergeben sich immer wieder interessante Aus- und Einblicke in den bis zu 30 Meter tiefen Canyon. Türkisblaue, metertiefe Fallbecken (a) wechseln sich mit offeneren, mäandrierenden und wie ins Gestein skulpturierten Bereichen (b) ab.

Bereits an diesem Punkt können wir mit der Gesteinsserie, die den Anfangsabschnitt der hier vorgestellten Route prägen wird, auf Tuchfühlung gehen: Der Schraubenfall stürzt in mehreren Stufen über Kalkmarmore in die Tiefe. Diese Art von metamorph umgewandeltem Karbonat scheint untrennbar mit der schon mehrfach genannten oberjurassischen Hochstegen-Formation verbunden, aber ganz so einfach ist es hier nicht. Wir befinden uns in diesem frühen Bereich der Exkursion auf der Wolfendorn-Decke, die hier einen Großteil von Metasedimentgesteinsserien erschließt, welche einst während des Auseinanderbrechens des Riesenkontinentes Pangäa in einem kleinen Beckenbereich auf kontinentalem, "ureuropäischem" Schelf zur Ablagerung kamen. Dieses "Kaserer-Becken" beinhaltet neben terrigen-klastischen Serien auch mächtigere Sedimentpakete von Karbonaten, die im Zuge der alpidischen Orogenese zu Kalkmarmoren umgewandelt wurden. Und da die Kaserer-Formation neuerdings in die Trias gestellt wird (VESELÁ et al. 2008), handelt es sich bei den am Schraubenfall anstehenden Sequenzen um triassische Kalkmarmore. Besonders schön ausgebildet sind die grau-weiß gebänderten Metasedimentgesteine in den ausgeschliffenen Bachgumpen unterhalb des Wasserfalls. Kalkmarmore sind ungeachtet ihrer stratigraphischen Position – zunächst einmal im Gegensatz zu Kristallingesteinen – relativ weich und leicht wasserlöslich. Mitgeführte Gesteinspartikel und Geröllfracht tun ihr Übriges und haben sich tief in die bis zu 100 Meter mächtige Abfolge gefräst. Der große Kunerbach konnte so im Lauf der Jahrtausende seit dem Ende der letzten Eiszeit eine tiefe,
78a canyonartig eingeschnittene Klamm schaffen, entlang derer wir im Folgenden bergauf steigen werden.

Der Steig führt gut markiert durch dichten Fichten-Bergwald – immer wieder ergeben sich Aus- und Einblicke
78b über und in die tiefe Klamm. Berückend schön dabei ist der Kontrast von türkisblauem Wasser, umgeben von
schwarzen Schatten und smaragdgrünem Wald.

Abb. 79. Die Kalkmarmore der Kaserer-Formation sind vor allem im unteren Teil des Wasserfallweges omnipräsent: mal als wohlgeschichtete, kalkärmere (a), mal als kalkreichere Abfolgen (b) oder als glattgehobelter, eiszeitlicher Gletscherschliff (c).

Links und rechts des Weges stehen Kalkmarmore in unterschiedlichen Ausbildungen an: mal als gut geschichtete Aufschlusswand, mal als von eiszeitlichen Gletschern glattgeschliffene Felsrippen. *79a 79b 79c*

Nach einer knappen halben Stunde erreichen wir eine Forststraße, der wir eine Spitzkehre lang folgen. Bald zweigt der Steig in südliche Richtung ab. Mit dem Wegweiser zum "Spannagelhaus" lassen wir die Lichtung "Waldeben" rechts unter uns.

Abb. 80. Kurz vor der Lichtung »Waldeben« weicht der dichte Fichtenwald zurück und gibt den Blick auf einen Wasserfall frei, mit dem der Große Kunerbach unweit der zweiten Station der Gletscherseilbahn (rechts oberhalb gelegen, auf diesem Ausschnitt nicht sichtbar) über eine 100 Meter hohe Felsstufe aus Kalkmarmoren hinabstürzt. Interessant ist seine Lage direkt an der Grenze zwischen autochthoner Hochstegen-Zone (links) und allochthoner, metasedimentärer Hülle der Wolfendorn-Decke (rechts).

Auf diesen Metern lohnt eine kleine Pause und ein Blick zum großen Wasserfall, mit dem der Große Kunerbach eine etwa 100 Meter hohe Felsklippe hinabstürzt. Mit der waldreichen Einrahmung erinnert die Szenerie ein wenig 80
an das Yosemite Valley in Kalifornien, wäre da nicht die Mittelstation der Tuxer Gletscherbahn rechts daneben. Die Lage des Wasserfalls deckt sich mit der tektonischen Grenze zwischen jurassischen Kalkmarmoren der autochthonen Hochstegen-Zone und der überschiebenden Wolfendorn-Decke: Die Wandstufe links des schäumenden Wasserfalls wird von der namensgebenden Hochstegen-Formation geformt, die Wandflucht rechts sowie die danebengelegene zweite Station der Tuxer Gletscherbahn hingegen stehen wieder auf triassischen Kalkmarmoren der Kaserer-Formation. Die den Wasserfall umgebenden Schichten mögen somit ein ähnliches Aussehen und eine gleichartige Genese haben, wurden aber in zwei unterschiedlichen Zeitabschnitten abgelagert (Trias bzw. Oberjura).

Abb. 81. Die nach Überquerung des Schwarzbrunnerbaches anstehenden Quarzitgneise gehören zu den terrigen-klastisch gebildeten »Knollengneisen des Höllensteins« und sind Teil der einstigen Sedimentfüllung des postvariszischen Riffler-Schönach-Beckens. Sie bilden die Basis der darüber lagernden Hochstegen-Zone mit der Hochstegen-Formation.

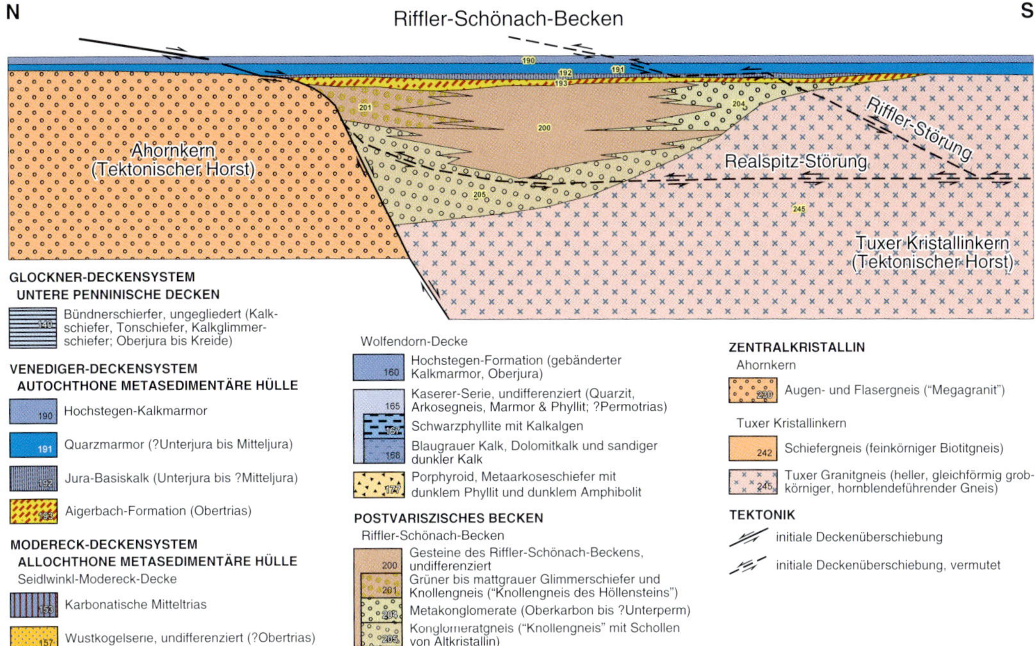

Abb. 82. Das rekonstruierte Riffler-Schönach-Becken wurde als postvariszischer Sedimentationstrog in einer Halbgraben-Position auf kontinentaler Kruste angelegt und mit mächtigen, oberkarbonischen bis triassischen Sedimentstapeln zur Gänze aufgefüllt. Erst darüber lagerte sich im Zuge einer weitreichenden Transgression jurassische Hochstegen-Formation ab (verändert nach VESELÁ *et al. 2008). Man beachte die bereits zu dieser Zeit angelegten Hauptstörungszonen, die später im Zuge der alpinen Orogenese reaktiviert wurden.*

② Mit einem Zeitensprung ins Riffler-Schönach-Becken

Wir queren mäßig steil ansteigend eine aufschlusslose, mit Hangschutt überstreute Moräne, überschreiten den Schwarzbrunnerbach und folgen dem Steig in engen Kehren nun etwas steiler bergwärts.

Die auf dieser Wegstrecke anstehenden weitständig geschieferten und massig wirkenden Paragneise sind Teil der terrigen-klastischen Metasedimentgesteinserie der "Knollengneise des Höllensteins" (Wustkogelgruppe) und werden zum postvariszischen Riffler-Schönach-Becken gerechnet (siehe 81
auch die Kapitel zur Ostalpengeologie und regionalen Geologie der Zillertaler Alpen in Band 43). Mit einer vom Oberkarbon unmittelbar nach der variszischen Gebirgsbildung initiierten und bis an die Trias/Jura-Grenze reichenden Sedimentationsgeschichte repräsentieren sie einen Teil einer bis zu 2000 Meter mächtigen Beckenfüllung, die einst in einer Art Halbgraben zwischen zwei Kristallin-Hochgebieten (Tuxer Kristallinkern und Ahornkern) zur Ablagerung kam. Dass die hier anstehenden 82
hellen Paragneise permotriassischen Alters sind, lässt sich nur vermuten.

Gegen Ende der Trias, als das Becken weitgehend mit terrigenen Sedimentserien aufgefüllt war – zuletzt mit wechselnd klastischen und flachmarinen Ablagerungen der Aigerbach-Formation (siehe auch Exkursionen Ⓔ und ❶ in Band 43) – kam es durch eine weitreichende Meeresüberflutung (Transgression) zur Sedimentation der Hochstegen-Formation und damit zu marinen Flachwasserablagerungen, die gleichermaßen über das einstige Becken und die benachbarten Hochgebiete des Ahornkerns und Tuxer Kristallinkerns akkumuliert wurden.

Im Zuge von Krustenbewegungen zwischen Europa, dem Mikrokontinent Adria und dem dazwischenliegenden Penninischen Ozean ab der Unterkreide und vor allem während der alpinen Hauptauffaltungs-Phase im Alttertiär (Paläogen) hat sich die Situation durchgreifend verändert: Mit nordwärts gerichteter Kompression während der alpinen Orogenese wurden alte, flachliegen-

de Überschiebungsbahnen reaktiviert und Teile der postvariszischen Beckenfüllung disloziert und über das einstige Hochgebiet des Ahornkerns samt seiner sedimentären Überdeckung geschoben. Nicht nur das: Durch den enormen Druck konnten große Bereiche kontinentaler Kruste (Ahornkern)

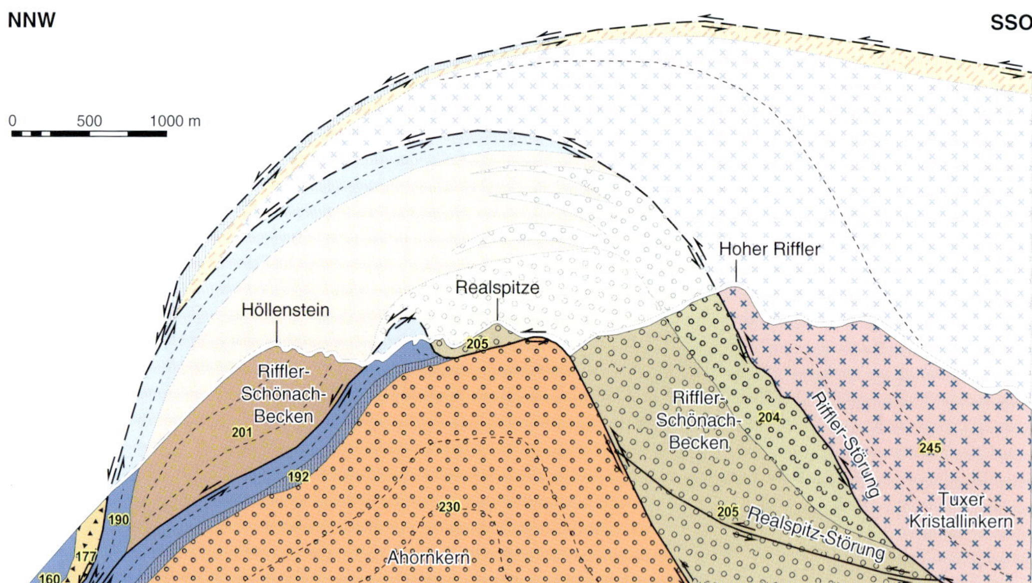

Abb. 83. Das Profil in der Linie Hoher Riffler–Realspitze–Höllenstein zeigt die heutige strukturgeologische Situation des Riffler-Schönach-Beckens (verändert nach VESELÁ *et al. 2008). Die postvariszische Beckenfüllung schmiegt sich in einer großen Sattelstruktur (Antiklinale) um den Ahornkern – das Sattelscharnier befindet sich im Bereich der Realspitze und ist größtenteils erodiert. Die beiden Schenkel jedoch sind erhalten geblieben: Während der südliche Abschnitt des Sattels unter den aufgeschobenen Tuxer Kristallinkern des Hohen Rifflers abtaucht (siehe hier auch Exkursion* F *in Band 43), liegen die Knollengneise des Höllensteins im Nordschenkel der Sattelstruktur (»Höllenstein-Tauchfalte«). Sie wurden disloziert und auf die Hochstegen-Zone des Ahornkerns überschoben. Legende siehe Abbildung 82.*

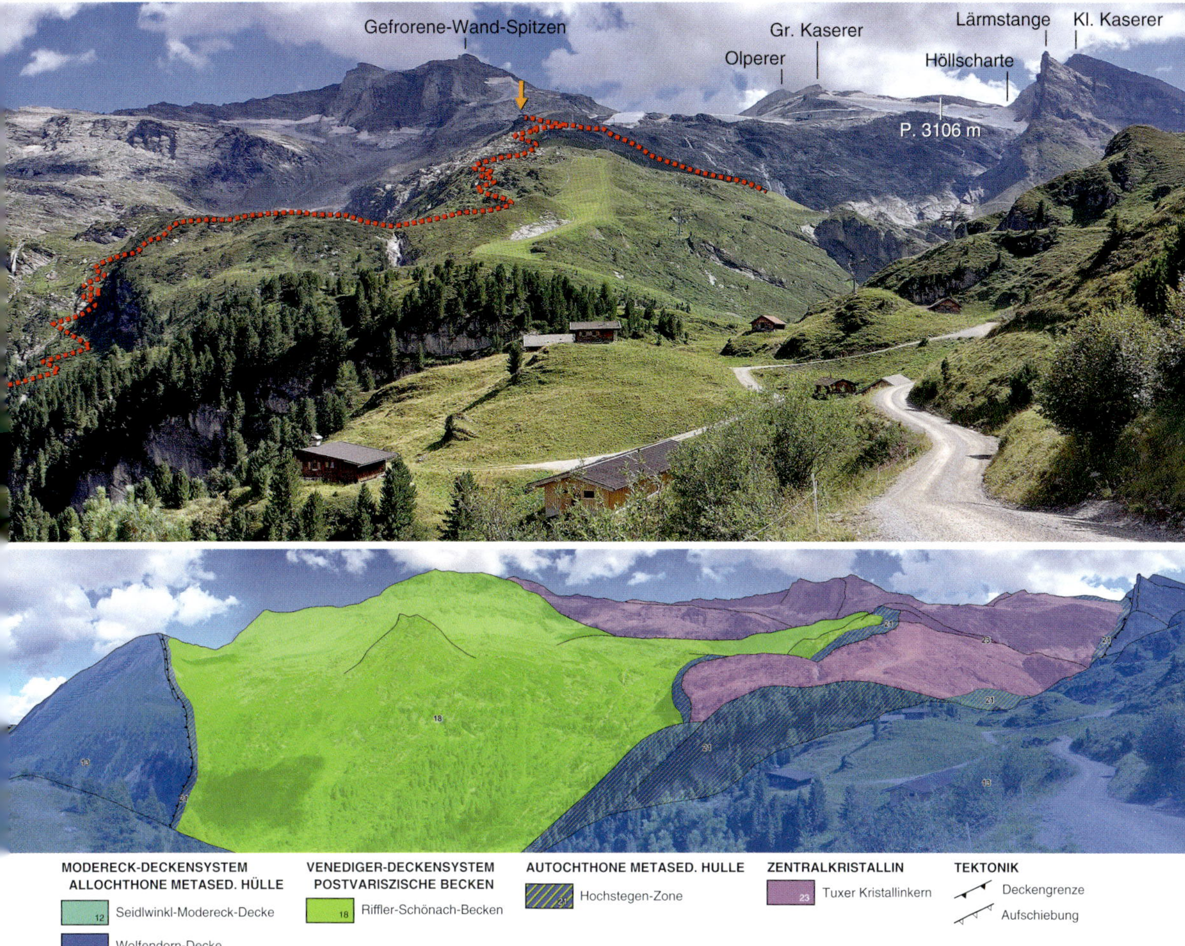

Abb. 84. Der Blick von der ersten Station der Tuxer Gletscherbahn zeigt einen Großteil des westlichen Riffler-Schönach-Beckens unter dem namensgebenden Hohen Riffler – der Höllenstein verbirgt sich östlich hinter dem Schmittenberg. Im unteren Bild sind die übergeordneten tektonischen Einheiten eingeblendet: Man beachte den Tuxer Kristallinkern, der im Bereich des Spannagelhauses die große Antiklinal-Struktur des Riffler-Schönach-Beckens von Westen her umschließt. Die Exkursionsroute im Anstieg zum Spannagelhaus entlang des Kunerbaches sowie ein Teil des Abstiegs und Weiterwegs zum Tuxer Joch sind rot hervorgehoben. Unter dem orangefarbenen Pfeil befinden sich Spannagelhaus und Eingang der Spannagelhöhle.

samt der überschobenen Beckenfüllung zu einem Faltendom aufgebogen werden. Heute liegen die 83
Knollengneise des Höllensteins und damit die hier auf diesem Wegabschnitt anstehenden Gesteinsserien samt ihrer noch vorhandenen jurassischen Sedimentauflage auf dem Nordschenkel dieser großen Falte und fallen ziemlich gleichförmig nach Norden ein ("Höllenstein-Tauchfalte", siehe 84
u.a. LEDOUX 1984). Die einstigen Sedimentgesteine wurden dabei natürlich auch durchgreifend verändert: Die terrestrisch geprägte, siliziklastische Sedimentabfolge der Knollengneise wurde zu geschieferten Feldspatgneisen umgewandelt (siehe Abb. 81) und die aufliegenden Sand-/Kalk-/Tonstein-Wechselfolgen der Aigerbach-Formation zu geschieferten quarzitischen Glimmergneisen.

Exkursion F in Band 43 beleuchtet ebenfalls dieses komplexe Thema, nur aus der Perspektive vom Tuxer Gneiskern aus. Wir werden zu einem etwas späteren Zeitpunkt nochmals thematisch zu dieser ganz speziellen geologischen Situation am Nordhang des Tuxer Kammes zurückkommen.

Abb. 85. a, Etwa 150 Höhenmeter unter dem Spannagelhaus treffen wir erneut auf die Kalkmarmore der Hochstegen-Formation, die hier das stratigraphisch Hangende der Aigerbach-Formation sowie der Knollengneise des Höllensteins bildet (darüber liegt das Spannagelhaus, orangefabener Pfeil). b, Besonders schön ausgebildet an diesem Aufschluss ist die beginnende Lösung, das heißt Verkarstung der metamorphen Karbonatgesteine entlang des Trennflächengefüges. Besonders an den Kreuzungspunkten zwischen Schichtung und Klüftung entstehen Löcher und Spalten, die sich mit fortschreitender Zeit zu kleineren und größeren Hohlräumen ausweiten können. d, In der Kehre oberhalb stehen Knollengneise des Höllensteins an (mit Detailfoto c).

3 Hinauf aufs Spannagelhaus

Der Steig schlängelt sich auf den kommenden 200 Höhenmetern stets westlich des Schwarzbrunnerbaches in die Höhe, bis eine merkliche Verflachung und damit der untere Bereich eines Hochkares namens "Kleegrube" erreicht ist.

Die Verflachung wurde mit Mur- und Schwemmsedimenten jüngeren Datums aufgefüllt und ist von späteiszeitlichen Seitenmoränenwällen des Egesen-Stadials eingerahmt. Bevor wir einen flachen Boden mit Schmelzwassertümpeln erreichen, wendet sich der Steig in westliche Richtung und beginnt gegen einen markanten Seitenmoränenwall aus demselben Zeitintervall anzusteigen. Hier herrscht aufgrund der Überdeckung mit eiszeitlichen Lockersedimenten abermals aufschlussarmes Gelände, aber in diesem Bereich überqueren wir die tektonische Grenze vom Riffler-Schönach-Becken mit Hochstegen-Formation am Top zu einer Scholle überlagernden Tuxer Kristallingneises (dessen besondere strukturgeologische Position wird im Zuge der Besichtigung der Spannagelhöhle erklärt). Letzterer tritt in Form eines feinkörnigen Biotit-Schiefergneises zutage und wird uns bis zum Erreichen einer planierten Skipiste unter dem bereits sichtbaren Spannagelhaus begleiten.

85a An diesem Punkt lohnt ein etwas längerer, aber bequemerer, da weniger steiler Anstieg entlang der Fahrstraße in Richtung der dritten Station der Tuxer Gletscherbahn – hier bestehen bergseitig schöne Aufschlüsse.

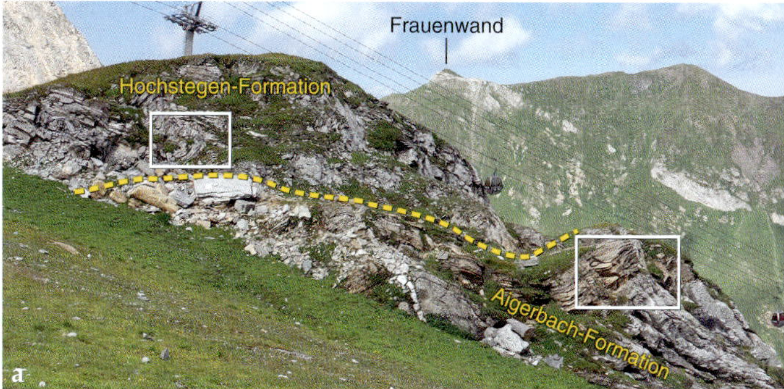

Abb. 86. Ein Aufschluss zwischen Fahrstraße und Skipiste auf circa 2460 Meter Höhe (a,b). zeigt sehr schön den Übergang zwischen bräunlicher Aigerbach-Formation (b) und stark verfalteter, hellgrauer Hochstegen-Formation (c).

Auf einer Höhe von etwa 2360 Metern erreichen wir erneut gut geschichtete Kalkmarmore der Hochstegen-Formation, die als konkordante Auflage nicht nur das Riffler-Schönach-Becken, sondern auch den Tuxer Kristallinkern überdeckt. Entlang von Schichtfugen und Klüften zeigt sich hier im Kleinen das, was wir später im Großen in der Spannagelhöhle bewundern dürfen: Karst! Ein Kalkmarmor ist zwar ein metamorphes Gestein, aber immer noch ein Karbonat, das durch Wasser und enthaltene, schwache Säure langsam, aber stetig gelöst werden kann. Wasser rinnt entlang von Schwächezonen wie dem Trennflächengefüge durch 85b
den Gesteinskörper und beginnt ihn zu lösen. Mit fortschreitender Zeit und ausreichend Wassernachschub wird aus einem kleinen Hohlraum dann eben irgendwann einmal eine begehbare Höhle.

In der Kehre bergwärts des Aufschlusses mit Hochstegen-Formation stehen wir abermals vor geschieferten Knollengneisen des Höllensteins. Dazwischen liegt ein schmaler Streifen auffallend 85c
bräunlicher, stark abwitternder, sandiger Metakarbonate. Die Knollengneise (eigentlich Quarzitgneise) 85d

Abb. 87. Das Spannagelhaus liegt aussichtsreich auf 2530 Meter Höhe vor der Kulisse der südlichen Tuxer Alpen: Links neben dem ehemaligen Schutzhaus erkennen wir den weiten Sattel des Tuxer Joches mit dem danach benannten Haus, unserem Nächtigungsort. Darüber liegen die steilen Grasflanken der Gamskarspitze, hinter denen der graue Gipfel des Geiers hervorlugt (über der linken Ecke des Hausdaches, siehe auch Exkursion N). Rechts des Hausdaches dominiert die 2826 Meter hohe Kalkwand den Hintergrund. Und unten im Tal liegt Hintertux, unser Ausgangspunkt, bereits etwa 1000 Höhenmeter tiefer.

verwittern blättrig und zeigen eine innige duktile Verformung mit kleinen Faltenstrukturen in Amplituden von oft nur wenigen Zentimetern. Die angesprochenen bräunlichen, teilweise rauwackoiden Metakarbonate sind knapp 200 Meter nach der Straßenkehre etwas besser erschlossen – zum ent-
86a sprechenden Aufschluss müssen wir die planierte Skipiste leicht bergab queren. Die Felskuppe zeigt eine markante Klippe derartiger Metakarbonate. Im Liegenden stehen deutlich hellere, stark geschie-
86b ferte Metaarkosen an, im Hangenden stark verfaltete Kalkmarmore der Hochstegen-Formation. Die
86c Metakarbonate und Metaarkosen ähneln der von BRANDNER et al. (2008b) neu definierten, vor allem im Hochfeiler-Massiv vorkommenden Aigerbach-Formation sehr, so dass die hier aufgeschlossene, nur metermächtige Abfolge zu dieser gestellt wird. Sie bildet zumindest hier das stratigraphisch Liegende zur Hochstegen-Formation.

Wieder vom Aufschluss zurück an der Fahrstraße unterqueren wir auf markiertem Wanderweg ein letztes Mal die Seilbahn und gelangen nach wenigen Minuten zum Spannagelhaus.

4 Ab in die Unterwelt: Die Spannagel-Riesenhöhle

87 Wer sich auf eine Stärkung oder ein kühles Getränk am Spannagelhaus gefreut hat, wird ernüchtert feststellen, dass der stattliche, neben einer großen Seitenmoräne aus der "Kleinen Eiszeit" errichtete Bau leider versperrt ist. Die Geschichte der lange Zeit ganzjährig bewirtschafteten Hütte schreibt sich leider nicht als alpines Schutzhaus bis zur Gegenwart fort. Als sich im Jahr 2013 kein neuer Pächter fand, wurde der Bau an die Zillertaler und Tuxer Gletscherbahnen verkauft, die die Hütte abreißen ließen und durch einen Neubau ersetzten. Dieser ist in den Sommermonaten geschlossen und dient während der Skisaison als Restaurant – somit gibt es auf der gesamten Nordseite des Tuxer Kammes keinen einzigen alpinen Stützpunkt mehr und nach dem Abfahren der letzten Seilbahn um 16:30 Uhr nachmittags wird es sehr schnell ruhig.

Bis zu diesem Zeitpunkt ist man trotz verschlossener Türen am Spannagelhaus selten allein, denn unter dem Bauwerk befindet sich der Eingang zur höchstgelegenen Riesenhöhle Europas, der Spannagelhöhle. Bereits im Jahr 1919 durch den damaligen Wirt des Spannagelhauses, Alois HOTTER, entdeckt, wurde man der Höhle zu Beginn alles andere als gerecht: Bis in die späten 1950er wurde das "Grausliche Loch" als Abfallgrube benutzt. Inzwischen ist aller Unrat und Müll beseitigt, im Jahr 1994 wurde in den obersten Bereichen des Gangsystems eine Schauhöhle eingerichtet und bis heute sind 14 Kilometer Gänge, Schächte und Schluchten zwischen 2530 Meter Höhe am Eingang und knapp 2000 Meter Höhe am tiefsten Punkt systematisch erforscht. Und die Suche nach Neuland schreitet stetig voran.

Mehrmals täglich bietet die Familie ANFANG aus Vorderlanersbach unter der Leitung von Christoph ANFANG Höhlenführungen unterschiedlicher Schwierigkeitsgrade an: Von der einstündigen Schauhöhlenführung, die auch für Kinder geeignet ist, geht das Spektrum bis zum mehrstündigen Höhlentrekking in Bereiche, die sonst nur Höhlenforschern vorbehalten bleiben. Für letztere Unternehmung muss man allerdings auch fähig und gewillt sein, gesichert über Leitern in 25 Meter tiefe Schächte einzusteigen und luftige Quergänge über

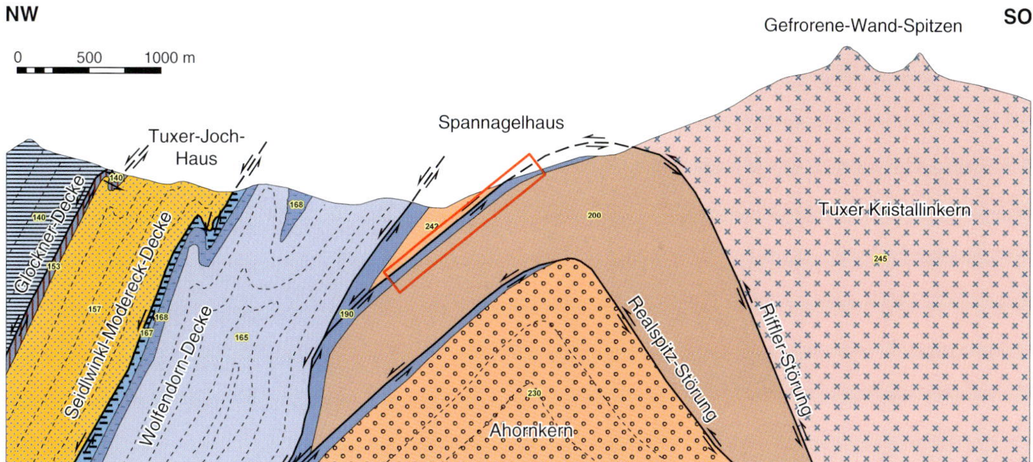

Abb. 88. Das Nordwest-Südost-orientierte geologische Profil von den Gefrorene-Wand-Spitzen zum Tuxer Joch (verändert nach Veselá *et al. 2008) offenbart den ganz besonderen geologischen Rahmen der Region um das Spannagelhöhlensystem (liegt im Bereich des roten Rechteckes): Ahornkern und überschobene Sequenzen des Riffler-Schönach-Beckens bilden eine Sattelstruktur mit einer tektonisch bedingten Verdreifachung (!) der Hochstegen-Zone. Diese befindet sich auf dem verbogenen Ahornkern und dem Riffler-Schönach-Becken. In einem dritten Stockwerk darüber liegt ein Span mit Orthogneisen des Tuxer Kristallinkerns. Dessen Hauptmasse befindet sich im Südschenkel des Sattelgewölbes an den Gefrorene-Wand-Spitzen, nur ein verhältnismäßig kleiner Teil des tektonisch stark reduzierten Südschenkels hat sich auf dem zuvor beschriebenen Schichtenstapel erhalten können. Gegen Nordwesten wird die Sattelstruktur vom Modereck-Deckensystem gekappt: Wolfendorn- und Seidlwinkl-Modereck-Decke werden ihrerseits gegen Nordwesten vom Glockner-Deckensystem überlagert. Legende siehe Abbildung 82.*

canyonartigen Schluchten zu meistern, was immerhin der Klettersteig-Kategorie C entspricht. Und noch etwas gleich zu Beginn: Wer Platzangst hat, sollte besser über Tage unter der hoffentlich strahlenden Sommersonne bleiben und dort auf seine in die Unterwelt gegangenen Liebsten warten.

Diejenigen unter uns, denen nach diesen Zeilen immer noch der Sinn nach Hochgebirgs-Karsthöhlen steht, können sich in den Keller des Spannagelhauses begeben (rechts die Stiegen hinab), wo man sich zur Schauhöhlenführung anmelden kann. Die unterschiedlich schweren Höhlentrekking-Touren sollten vorab online (per Mail unter info@spannagelhoehle.at sowie via Internet unter https://www.spannagelhoehle.at/deutsch/kontakt/) oder telefonisch unter der 0043/5287/87251 reserviert sein. Christoph Anfang leitet die meisten Höhlentrekking-Touren. Wer mit ihm unterwegs ist, ist in sicheren Händen: Christoph kennt buchstäblich jeden Stein, jeden Tritt und jeden Griff. Das ist auch notwendig, denn mit dem zur Verfügung gestellten Overall kommt man sich selbst bald vor wie ein orientierungsloser Höhlentroll, dessen Welt nur noch von einer Stirnlampe erhellt wird.

Jetzt ist eine Höhle im Gebirge an sich nichts Besonderes, aber man muss sich vor Augen halten, dass man sich nicht in den Nördlichen Kalkalpen befindet, wo genügend verkarstungsfähiges Gestein ansteht, sondern in den Zillertaler Alpen und damit nahe am Scheitelpunkt der Ostalpen. Und da steht – ebenfalls geologisch bedingt – kaum Karbonat an, das gelöst und somit verkarstet werden kann. Mit der uns nun bekannten Hochstegen-Formation und ihren Kalkmarmoren jedoch liegt hier genau das vor. Und das Besondere ist, dass unter dem Spannagelhaus ein etwa 30 bis 40 Meter mächtiges Band an Hochstegen-Formation knapp einen Kilometer in westlicher Richtung unter den Gneiskörper des Tuxer Kristallinkerns hineinzieht.

Damit kommen wir zur ganz speziellen Geologie der unmittelbaren Umgebung: Der Ahornkern *88*
liegt samt überlagernder postvariszischer Füllung des Riffler-Schönach-Beckens in diesem Bereich als große Sattelstruktur vor, die im Süden vom Tuxer Kristallinkern überschoben wird. Das Spannagelhaus mit seiner Höhle liegt innerhalb der Hochstegen-Zone, die sich knapp nördlich des Ost-West-streichenden Sattelscharniers befindet – dementsprechend fallen die Metasedimentgesteine

Abb. 89. Christoph Anfang mit dem Gesamtplan »seiner« Spannagelhöhle im Keller des Spannagelhauses. Zum Vergleich: Das in Abbildung 93 gezeigte Gangsystem ist nur am untersten Rand der großen Schautafel zu sehen, dort, wo der Höhlenführer hindeutet – alles andere ist wirklich Speläologen vorbehalten.

der Hochstegen-Formation samt unterlagernder permotriassischer Sequenzen des Riffler-Schönach-Beckens im Nordschenkel der Antiklinale nach Norden ein. Ein kleiner Teil des überschobenen Tuxer Kristallinkerns hat sich jedoch auch im Nordschenkel dieser Sattelstruktur erhalten können – ebenfalls mit autochthoner, überlagernder Hochstegen-Zone. So betrachtet liegen die Hochstegen-Kalkmarmore der Spannagelhöhle in einer seltsamen "Sandwich"-Packung: Das Liegende bilden geschieferte Paragneise des Riffler-Schönach-Beckens, das Hangende Orthogneise des Tuxer Kristallinkerns (siehe Abb. 88). Wie Christoph Anfang es ausdrückte, sind die verkarstungsfähigen Hochstegen-Kalkmarmore durch zwei nicht verkarstbare Einheiten oben und unten quasi "versiegelt".

Das System der Spannagelhöhle befindet sich aus- *89*
schließlich in der dem Riffler-Schönach-Becken auflagernden Hochstegen-Zone und folgt dieser abtauchend mehr als einen Kilometer nach Norden. So liegen der Eingang und die höchsten begehbaren Bereiche der Höhle am Spannagelhaus und man bewegt sich bei den geführten Routen unterschiedlicher Schwierigkeitsgrade ständig nach unten und in nördliche Richtung. Die bislang tiefsten erforschten Bereiche befinden sich mit etwas unter 2000 Meter Höhe mehr als 500 Höhenmeter unter dem Höhleneingang. Dort taucht die Hochstegen-Formation steil nach Nordwesten unter die bleiche Kalkmauer der Lärmstange ab – laut Christoph Anfang besteht also noch genügend Potential für speläologisches Neuland.

Lange Zeit wurde geglaubt, die Spannagelhöhle sei ein erdgeschichtlich geradezu "blutjunges" Gebilde und die Zeit ihrer Entstehung reichte nur etwa 10 000 Jahre zurück bis in die letzten Zuckungen der auslaufenden Würm-Eiszeit. Neuere radiometrische Datierungen nach der Uran-Thorium-Methode an Tropfsteinen und Kalzitsintern haben jedoch Alter ergeben, die bis 500 000 Jahre zurück in die Vergangenheit reichen und damit in den Zeitrahmen der frühen Mindel-Kaltzeit fallen. Die Spannagelhöhle hat somit drei Eiszeit-Perioden er- und überlebt, und immer ist Schmelz- und Oberflächenwasser das gestaltende und formende Medium gewesen. Noch heute finden sich in den Siphons und an glatt geschmirgelten Wänden ovale, glatt polierte Kristallingerölle, die fluviatil in den Untergrund eingebracht wurden und Zeitzeugen der Vergangenheit sowie "Mitgestalter" waren. Sie lassen sich auch in den am weitesten vom Eingang entfernt gelegenen Gängen finden und berichten von einer Zeit, als gewaltige, späteiszeitliche Schmelzwasser-Höhlenbäche das Gangsystem durchrauschten und eine Erosionskraft entwickelten, mit der heutige Höhlenbäche nicht mithalten können. So gesehen hat neben dem Karst vor allem die mechanische Erosion durch Wasser und mitgeführtes Gestein die Spannagelhöhle geformt. Die an den Wänden von Gängen mit elliptischen bis kreisrunden Querschnitten erhaltenen, flach bergwärts eingedellten Fließfacetten sind ein untrügliches Zeichen für eine solche "phreatische" Erosion unter vollständigem Wasserabschluss. Insbesondere kreisrunde Gangquerschnitte deuten auf eine komplette Bedeckung mit Wasser und eine allseitige Lösung der Kalkgesteine hin. Solche "phreatische Röhren" finden sich heute stets nahe der Hangendgrenze der Hochstegen-Formation gegen den überschobenen Span des Tuxer Kristallinkerns und sind Teil des ältesten Abschnittes des Höhlensystems, das vermutlich noch deutlich älter sein dürfte als 500 000 Jahre. Von dort haben sich Verkarstungs- und Erosionsprozesse gleichermaßen der Gravitation folgend bis zur Liegendgrenze auf den Tuxer Kristallinkern "durchgefressen" und für eine stete Erweiterung des Gangsystems gesorgt.

Auch sollte eines nicht vergessen werden, wenn man sich die jüngste Geschichte der Spannagelhöhle vor Augen hält: Während der 1850er-Jahre und der damals herrschenden "Kleinen Eiszeit" war ein Großteil des Höhlensystems subglazial, befand sich also unter dem Gefrorene-Wand-Kees, das bis

Abb. 90. a, Die markant hell-dunkelgebänderten Kalkmarmore der Hochstegen-Formation erinnern an ein in Stein geschliffenes Kunstwerk. b, Die Spannagelhöhle zeigt sich auf der geführten »Höhleneinsteiger«-Besuchertour von ihrer zahmen, aber auch schönen Seite. Direkt an der Grenze von Paragneisen des Riffler-Schönach-Beckens zur überlagernden Hochstegen-Zone erleichtern Treppen ein Weiterkommen.

auf etwa 2000 Meter Höhe herabfloss. Somit haben sich die geschilderten eiszeitlichen Prozesse, wenn auch in einem geringeren Maß, hier wiederholt. Die jüngsten Höhlenlehme, die man in tiefen Gangbereichen gefunden hat, deuten altersmäßig auf diese "Kleine Eiszeit" hin.

Nun kann man sich all das als Höhlenbesucher ohne klettertechnische und speläologische Ambitionen nicht zur Gänze ansehen, aber im Zuge einer anspruchsvolleren, geführten Höhlentrekking-Tour gewinnt man einen guten Eindruck von den vielfältigen Erosions- und Karstformen. Über allem steht glattgeschmirgelte, polierte und unverwitterte Hochstegen-Formation, deren Hell-Dunkel-Bänderung mit gut sichtbarer Kleintektonik spröder und semiduktiler Natur teilweise an *90a*
ein geogenes Kunstwerk erinnert: Die Anschnitte durch diese kontrastreiche Bänderung, wohl

Abb. 91. Das mehrstündige, geführte »Höhlentrekking« ist etwas für ausdauernde und auch körpergewandte Zeitgenossen. a, In den mehr als 20 Meter tiefen, mit Leitern versehenen Schächten ist eine Portion Mut, Trittsicherheit und Schwindelfreiheit wichtig. Ist man glücklicher Besitzer dieser Attribute, kann man die ansonsten verschwiegenen, nur dem Höhlenforscher zugänglichen Bereiche der Spannagelhöhle für sich entdecken, beispielsweise dunkle Gänge mit Tropfsteinen (b) sowie tiefe, rabenschwarze, scheinbar ins Nichts führende Canyons (c). (Fotos © Spannagelhöhle)

Zeichen einstiger sedimentärer Schichtung, schaffen vor allem
an der Höhlendecke bleibenden Eindruck! Geologisch höchst
interessant und auch auf der Schauhöhlentour sichtbar ist der
Liegendkontakt zwischen Hochstegen-Formation und den 90b
Paragneisen des Riffler-Schönach-Beckens. Hier findet sich
bereichsweise auch dasselbe geringmächtige Band an braunen,
teilweise absandenden Metakarbonaten wieder, das wir vorher
an der Oberfläche gesehen und zur Aigerbach-Formation gestellt
haben. Das Höhlentrekking erlaubt, wie bereits geschildert,
tiefergehende, mit Sicherheit bleibende Eindrücke von tiefen 91
Schächten, beklemmend schmalen Gängen sowie saugenden,
stillen und rabenschwarzen Abgründen. Hin und wieder streift
das Licht der Stirnlampe seltsame Tropfsteinerscheinungen
wie Lösungs-Facetten, Makkaroni-Tropfsteine aus feinstem, 92a
leuchtend weißem Kalksinter oder teilweise kopfgroße, gut 92b
gerundete und fluviatil durch Schmelzwasser eingebrachte
Kristallingerölle. 92c

Wer sich einen Überblick verschaffen möchte und wem das hier
Gesagte noch zu wenig ist, der sei auf die ausführliche Beschreibung von Höhlensystem, Höhlenhydrologie und Höhlenklima
der Website https://www.spannagelhoehle.at verwiesen. Dort
gibt es auch einen Höhlenplan der für die zahlende Allgemeinheit zugänglichen Gangsysteme der Spannagelhöhle. 93

Um einen Plan der gesamten bislang erforschten Gangstrecke zu sehen, muss man sich wirklich aufs Spannagelhaus begeben und hat mit Christoph ANFANG einen sehr kompetenten Mann für Erklärungen und Auskünfte jedweder speläologischer, aber auch geologischer Art.

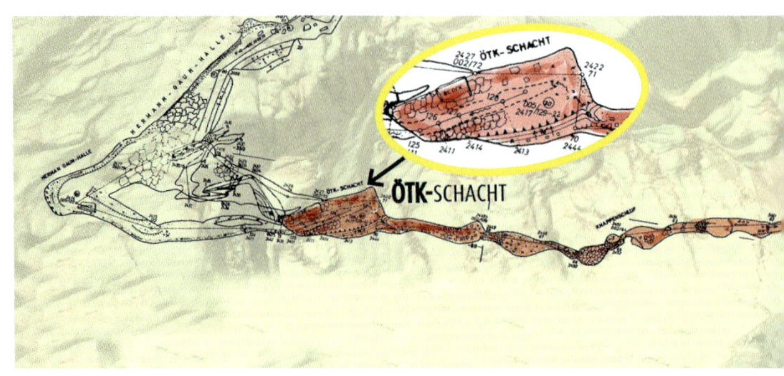

Abb. 92. In manchen Höhlengängen finden sich große Lösungsfacetten (a), kleine skurrile, aber feine, da leuchtend weiße Makkaroni-Tropfsteine (b) sowie fluviatil durch Schmelzwasser eingebrachte kristalline Gerölle (c), die hier vermutlich schon viele Jahrtausende liegen. (Foto a © Spannagelhöhle).

Abb. 93. Plan der Spannagelhöhle mit dem für die Allgemeinheit zugänglichen Gangsystem. Die hinterlegten Farben kennzeichnen die Schwierigkeitsgrade der Höhlentouren: Grün steht für die einstündige Höhlenführung, die auch für Senioren und Kinder geeignet ist, die Farbe Rot für die geführten Trekkingtouren. Die transparent gehaltenen Gangbereiche links sind für Besucher nicht zugänglich (Quelle: Spannagelhöhle).

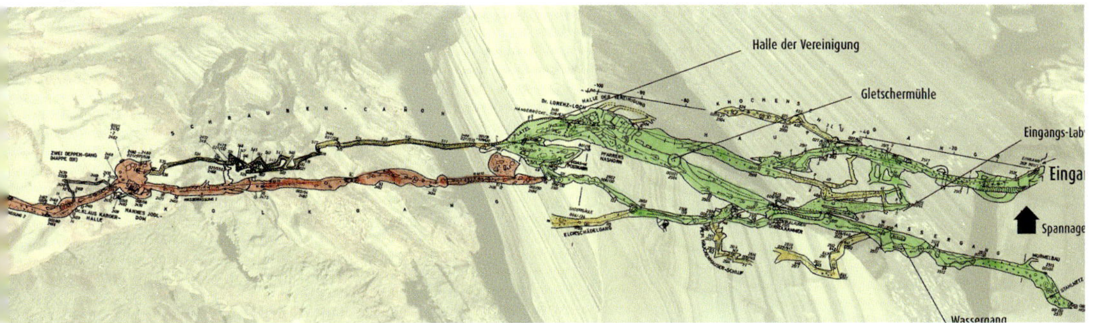

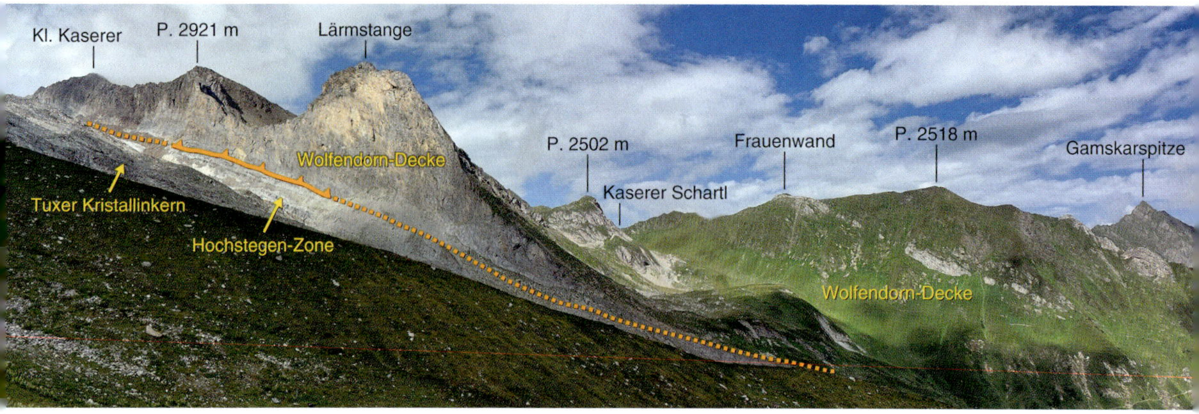

Abb. 94. Am Beginn des Abstiegs vom Spannagelhaus in Richtung Tuxer Joch steht vor allem die markante Felsmauer zwischen Kleinem Kaserer und Lärmstange im Fokus. Sie besteht aus mächtigen, stark verfalteten Metasedimentgesteinen der Kaserer-Formation (Wolfendorn-Decke), die auf einem dünnen Band jurassischer Kalkmarmore der Hochstegen-Formation liegen. Diese wiederrum liegen konkordant auf Gneisen des Tuxer Kristallinkerns. Im Vordergrund sind Abschnitte des markanten Seitenmoränenwalls des Gefrorene-Wand-Keeses aus der »Kleinen Eiszeit« zu sehen, über die eine Abstiegsvariante unserer Exkursionsroute verläuft.

5 Wie nun? Regionale Geologie zwischen Lärmstange und Kleinem Kaserer

Hat uns das Tageslicht wieder, setzen wir unsere Exkursion zunächst absteigend fort. Dazu queren wir vom Spannagelhaus in westliche Richtung die Fahrstraße unterhalb der zweiten Station der Tuxer Gletscherbahn und folgen dieser talwärts – eine weit in südöstliche Richtung ausgreifende Kehre können wir mittels Steig in nördlicher Richtung entscheidend abkürzen. Wer es gerne geradlinig hat, kann auch alternativ vom Kreuzungspunkt des Weges vom Spannagelhaus zum Fahrweg der Gletscherbahn auf dem schmalen First des markanten rechten Seitenmoränenwalls der einstigen Gletscherzunge des Gefrorene-Wand-Keeses auf guten Steigspuren talwärts gelangen und an dessen Ende auf circa 2150 Meter Höhe nach rechts zur Fahrstraße hinüber queren.

Sowohl die Fahrstraße als auch die Seitenmoräne des Gefrorene-Wand-Keeses aus der "Kleinen Eiszeit" liegen im Bereich des tektonisch größtenteils abgeschnittenen Nordschenkels der "Höllenstein-Tauchfalte" mit Sequenzen des Tuxer Kristallinkerns (siehe Abb. 88). Diese werden von Metasedimentgesteinen der Hochstegen-Zone konkordant überlagert: Ihr helles Band bildet den Wandfuß der vor uns aufragenden Felsmauer zwischen Kleinem Kaserer und Lärmstange (2686 m). Vielleicht ist dieser Abschnitt der Exkursion der beeindruckenden Aussicht zu ebenjener Lärmstange wegen dazu prädestiniert,dass man sich auf ihm etwas eingehender mit der regionalen Geologie des weiteren Umfelds befasst. Gerade die Lärmstange zeigt sich im Zuge des Abstiegs als wandelbarer
94 Berg, von einer breiten, unnahbaren, mit dem Kleinen Kaserer verbundenen senkrechten Mauerflucht
95 bis zu einem eindrucksvollen Riesenzahn, der neben der glattgeschliffenen Fläche des einstigen
Gefrorene-Wand-Keeses aufragt. Beiden Perspektiven gemeinsam sind die stets gut zu erkennenden Grenzen zwischen dem einheitlichen Grau des Tuxer Kristallinkerns (Gletscherschliffe zwischen den beiden wunderbar erhaltenen Seitenmoränen der Kleinen Eiszeit), dem hell leuchtenden Band der jurassischen Hochstegen-Formation am Wandfuß des Kammes Lärmstange–Kleiner Kaserer und der überschiebenden Wolfendorn-Decke mit der stark verfalteten, mächtigen Kaserer-Formation in dessen Südwand.

Bei der Betrachtung der Szenerie ist vor allem die tektonische Grenze zwischen Hochstegen-Zone über Tuxer Kristallingesteinen und der auflagernden Wolfendorn-Decke entscheidend. Früher ist man davon ausgegangen, dass der Kamm vom Kleinen Kaserer zur Lärmstange mit der Kaserer-Formation eine konkordante stratigraphische Fortsetzung der Hochstegen-Formation bildet und aus diesem Grund in die Untere Kreide zu stellen ist (THIELE 1974). Bei näherer Betrachtung der Szenerie ist jedoch offensichtlich, dass es eine scharf gezogene Grenzlinie gibt, mit der eine gleichförmig über

Abb. 95. Gleicher Berg, andere Perspektive: Auf etwa 2150 Meter Höhe präsentiert sich die Lärmstange als senkrechter Riesenzahn – die tektonische Grenze der Wolfendorn-Decke zu unterlagerndem Tuxer Kristallinkern samt Hochstegen-Zone liegt unter Hangschutt verborgen. Der unterschiedliche Habitus dieser Gesteinstypen ist jedoch auch von hier sehr gut zu erkennen.

den Tuxer Kristallinkern nach Nordwesten einfallende, unverfaltete Hochstegen-Zone an eine wild verfaltete Kaserer-Formation grenzt (vgl. auch mit VESELÁ et al. 2008). Damit ist die Frage nach der stratigraphischen Stellung der Kaserer-Formation neu eröffnet: Da man bei Bohrungen, die im Umfeld des Brenner-Basistunnel-Projektes abgeteuft wurden, innerhalb der Kaserer-Formation auf Anhydrit-Lagen stieß, tendiert man eher zu einem triassischen denn unterkreidezeitlichen Alter. Dies vor allem deswegen, weil in unserer Region keine Evaporit-Gesteine aus der Zeitscheibe der Unterkreide bekannt sind, sehr wohl aber aus dem Bereich von Oberem Perm bis zur Oberen Trias. Somit darf die Kaserer-Formation als stratigraphische Basis der Wolfendorn-Decke und des "Kaserer-Beckens" gelten.

Die innige, teilweise mehrphasige Verfaltung der Kaserer-Formation wird in der Südwand des Kammes Kleiner Kaserer–Lärmstange deutlich: Neben mehreren Out-of-Sequence-Überschiebungen, die
durch stahlblaue Metakarbonat-Züge hervorragend konturiert sind, sticht vor allem ein Bereich ins *96a*
Auge, an dem ebenjene Metakarbonate mittels kleinräumiger Überschiebungsbahnen fingerförmig *96b*
ins Braungrau von Glimmerschiefern vorgreifen. Hier blieb wirklich nichts verschont!

6 Anstieg zum Tuxer Joch

> Im Kar unterhalb der Lärmstange (im Jahr 2022 noch Baustelle für eine neue Lift-Anlage) queren wir die basal in zwei Kämme aufgefächerte westliche Seitenmoräne des Gefrorene-Wand-Keeses aus der "Kleinen Eiszeit". Unmittelbar nördlich davon beginnt der Steig, der den Nordosthang der Frauenspitze (auch Knoflacher genannt) quert und in angenehmer Steigung zum Tuxer Joch führt.

Zunächst queren wir Hangschuttfelder, kommen allerdings bald in den Bereich der zuvor erwähnten Kaserer-Formation: Wir treffen auf lagig angeordnete Sequenzen von Kalk- und Chloritphylliten und auffallend mächtigen Bändern gelblicher, stark absandender Dolomit-Metasedimentgesteine mit vereinzelt auftretenden Quarzlinsen (vgl. HÖCK 1969). Interessant sind die zuvor erwähnten stahlblauen Kalkmarmore, die hier knapp oberhalb des Weges anstehen. Zuletzt – bereits nahe am Ausstieg zu den Melkböden unterhalb des Tuxer Joches – stoßen wir auf sandige Quarzitphyllite. Stets sind die Abfolgen dünnbankig und stark intern sowie parasitär verfaltet.

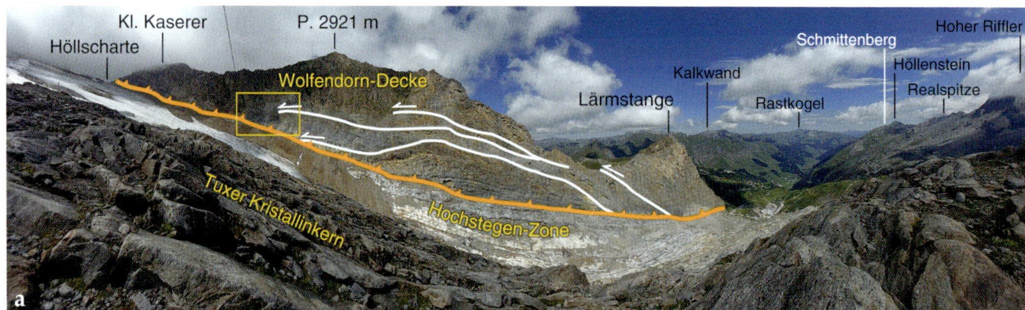

Abb. 96. a, Die Aussicht vom P. 2750 m am Rand des Gefrorene-Wand-Keeses (wird bei dieser Exkursion nicht erreicht) in Richtung Lärmstange offenbart den strikt zweigeteilten Charakter zwischen unverfalteter, konkordant auf Tuxer Kristallinkern auflagernder Hochstegen-Formation und der darüber liegenden, durch mehrere Out-of-Sequence-Überschiebungen zergliederten und wild verfalteten Kaserer-Formation. Das gelbe eingeblendete Rechteck zeigt einen besonders stark verformten Teilausschnitt (b) der Wandstufe mit flach liegenden Isoklinalfalten (gelb punktiert) und zahlreichen Überschiebungsbahnen (weiß hervorgehoben), die die stahlblauen Metakarbonate fingerartig in die braunen und braungrauen Glimmerschiefer vorgreifen lassen.

Sehr interessant sind jedoch nicht nur die hier anstehenden Metasedimentgesteine, sondern auch
97 der Ausblick westwärts gegen das Kaserer Schartl mit dem markanten Felskopf P. 2502 m. Sowohl
an seiner Wandbasis als auch in seiner felsigen Ostflanke sind mehrere Höhlenportale zu erkennen, ein Zeichen, dass nicht nur die Hochstegen-Zone verkarstbar ist, sondern auch die in der Kaserer-Formation vorkommenden triassischen Metakarbonate.

In den flachen Melkböden wandern wir immer noch auf Serien der Wolfendorn-Decke, teilweise jedoch überdeckt von Moränenwällen des Egesen- und Gschnitz-Stadials. Am augenscheinlichsten ist ein egesenzeitlicher Endmoränenwall eines vormalig spätglazialen Lokalgletschers, der aus einem kleinen Kar auf der Nordostseite der Frauenwand gegen das Tuxer Joch floss.

Nach einigen letzten Spitzkehren erreichen
98 wir den flachen Sattel des Tuxer Joches mit dem danach benannten Haus. Bei diesem ist wichtig zu erwähnen, dass es sich um keine klassische Alpenvereinshütte handelt, sondern um ein vom Österreichischen Touristenklub betriebenes Schutzhaus. Als Übernachtungsgast ist man dennoch herzlich willkommen, vor allem, wenn man die benötigten Schlafplätze (insgesamt 35 an der Zahl gibt es) einige Tage vorher via Online-Portal der Hütten-Internetseite (https://www.tuxerjochhaus.at) reserviert hat. Das in den Jahren 1910 bis 1911 erbaute und 1987 vollständig renovierte Haus ist übrigens seit dieser Zeit fest in der Hand der Familie HOTTER, die mittlerweile in vierter Generation wirtschaftet.

7 Nachmittagsausflug zum Pfannköpfl

Buchstäblich ein Katzensprung ist es vom Tuxer-Joch-Haus auf das nahe Pfannköpfl, wenngleich der höchste Punkt des kleinen Berges nur mit ausgesetzter Kraxelei zu erreichen ist.

Abb. 97. Der kleine, nahe des Kaserer Schartls gelegene P. 2502 m zeigt mehrere Höhlenportale unterschiedlicher Größe in seiner Ostflanke.

Der in wenigen Minuten erreichbare Aussichtspunkt und Südgipfel ist insofern sehr interessant, als der Steig auf dem Weg dorthin Abfolgen der zurzeit in Diskussion stehenden Wustkogel-Serie erschließt. Hauptmerkmal dabei sind einerseits die grünliche Gesteinsfärbung und andererseits 1 bis 2 Millimeter große Tupfen, die sich bei genauerem Hinsehen als kleine Feldspäte zu erkennen

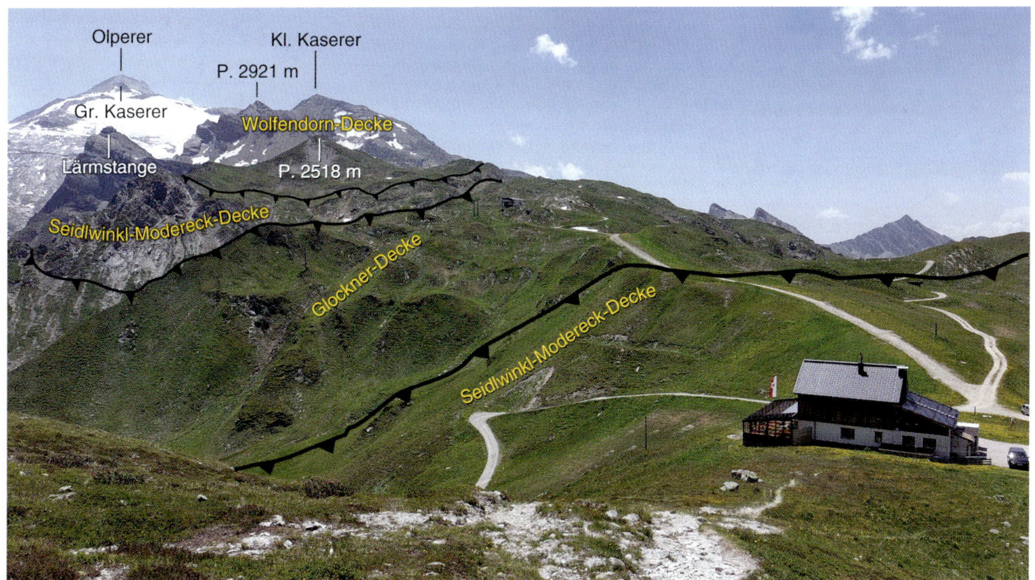

Abb. 98. Ausblick vom Anstieg zum Pfannköpfl gegen das Tuxer Joch mit dem Schutzhaus und den am morgigen Tag zu ersteigenden Gipfeln von Frauenwand und Kleinem Kaserer. Zum besseren Verständnis wurden die dort anstehenden tektonischen Einheiten eingeblendet.

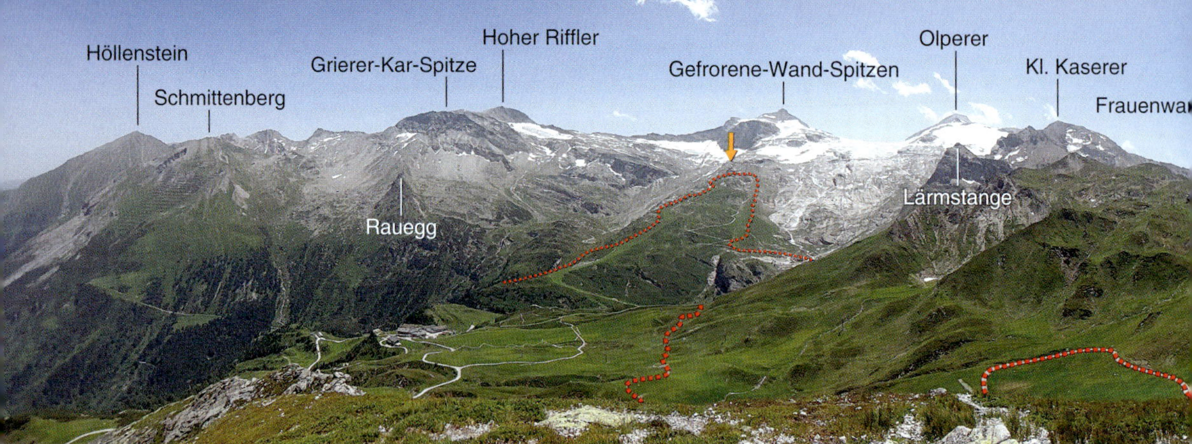

Abb. 99. Der kurze Anstieg vom Tuxer-Joch-Haus zum Pfannköpfl erschließt weißlich-grüne Metaarkosen (a) sowie Quarzite (»Wustkogel-Serie«) (b).

geben. Die Wustkogel-Serie ist benannt nach ihrer Typlokalität am Wustkogel im Salzburger Rauris, wo sie ebenfalls als grünliche Metaarkose in Erscheinung tritt. Die Lithologie wird an ihrer Typlokalität als Äquivalent des untertriassischen Buntsandsteins des Germanischen Beckens beziehungsweise der genetisch ähnlichen Gröden-Formation der Südalpen angesehen. Die hier am Pfannköpfl anstehenden, lithologisch sehr ähnlichen Gesteine entsprechen jedoch eher dem obertriassischen Stubensandstein des Germanischen Faziesbereichs (Thiele 1970, Veselá et al. 2008). Bis eine letztgültige Norm und Korrelation für die hier auf dem Weg zum Pfannköpfl anstehenden Gesteine gefunden wurde, belassen wir es bei "Wustkogel-Serie".

Lithologisch gesehen handelt es sich um
weißlich-grüne, fein absandende Quarzi- 99
te und Metaarkosen. Deren ursprüngliche sedimentäre Schichtung ist übrigens aufgrund von Lithologiekontrasten fein- und grobkörniger Bereiche teilweise noch gut zu sehen. Die feinkörnigeren
Bänke sind dunkelgraugrün gefärbt 100
und wittern entlang des Steiges heraus.

Abb. 100. Die ursprüngliche sedimentäre Schichtung wird anhand dunklerer, offenbar ehemals feinkörniger, eventuell mergeliger Horizonte deutlich und fällt gleichförmig flach bis mittelsteil nach Südwesten ein.

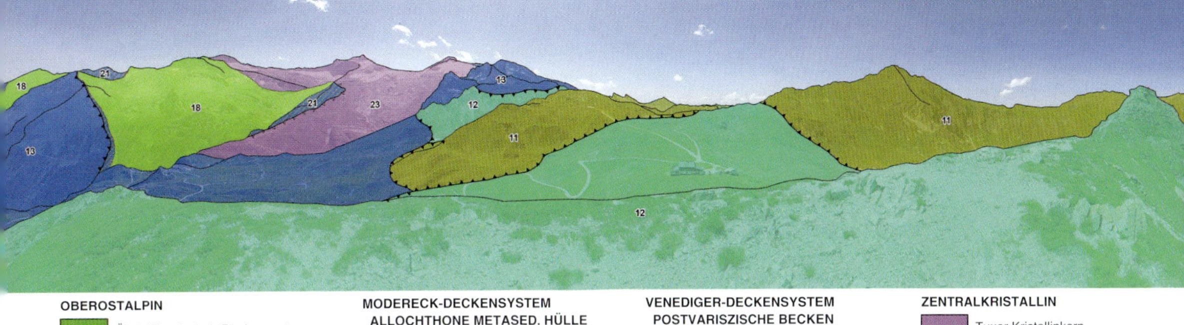

OBEROSTALPIN
- 2 Ötztal-Bundschuh-Deckensystem
- 3 Innsbrucker-Quarzphyllit-Decke (Silvretta-Seckau-Deckensystem)

GLOCKNER-DECKENSYSTEM UNTERE PENNINISCHE DECKEN
- 11 Glockner-Decke

MODERECK-DECKENSYSTEM ALLOCHTHONE METASED. HÜLLE
- 12 Seidlwinkl-Modereck-Decke
- 13 Wolfendorn-Decke

VENEDIGER-DECKENSYSTEM POSTVARISZISCHE BECKEN
- 18 Riffler-Schönach-Becken

AUTOCHTHONE METASED. HÜLLE
- 21 Hochstegen-Zone

ZENTRALKRISTALLIN
- 23 Tuxer Kristallinkern

TEKTONIK
- Deckengrenze
- Aufschiebung

Abb. 101. Aussicht vom Pfannköpfl gegen den Tuxer Kamm – im unteren Bild sind zum besseren Verständnis die tektonostratigraphischen Großeinheiten eingeblendet. Der orangefarbene Pfeil markiert das Spannagelhaus, der gelbe Pfeil das Tuxer-Joch-Haus.

Den höchsten Punkt des Berges lassen wir links liegen und steigen nach rechts auf eine ebene Fläche mit wunderschönem Blick gegen den Tuxer Kamm – und den Großteil der bislang gewanderten Strecke.

Vor allem das "Zwiebelschalen-Prinzip" der metasedimentären Auflage zwischen Höllenstein, Schmittenberg und Hohem Riffler wird einmal mehr deutlich: der "harte Kern" mit dem Tuxer Kristallin rund um die höchsten Gipfel des Tuxer Kammes, sowie die "weiche Schale" mit dem Riffler-Schönach-Becken samt auflagernder Hochstegen-Zone und überschobenen tektonischen Decken (Wolfendorn- und Seidlwinkl-Modereck-Decke). Darüber liegen die penninischen Einheiten der Glockner-Decke.

8 Auf zur Frauenwand!

Nach einer hoffentlich geruhsamen Nacht, einem guten Frühstück und ebensolchem Wetter ist eine Entscheidung bezüglich des Fortgangs der Exkursion zu treffen: Entweder man steigt direkt vom Tuxer-Joch-Haus über das Weitental nach Hintertux ab, oder hängt in einem anderthalb- bis zweistündigen An- und Abstieg die Frauenwand dran – oder man unternimmt das Maximum des hier Beschriebenen und ersteigt den 3093 Meter hohen Kleinen Kaserer. Letzteres benötigt etwa fünf bis fünfeinhalb Extrastunden.

Zur Frauenwand wählen wir an der sternförmigen Wegverzeigung des Tuxer Joches denjenigen Fahrweg, der zur bereits sichtbaren Bergstation des Sesselliftes "Tuxer Joch" führt.

Auf dem Weg dorthin überqueren wir erneut die tektonische Grenze zwischen Seidlwinkl-Modereck-Decke und auflagernder penninischer Glockner-Decke, die hier unter geringmächtigen eiszeitlichen Lockersedimenten verborgen ist. Erst auf halbem Weg zur Bergstation erreicht man die fein geschieferte Abfolge von Bündnerschiefern, deren Trennflächengefüge hier steil nach Süden einfällt.

Abb. 102. a, Stark verwitterte Bündnerschiefer kennzeichnen den ersten Abschnitt des Anstieges vom Tuxer Joch zur Frauenwand – dabei sind Quarzitbänke wie stumpfe Messer erhaben ausgewittert. (b) Auch massigere Bereiche mit einem weitständigeren Trennflächengefüge treten innerhalb der Bündnerschiefer-Abfolge auf, sind jedoch deutlich seltener als die fein geschieferten Bereiche.

Teilweise zerfallen die weichen phyllitischen Gesteine zu plattig-erdigem Grus, teilweise wittern
102a quarzitische Bänke wie stumpfe Messer erhaben aus. Neben fein geschieferten Sequenzen kommen
102b auch massigere Abschnitte mit einem deutlich weitständigeren Trennflächengefüge vor. Noch unterhalb der Bergstation findet sich ein schlecht erschlossenes, vergleichsweise schmales Band aus Prasiniten, das in die Bündnerschiefer-Serie eingeschaltet ist: Es handelt sich um Grünschiefer mit Hauptbestandteilen aus Chloriten, Aktinolithen und Albiten. Über der Liftstation treffen wir gleich
103 zweimal auf ein weiteres Band aus metamorphen Grüngesteinen (Chloritschiefer), das in einer nach Westen abtauchenden Faltenstruktur erhalten geblieben ist.

Nach dem ersten Aufschwung hinter der Liftstation gelangen wir in flacheres, offenes Gelände. Im Hintergrund werden hinter dem grasigen P. 2518 m die Dreitausender des Tuxer Kammes sichtbar.

In diesem Bereich stehen zunächst erneut Bündnerschiefer an, die jedoch an eine markante Wandstufe aus spröd brechenden Metakarbonaten der triassischen Seidlwinkl-Formation stoßen. Hier tritt mit der Seidlwinkl-Modereck-Decke das tektonisch Liegende der Glockner-Decke zutage. Der

Abb. 103. a, Knapp über der Liftstation treffen wir gleich zweimal auf ein schmales Band stark geschieferter Grüngesteine (das hintere Band ist vom flachen Hügel verdeckt und von diesem Standpunkt aus nicht zu sehen), das in einer schmalen, gegen Westen abtauchenden Falte überliefert ist. Die hier anstehenden Chloritschiefer (Detailfoto b) zeigen neben dem engständigen, beinahe blättrigen Trennflächengefüge seidenmatt glänzende, hellgrün gefärbte Schieferungsflächen.

lithologische Kontrast zwischen fein geschieferten penninischen Einheiten und erhaben ausgewitterten Kalkmarmoren und Ankeriten (eisenoxidschüssige Meta-Dolomitkalke) entlang des Steiges *104*
ist sehr gut zu sehen. Das Band der Seidlwinkl-Modereck-Decke ist in diesem Bereich nur wenige
Zehnermeter breit und als tektonisch isolierter Span auf phyllitische Sequenzen der Wolfendorn-
Decke aufgeschoben, die den bereits sichtbaren P. 2518 m aufbauen.

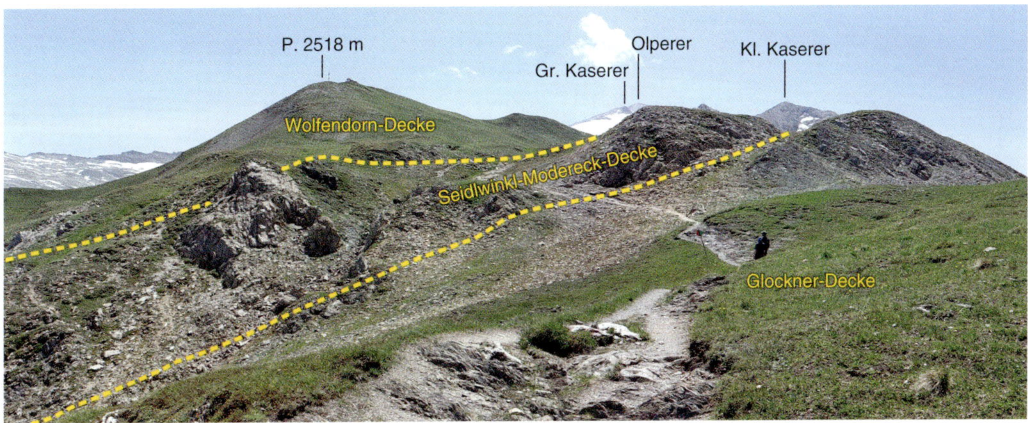

Abb. 104. Am Anstieg zur Frauenwand sind die tektonischen Grenzen der penninischen Glockner-Decke zu den unterlagernden permomesozoischen Metasedimentgesteins-Decken gut erschlossen.

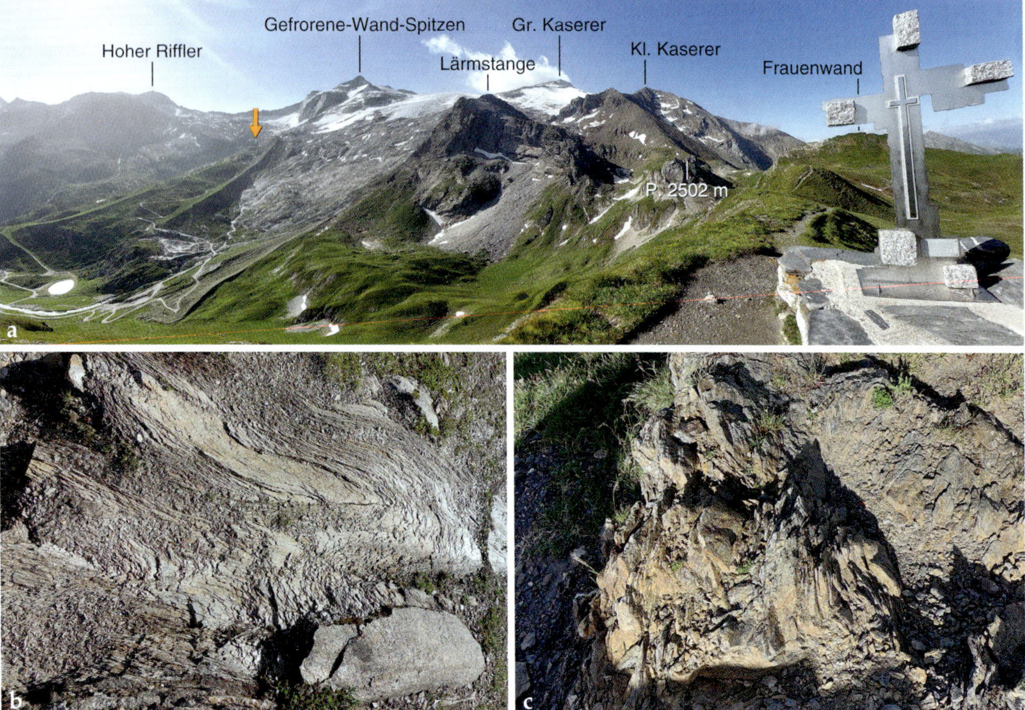

Abb. 105. a, Die Aussicht vom namenlosen P. 2518 m mit dem schönen neuen Gipfelkreuz gegen den Tuxer Kamm ist sehr eindrucksvoll. Blickfang im Vordergrund sind der Kalksteinklotz der Lärmstange sowie der etwas nach hinten versetzte Kleine Kaserer. Besonders markant sind die im Morgenlicht messerscharf hervortretenden Seiten- und Endmoränen des Gefrorene-Wand-Keeses aus der »Kleinen Eiszeit«. Unter dem orangefarbenen Pfeil steht das Spannagelhaus. b, Im Gipfelbereich des P. 2518 m stehen blättrig verwitterte quarzitische Phyllite an – hier zu einer nach rechts abtauchenden kleinen Falte verbogen. c, Ebenfalls erschlossen sind im Gipfelbereich Wechsellagen von hellbraun anwitternden, eisenschüssigen und graphitischen Schwarzphylliten.

Der Steig richtet sich oberhalb der markanten Metakarbonat-Rippe der Seidlwinkl-Modereck-Decke nach rechts gegen den stumpfen Gipfel der Frauenwand. Es lohnt jedoch auf jeden Fall, entgegen der Markierung auf gut sichtbarem Steig links abzuzweigen, den namenlosen Gipfelpunkt zu ersteigen und auf dem Verbindungsgrat mit geringem Höhenverlust und neuerlichem Zwischenanstieg zur Frauenwand hinüber zu queren. Vom
105a P. 2518 m hat man einen wunderschönen Tiefblick gegen das Gefrorene-Wand-Kees und die Gletscherberge im Talhintergrund.

Die vom Steig zum P. 2518 m erschlossenen Schichten gehören zur Kaserer-Formation der Wolfen-
105b dorn-Decke und setzen sich vornehmlich aus fein geschieferten, teilweise quarzitischen Phylliten
105c sowie Schwarzphylliten mit unregelmäßig eingeschalteten Kalkmarmorlagen zusammen. Neben dem neuen Gipfelkreuz erwartet uns die soeben angesprochene beeindruckende Aussicht gegen den Tuxer Kamm. Außer der auf weite Strecken der bislang gewanderten Exkursionsroute sind vor allem die messerscharf gezogenen Seiten- und Endmoränen des Gefrorene-Wand-Keeses aus der "Kleinen Eiszeit" markant sichtbar. Sie geben den Gletscher-Maximalstand aus den Jahren zwischen 1830 und 1850 an – und stimmen sehr nachdenklich in Anbetracht dessen, dass sich der heutige Gletscher aufgrund des Klimawandels weit gegen sein Nährgebiet in Höhen von 2700 bis 2800 Metern zurückgezogen hat. Vor weniger als 200 Jahren lag die Gletscherzunge auf unter 2000 Meter Höhe! Die zwischen den Moränenwällen liegenden Gletscherschliff-Flächen sind weitgehend vegetationslos und wirken, als wären sie erst gestern noch von Eismassen gehobelt und poliert worden – was erdgeschichtlich betrachtet ja auch richtig ist.

Abb. 106. Knapp unter dem Gipfel der Frauenwand zeigen parallel zur Abbruchkante der Südostflanke verlaufende Zerrspalten eine beginnende Bergzergleitung an. b, Am Beginn des Abstiegs zum Kaserer Schartl verläuft der Steig in einer dieser meterbreiten Zerrklüfte. c, Von Wind und Wetter glatt geschmirgelter, fein gebänderter Kalkmarmor – diese Gesteine bauen den Gipfel der Frauenwand auf.

> Der Verbindungsgrat vom P. 2518 m zur nahen Frauenwand ist einfach zu begehen. Kurz vor dem Gipfelaufbau treffen wir wieder auf den Normalweg, der von der grünen Hochfläche unterhalb zum Kamm führt.
>
> Eigentlich beginnt der Pfad etwa 30 Höhenmeter unterhalb des Frauenwandgipfels mit der Querung der Südostflanke hinab ins Knoflachkar und zum nahen Kaserer Schartl. Wir sollten auch hier ein wenig Kraft investieren und den Gipfel auf Pfadspuren ersteigen – von dort hat man den unmittelbarsten Blick auf den weiteren Routenverlauf gegen den Kleinen Kaserer und zudem einen beeindruckende Sicht nach Nordwesten in den Kaserer Winkel.

Sehr interessant sind neben den stahlblauen, oft fein gebänderten und im Sonnenlicht glitzernden *106c*
Kalkmarmoren der Kaserer-Formation die meterbreiten Zerrspalten, die parallel zur Abbruchkante *106a*
der Südostflanke der Frauenwand gegen das Knoflachkar verlaufen. Initiiert wird die beginnende Bergzergleitung wohl durch die Kalkmarmore unterlagernde, weiche Glimmerschiefer und Phyllite der Kaserer-Formation. Sie verwittern mürb-weich zu erdigem Grus und sind gegenüber den auflagernden, spröden und starren Kalkmarmoren plastisch verformbar. Am Beginn der Querung ins
Knoflachkar verläuft der Steig durch eine dieser Zerrklüfte. *106b*

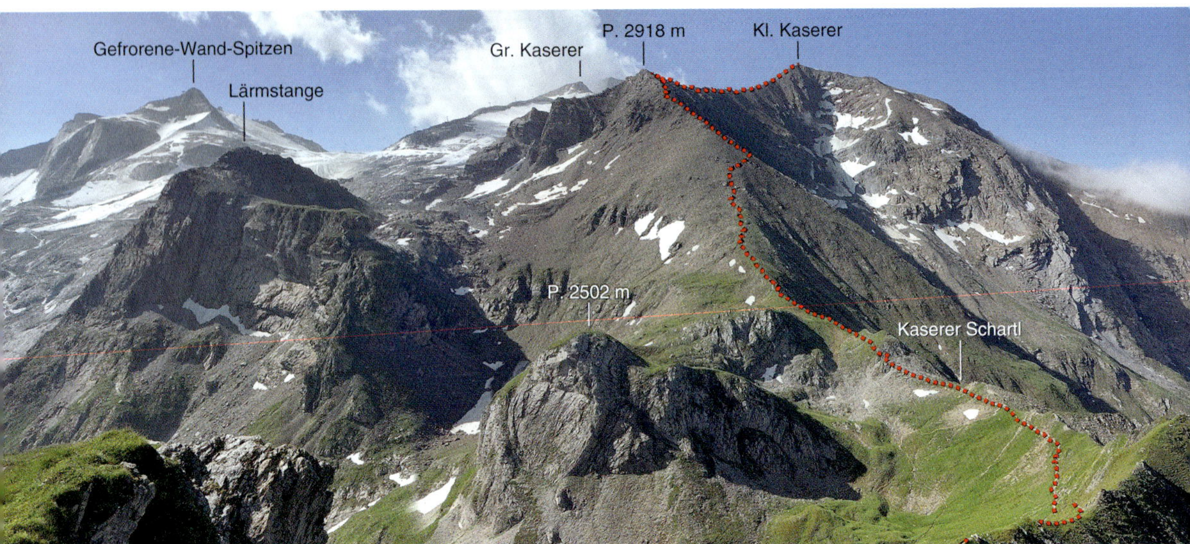

Abb. 107. Ausblick von der Frauenwand gegen den Kleinen Kaserer mit dem weiteren Routenverlauf.

107 Der weitere Routenverlauf von der Frauenwand gegen das Kaserer Schartl und den Kleinen Kaserer ist klar vorgezeichnet und verläuft vom Sattel entlang des zunächst breiten, gerölligen Nordwestgrats auf den Vorgipfel P. 2918 m und von dort entlang der Schneide über den Südwestgrat auf den höchsten Punkt des Berges.

Interessant ist von diesem Standpunkt der Überblick über die mächtige Kaserer-Formation mit stahlblauen Metakarbonaten und bräunlichen Glimmerschiefern sowie Quarziten. Erstere bauen den kleinen P. 2502 m im Knoflachkar unter uns auf, ferner den Sockel der Lärmstange und unseres Berges, und treten insbesondere in der Nordflanke des Kleinen Kaserers mit deutlich erkennbarer, stahlblauer Färbung zutage. Der Gipfelaufbau des Dreitausenders wird hingegen von erdbraunen Glimmerschiefern gebildet – die feingeschieferten Sequenzen bedingen eine stumpfe, wie abgerundet wirkende Bergform.

Absteigend ins Kaserer Schartl durchquert der teilweise mit Drahtseilen versicherte Steig die steile Südostflanke und eine lithologisch ähnliche Abfolge der Kaserer-Formation wie im Anstieg zur Frauenwand: Zunächst erreichen wir quarzitische Glimmerschiefer, dann stahlblaue, gebänderte Kalkmarmore – auch geringmächtige Bänder phyllitischer Grüngesteine treten auf. Im Kaserer Schartl selbst stehen abermals gut gebankte, helle Kalkmarmore an.

9 Himmelwärts: Der Anstieg vom Kaserer Schartl auf den Kleinen Kaserer

An einem Wegweiser, der den Weiterweg nach rechts zur Geraer Hütte markiert, zweigen Pfadspuren nach links ab, die auf einen breiten, unten übergrünten, nach oben erdig-schroffigen Geröllhang zustreben. Es gibt keine Markierung, jedoch ist der Weg deutlich und gut zu finden – gutes Wetter vorausgesetzt!

Über phyllitische Glimmerschiefer in heterogener lithologischer Ausprägung geht es mühsam und sehr steil bergwärts. Während des kräfteraubenden Anstieges zum Vorgipfel P. 2918 m haben wir
108 in einer der Verschnaufpausen sicherlich Gelegenheit, den Blick nach Westen gegen den Kaserer Winkel und die markanten Schöberspitzen zu richten. Diese liegen zwar knapp außerhalb des Exkursionsgebietes und sind damit nicht mehr in der hier abgebildeten geologischen Karte enthalten, doch natürlich hören dort weder Geologie noch Tektonik auf. Die Schöberspitzen stechen deswegen sofort ins Auge, weil sie aus stark verfalteten Metakarbonaten der Seidlwinkl-Modereck-Decke aufgebaut sind, ebenjenen, die auch an der Frauenwand anstehen. In einer kleinen tektonischen Mulden-Struktur sowie einer größeren Doppelmulde weiter nördlich liegt die Seidlwinkl-Formation auf dunkelgrauer bis braungrauer Kaserer-Formation der Wolfendorn-Decke. Die Fortsetzung der

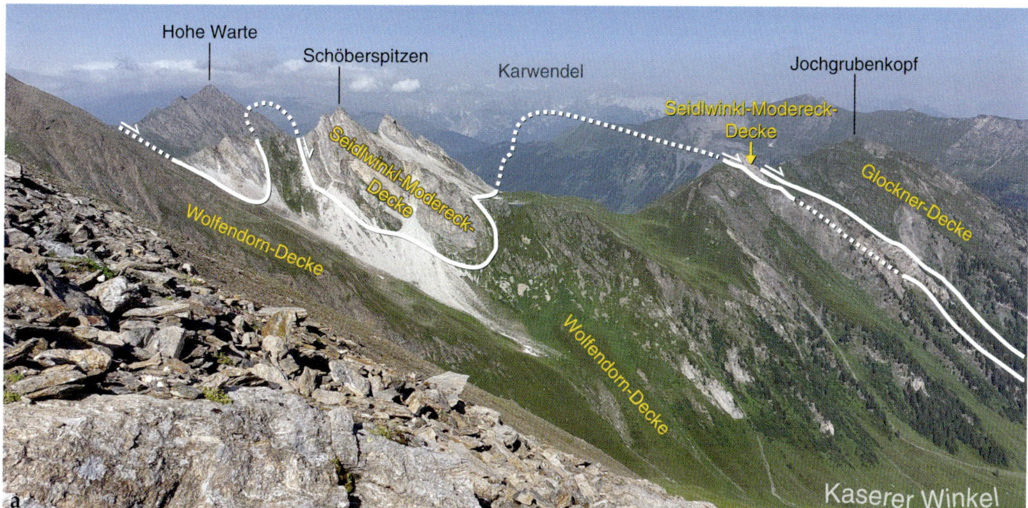

Abb. 108. a, Aussicht vom Nordwestrücken des Kleinen Kaserers gegen Westen zu den Schöberspitzen und zum Jochgrubenkopf, mit den eingezeichneten tektonostratigraphischen Einheiten. b, Besonders interessant sind dabei die wild verfalteten Kalkmarmore der Schöberspitzen-Doppelmulde.

überlagernden Seidlwinkl-Modereck-Decke liegt am nordwärts führenden Grat unter dem Jochgrubenkopf unter überlagernder Glockner-Decke. Dieser schmale, tektonisch ausgewalzte Deckenspan zieht quer über den Kaserer Winkel ostwärts und ist derselbe, den wir im Anstieg zur Frauenwand überquert haben.

Da wir uns am steilen, sich nach oben verjüngenden Nordwesthang des Kleinen Kaserers ziemlich genau in Streichrichtung der Schieferung bewegen, gibt es nur kleinräumige und wenig aussagekräftige Aufschlüsse. Mit Erreichen des Vorgipfels P. 2918 m und dem eigentlichen Gipfelgrat jedoch werden wir uns senkrecht zur Schieferungsrichtung bewegen und die volle Bandbreite der lithologischen Heterogenität der Kaserer-Formation zu Gesicht bekommen – wenngleich am Grat

Abb. 109. Vor allem am Gipfelgrat des Kleinen Kaserers wird die lithologische Vielfalt der Kaserer-Formation deutlich, weil der Anstieg senkrecht zur Streichrichtung der stark verfalteten Gesteinsabfolge verläuft. So liegen teilweise strahlend weiße Quarzitschiefer (a, unten) neben leuchtend orangefarbenen, stark eisenschüssigen Quarziten und rabenschwarzen Graphitschiefern (b).

die stahlblauen Metakarbonate, wie in Abbildung 96 gezeigt, nicht erreicht werden. So gelangen wir von Glimmerschiefern und Phylliten mit wechselndem Gehalt an Hell- und Dunkelglimmern auch
109 zu rabenschwarzen Graphitphylliten, strahlendweißen Quarzitschiefern und einzelnen Kalkmarmor-Einschaltungen. Letztere keilen jedoch schnell linsenartig aus und stellen keine durchgehenden Horizonte dar. Über allem steht die innige Verfaltung – teilweise sogar in mehreren Deformations-
110 phasen und unterschiedlichen Dimensionen: Entlang des Steiges bemerken wir Faltenstrukturen mit Amplituden von wenigen Dezimetern bis hin zu Parasitärfalten in der Größenordnung von einigen

Abb. 110. Die starke Verfaltung der Kaserer-Formation ist ungeachtet der lithologischen Vielfalt im Zentimeter- und Dezimeterbereich entlang des Gipfelgrates allgegenwärtig: a, dunkle Glimmerschiefer, b, Quarzitschiefer und c, Quarzitschiefer mit reinen Quarzitlagen.

Millimetern. Richtet man den Blick auf die abschüssige Nordflanke des Kleinen Kaserers, wird man
mit etwas Übung auch Isoklinalfalten in Zehnermeterabmessungen entdecken. Somit bestätigt sich 111
die starke und durchgreifende tektonische Überprägung der Kaserer-Formation in diesem Teil der
Wolfendorn-Decke auch von dieser Stelle aus.

> Bei guten Bedingungen ist der Gipfelgrat zum höchsten Punkt des Dreitausenders problemlos zu begehen. Schwieriger wird es nach Neuschneefällen beziehungsweise bei starkem Wind, insbesondere bei Föhn. Der letzte, nochmals recht steile Gipfelaufschwung kann zudem bei Kälte in gefrorenem Zustand heikel sein. Vom P. 2918 m zum Gipfel sollte man in jedem Fall mit viel "Gesteinsbeschau" etwas mehr als eine Stunde Gehzeit einplanen.

Abb. 111. Wie im Kleinen, so auch im Großen: Die Verfaltung der Kaserer-Formation in zehnermetergroßen Sattel- und Muldenstrukturen ist auch in der Nordflanke des Kleinen Kaserers gut zu sehen. Die unterlagernden, stahlblauen Metakarbonate beißen in der rechten unteren Bildecke aus.

Natürlich ist bereits vom Vorgipfel P. 2918 m der Blick auf die Gletscherflächen des Gefrorene-Wand-Keeses allgegenwärtig, vom Gipfel des Kleinen Kaserers jedoch haben wir die beste Übersicht. Nach den vergleichsweise schneearmen Wintern und gleichzeitig überwarmen Sommern der vergangenen Jahre (vor allem des Jahres 2022) muss zunehmend Infrastruktur des dort gelegenen Skigebiets eingehüllt und so vor dem vollständigen Ausschmelzen bewahrt werden. Das betrifft insbesondere die Liftstützen und soll mit dem großflächigen Verlegen von weißem, die Sonnenstrahlen reflektierendem Gewebe verhindert werden. Geologisch betrachtet fällt der Blick an den höchsten Gipfeln des Tuxer Kammes beinahe ausschließlich auf den Tuxer Kristallinkern – sieht man einmal von
112 den bereits gezeigten "weichen Zwiebelschalen" aus postvariszischen Beckensedimentgesteinen, Hochstegen-Zone sowie tektonisch auflagernden metasedimentären Deckeneinheiten vom Hohen Riffler ostwärts ab. Interessant ist die Abfolge, die sich unmittelbar südlich des Kleinen Kaserers am Grat zum Großen Kaserer erhalten hat: Hier beginnt die Hochstegen-Zone bereits mit obertriassischen Metasedimentgesteinen der Aigerbach-Formation, und zwar in Form sandbrauner, rauwackoider Dolomitmarmore. Darauf liegen schwarzgraue bis schwarze Graphitschiefer, die dem Unterjura zugeordnet und als "Jura-Basiskalk" tituliert wurden (vgl. LAMMERER 1997). Von uns aus gesehen hier nicht sichtbar, lagert im Bereich der Höllscharte noch oberjurassischer Hochstegen-Kalkmarmor auf. Diese Sequenz wird, wie in Abbildung 94 bereits gezeigt, tektonisch von der Kaserer-Formation der Wolfendorn-Decke überschoben.

Das Schöne am Kleinen Kaserer ist, dass man eine große Gipfelfläche vorfindet sowie eine wun-
113 derschöne Aussicht. Auf der einen Seite die sterbende Gletscherwelt des Tuxer Kammes, auf der anderen die grüne verschwiegene Landschaft der südlichen Tuxer Alpen, beide getrennt durch zwei tiefe Taleinschnitte: Gegen Osten liegt das Tuxertal, westwärts das Wipptal mit dem grauen Band der Brenner-Autobahn und die sich jenseits darüber erhebenden Stubaier Alpen. Und natürlich ist beinahe die komplette Exkursionsroute noch einmal in der Zusammenschau zu überblicken. Womit

Abb. 112. a, Der Ausblick vom Gipfelgrat des Kleinen Kaserers gegen Höllscharte und Kaserergrat zeigt die konkordante Überdeckung des Tuxer Kristallinkerns mit Metasedimentgesteinen der Hochstegen-Zone, die hier schon mit der Aigerbach-Formation in der Obertrias beginnt. b, Vom Gipfel des Kleinen Kaserers gegen den Kaserergrat wird auch der farbliche Kontrast zu den schwarzgrauen unterjurassischen Metasedimentgesteinen (»Jura-Basiskalk«) sehr deutlich. Großer Kaserer (3265 m), Falscher Kaserer (3254 m) sowie Olperer (3476 m) werden zur Gänze aus kristallinen Gesteinen des Tuxer Kerns aufgebaut.

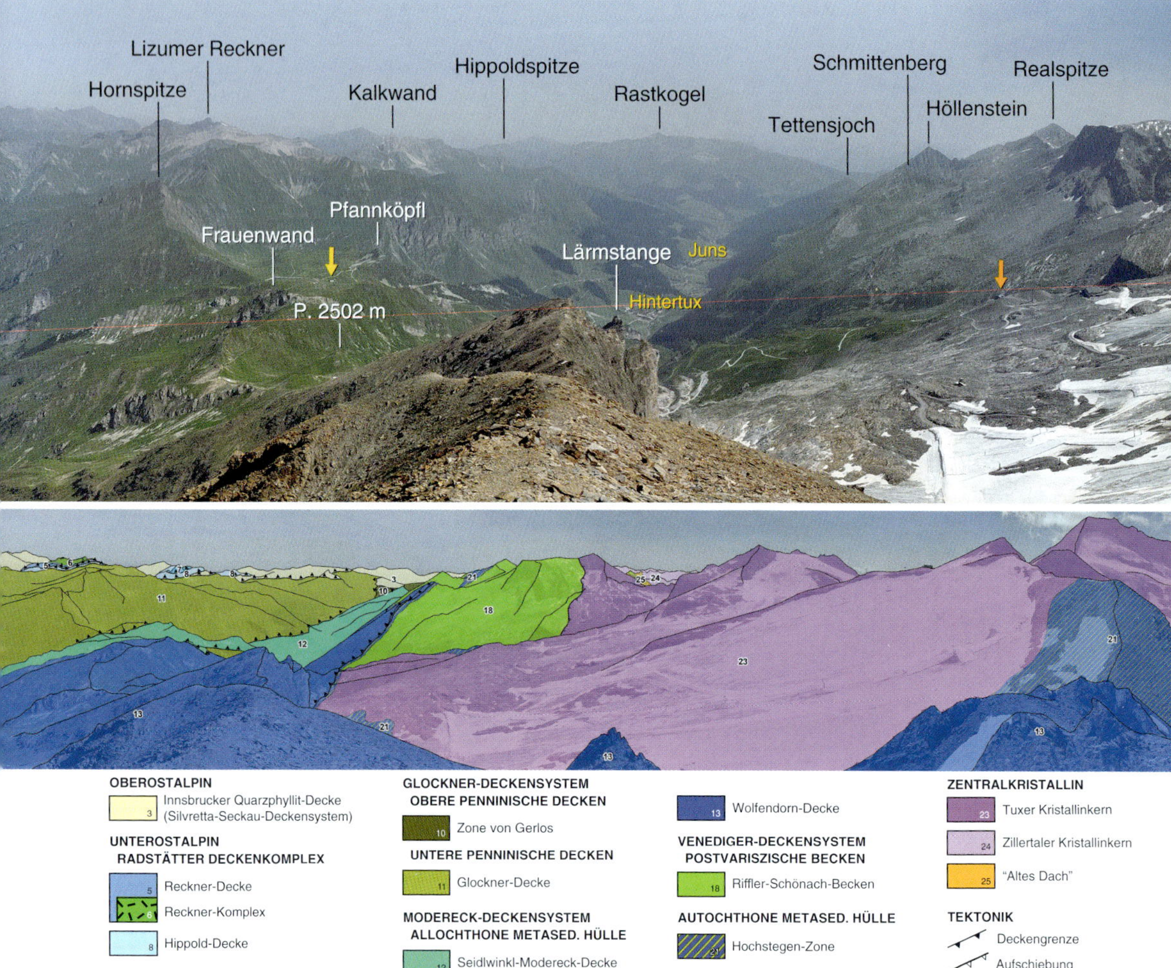

Abb. 113. Aus mehreren Bildern zusammengesetztes Panoramafoto vom Kleinen Kaserer (Situation im Frühsommer 2022). Das untere Bild mit den überblendeten tektonostratigraphischen Einheiten offenbart einmal mehr die geologische Situation, die den durch die alpine Gebirgsbildung emporgewölbten Tuxer Kristallinkern im Norden an mächtige Deckenstapel aus postvariszischen Metasedimentgestein-Beckenfüllungen (Riffler-Schönach-Becken), auflagernder Hochstegen-Zone, Einheiten des Modereck- und Glockner-Deckensystems, oberostalpiner Innsbrucker-Quarzphyllit-Decke sowie unterostalpinen Deckenklippen angrenzen lässt – wie die Schale einer Zwiebel. Der gelbe Pfeil markiert das Tuxer-Joch-Haus, der orangefarbene Pfeil das Spannagelhaus.

wir bei der abschließenden Betrachtung zuvor angesprochener "Zwiebelschalen", des harten Kerns und der weichen Schale wären. Auch von hier ist das emporgewölbte Stück kristalliner Erdkruste des westlichen Tauernfensters samt auflagernder, viele Hundert Meter dicker Metasedimentgestein-Stapel postvariszischer Becken, Hochstegen-Zone, Modereck-Deckensystem, Glockner-Deckensystem und oberostalpiner Innsbrucker-Quarzphyllit-Decke einsehbar. Und wie Sahnehäubchen schwimmen darauf die unterostalpinen Kalkklippen von Kalkwand, Hippoldspitze und Reckner-Massiv, die den Reigen zu den fernen, im Norden stehenden, bleichen Nördlichen Kalkalpen schließen. Am besten ist es, hier zu sitzen, zu sehen und zu staunen.

10 Ein klein wenig entrückt: Der Abstieg durchs Weitental zum Schleierfall

Der Abstieg vom Kleinen Kaserer folgt dem Anstiegsweg zurück zum Tuxer-Joch-Haus – nach einer kleinen Stärkung dort heißt es nun, die letzten beiden Etappen dieser ereignisreichen zweitägigen Exkursionsroute anzugehen.

114 Das Weitental macht seinem Namen alle Ehre. Entweder auf einem breiten, aber grob geschotterten Fahrweg, oder aber auf einem schmalen Steig kann man sich durch den grünen, relativ flachen "Grund" träumen und die Eisberge der Zillertaler Alpen hinter dem Tuxer Joch zurücklassen.

Während der letzten Eiszeit von einem dem Hochkar zwischen Frauenwand und Hornspitze entspringenden, tal-

Abb. 114. a, Das Weitental beginnt nördlich des Tuxer Joches – wir lassen hier die Gletscherwelt der Zillertaler Alpen zurück. Die Gipfel im Hintergrund sind die Gefrorene-Wand-Spitzen (3289 m) und der Olperer (3476 m) – dazwischen liegt der flache Riepensattel (3026 m). b, Das flache, glazigen nur schwach überprägte Tal liegt beinahe zur Gänze innerhalb der penninischen Bündnerschiefer-Serie der Glockner-Decke: Die 2680 Meter hohe Hornspitze steht markant als Wächter über dem flachen Talgrund.

Abb. 115. Ein kleiner, namenloser Wasserfall im nördlichen Weitental liegt in mächtigen Bündnerschiefersequenzen.

wärts nach Norden fließenden kleinen Gletscherstrom als flaches Trogtal mit nur undeutlich erkennbaren Trogschultern final ausgeformt, fällt es gemächlich vom Tuxer Joch ab und endet in einer markanten Karschwelle über Hintertux. Wir befinden uns nun in den südlichen Tuxer Alpen: Das Tuxer Joch bildet die topographische Grenze zu den Zillertaler Alpen. Geologisch wandern wir auf den ersten paar hundert Metern von der Seidlwinkl-Modereck-Decke mit ihren charakteristischen grünen Metaarkosen in die Bündnerschiefer-Serie der Glockner-Decke – die schroffen Berge der orographisch linken Talseite mit der 2680 Meter hohen Hornspitze und der 2758 Meter messenden Gamskarspitze im nördlichen Talhintergrund zeigen mit eng geschieferten Phylliten die charakteristischen scharf zugeschnittenen Bergkämme mit darunter liegenden steilen und grasigen Flanken.

Aufschlüsse direkt am Wegesrand werden wir im Weitental vergebens suchen – allenfalls in Bachanrissen finden sich Glimmerschiefer und Phyllite der Bündnerschiefer-Serie.

Der Steig vom Tuxer Joch kürzt weit ausholende Kurven der Fahrstraße ab und trifft oberhalb einer tief in den Hang geduckten Almhütte wieder auf sie und folgt ihr ein paar hundert Meter. Noch vor Erreichen der Hütte zweigen wir rechts ab und wandern in nordwestlicher Richtung dem Ausgang des Tals entgegen. Hier, nahe der begrenzenden Karschwelle, können wir in wenigen
Minuten zu einem kleinen Wasserfall ansteigen, 115
dessen Bach im steilen Hochkar unter Gamskarspitze und Gschützspitze entspringt und über fein nordfallend geschieferte Bündnerschiefer sowie "Bunte Phyllite" zu Tal fällt.

So "weit" das Weitental bislang gewesen sein mag, gegen Osten verjüngt es sich zusehend und bricht am "Gang" unterhalb der Wandspitze mit einem steilen Felsabbruch ins Tuxertal ab. Bereits von hier, dem Kopf der felsigen Karschwelle am Ende des Weitentals, erkennen wir das letzte
Etappenziel unserer Exkursion, den Schleierfall. 116

Der Steig beginnt zunächst mit einer Querung in einen steilen grasigen Hang und überwindet den Felsabbruch mit mächtigen Bündnerschiefersequenzen in teilweise eingesprengten Spitzkehren – besonders ausgesetzte
117 Passagen sind sowohl tal- als auch bergwärts mit Draht-Fixseilen entschärft.

So endet diese erdgeschichtliche Hochgebirgs-Unternehmung so, wie sie angefangen hat – mit einem
118 Wasserfall! Der stark gischtende und stets herrlich kühle Schleierfall mit seinem großen Fallbecken bietet einen würdigen Abschluss, wenngleich von hier auf 1850 Meter Höhe bis nach Hintertux noch knappe 350 Abstiegshöhenmeter abzuleisten sind.

Abb. 116. Tiefblick vom Kopf der Karschwelle zwischen Weitental und Tuxertal – der Schleierfall mit einer Fallhöhe von etwa 40 Metern ist bereits sichtbar. Den Hintergrund dominieren Hoher Riffler und Gefrorene-Wand-Spitzen.

Abb. 117. Gut versicherte Steigpassage am Beginn des felsigen Abbruchs hinab zum Schleierfall in mächtigen Bündnerschiefersequenzen.

Abb. 118. Der Schleierfall.

11 Das Finale: Abstieg nach Hintertux

Vom Kessel des Schleierfalls bleiben wir am Steig, der in zahlreichen engen Spitzkehren und zuletzt eine Weide querend hinaus zum bereits sichtbaren Fahrweg führt. Diesen überqueren wir nur, denn talwärts beginnt der Steig, der uns – zuletzt durch einen schönen Lärchenwald – hinab zum Ausgangspunkt der langen "Hintertuxer Runde" bringt.

Weiterführende Literatur

BRANDNER, R., F. REITER & A. TÖCHTERLE (2008b): Hochmetamorphe Keuperfazies ("Aigerbach-Formation") und unterjurassische Kontinentalrandfazies ("Kaserer-Formation"), zwei Schlüssellithologien bei der Erkundung des Brenner-Basistunnels. – Abstract Pangeo Wien, 2008: S. 14, Wien.

HÖCK, V. (1969): Zur Geologie des Gebietes zwischen Tuxer Joch und Olperer (Zillertal, Tirol). – Jahrbuch der Geologischen Bundesanstalt, 112: 153–195, Wien.

HORNUNG, T. & J. ZASADNI (2023): Geologische Karte des Hochgebirgs-Naturparkes Zillertal, der Gemeinden Tux, Finkenberg und Brandberg, Maßstab 1:25 000, 3 Kartenblätter, Hochgebirgs-Naturpark Zillertaler Alpen, Ginzling.

LAMMERER, B. (1997): Geologie der Zillertaler Alpen: die Architektur einer Schatzkammer. – In: Weise, C (Hrsg.): Das Zillertal: Tal der Gründe und Kristalle. – extraLapis, 12: 4–11, München.

LEDOUX, H. (1984): Paläogeographie und tektonische Entwicklung im Penninikum des Tauern-Nordwestrandes im oberen Tuxertal. – Jahrbuch der Geologischen Bundesanstalt, 126: 359–368, Wien.

THIELE, O. (1970): Zur Stratigraphie und Tektonik der Schieferhülle der westlichen Hohen Tauern. – Verhandlungen der geologischen Bundesanstalt, 1970 (2): 230–244, Wien.

THIELE, O. (1974): Tektonische Gliederung der Tauernschieferhülle zwischen Krimml und Mayrhofen. – Jahrbuch der Geologischen Bundesanstalt, 117: 55–74, Wien.

VESELÁ, P., B. LAMMERER, A. WETZEL, F. SÖLLNER & A. GERDES (2008): Post-Variscan to Early Alpine sedimentary basins in the Tauern Window (eastern Alps). – In: SIEGESMUND, S., B. FÜGENSCHUH & N. FROITZHEIM (Ed.): Tectonic Aspects of the Alpine Dinaride-Carpathian System. – Geological Society, Special Publications, 298: 83–100, London.

VESELÁ, P., F. SÖLLNER, F. FINGER & A. GERDES (2011): Magmatosedimentary Carboniferous to Jurassic evolution of the western Tauern Window, Eastern Alps (constraints from U-Pb zircon dating and geochemistry). International Journal of Earth Sciences, 100: 993–1027.

M Auf Drahtesel und Schusters Rappen in die verrückte Welt des Tarntaler Mesozoikums: Vom Geislanger zur Vallruckalm und auf das Dreigestirn Hippoldspitze, Eiskarspitze und Torspitze

Wegstrecke: Parkplatz Geislanger (1600 m) – Geislanger – Habalm – Vallruckalm (2132 m) – Hippoldspitze (2642 m) – Eiskarspitze (2611 m) – Eiskarjoch – Torspitze (2663 m) – Eiskarsee – Vallruckalm – Parkplatz Geislanger.

Geologie: Bunte Phyllite der Bündnerschiefer-Serie innerhalb der penninischen Glockner-Decke – Innsbrucker Quarzphyllite und rote Ankerite der Innsbrucker-Quarzphyllit-Decke (Oberostalpin) – Typlokalität der Hippold-Decke (Unterostalpin) – unterschiedliche mesozoische Metasedimentgesteine am Grat zur Eiskarspitze und zum Eiskarjoch – Quarzphyllite an der Torspitze.

Kombinierte Mountainbike- und Wanderunternehmung (ca. 8 Stunden, insgesamt etwa 1200 Meter Höhenunterschied mit Aufstieg und Zwischenanstiegen). Aufgrund der langen Wegstrecke sollte man bis zur Vallruckalm mit dem Mountain- oder E-Bike über breit ausgebaute Forstwege auffahren. Von Vorderlanersbach ist die Fahrt mit dem PKW auf der schmalen asphaltierten Straße bis zum Parkplatz unter dem Geislanger auf circa 1600 Meter Höhe möglich – damit spart man sich um die 350 Höhenmeter und eine knappe Dreiviertelstunde Plackerei. Alternativ kann man mit dem Wandertaxi von Tux-Lanersbach bis zur Habalm oder Vallruckalm hinauffahren (telefonisch reservierbar unter der 0043/664/4260106, Abfahrt jeweils montags und mittwochs am Tux-Center in Tux-Lanersbach um 09:15 Uhr, auf Anfrage auch früher). Die knapp fünf- bis sechsstündige Rundtour von der Vallruckalm zu den Gipfeln von Hippoldspitze zur Torspitze läuft auf gut markierten, aber schmalen und steinigen Bergpfaden, weswegen gutes Schuhwerk angeraten ist. Die etwas luftige

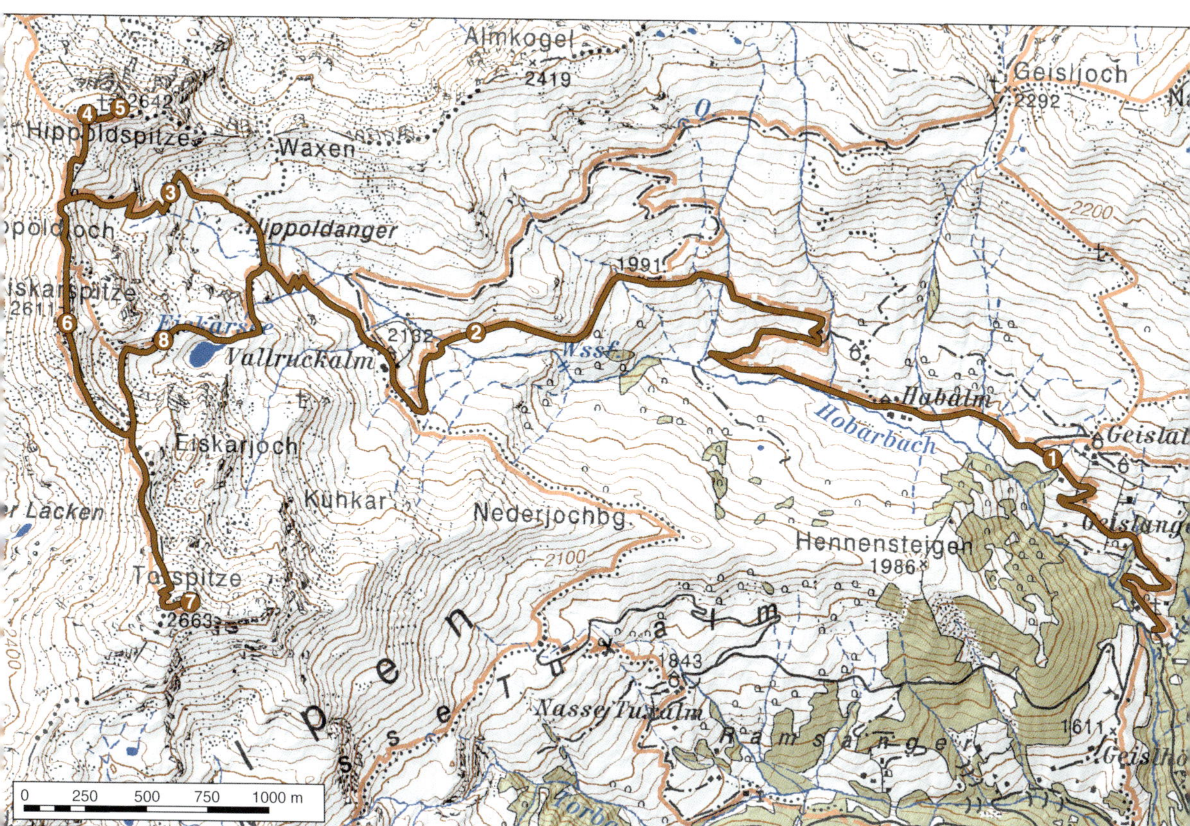

Abb. 119. Übersichtskarte der Exkursion M – Hippoldspitze (Geodatenbasis: BEV Österreich).

Gratüberschreitung von der Hippoldspitze über die Eiskarspitze ins Eiskarjoch sollte nur von trittsicheren und einigermaßen schwindelfreien Zeitgenossen, die Tour insgesamt ausschließlich bei stabilem, gewitterfreiem Bergwetter unternommen werden. Beste Jahreszeit ist Mitte Juni bis Oktober.

Wichtig: Da Teile der Exkursionsroute durch das Gebiet des militärisch genutzten Truppenübungsplatzes "Lizum/Walchen" führen, sind vor Antritt der Wanderung unter dem Link https://www.wattenberg.tirol.gv.at/truppenuebungsplatz oder den Telefonnummern 0043/50201/6442010 sowie 0043/664/6225428 Informationen einzuholen, ob es aktuelle Sperrzeiten gibt, während derer das Gelände nicht betreten werden darf.

❶ Geogene Dynamik pur: Mit dem Fahrrad ins Hobartal

Die Fahrstraße von Vorderlanersbach über die kleine Bergsiedlung Schöneben bis unter den Geislanger wurde im Jahr 2021 teilweise frisch asphaltiert und kann gut mit dem PKW befahren werden. Da es sich um eine schmale, teilweise einspurige Straße handelt, ist besonders in den Morgenstunden mit Berufs-Gegenverkehr zu rechnen.

Der Parkplatz unter dem Geislanger liegt auf knapp 1600 Meter Höhe und hat ausreichend Platz – ab hier besteht Fahrverbot, wenngleich die Straße zunächst geteert bleibt. Zählt man zu den Glücklichen und nennt ein E-Bike sein Eigen, sind die ersten knapp 200 Höhenmeter bis zur Habalm ein wahrer Genuss.

Hin und wieder gilt es jedoch aufzupassen, denn in der Asphaltdecke tun sich an mehreren Stellen zentimeterbreite Risse sowie vertikale Versätze von bis zu 10 Zentimetern auf – ein Hinweis, dass der Untergrund in Bewegung ist. Erst im Blick auf das digitale Geländemodell wird deutlich, dass der gesamte Hang vom Parkplatz über den Geislanger und die Habalm hinaus auf der orographisch
121a linken Talflanke tiefgründlig in Bewegung ist – oberflächlich aufgelöst in kleinere, gegeneinander

Abb. 120. Geologische Karte der Exkursion Ⓜ – Hippoldspitze (Auszug aus HORNUNG & ZASADNI 2023; Geodatenbasis: BEV Österreich), Legende siehe Seiten 19–21.

Abb. 121. a, Erst die Schummerungskarte aus dem digitalen Geländemodell zeigt die den orographisch linken Hang (= Nordhang) des Hobartals im Bereich Habalm und Geislalm überziehende, großflächige, tiefgründige Rutschung (»Talzuschub«). Das weiße Rechteck kennzeichnet die schadhaften Straßenpassagen in Foto b. b, Oberflächlich im Gelände kaum wahrzunehmen, löst sich die aktive Rutschung dennoch in kleine Teilschollen auf – die starre Asphaltdecke zeigt auf mehreren hundert Metern Länge immer wieder größere Risse sowie lokale Setzungen (rote Pfeile).

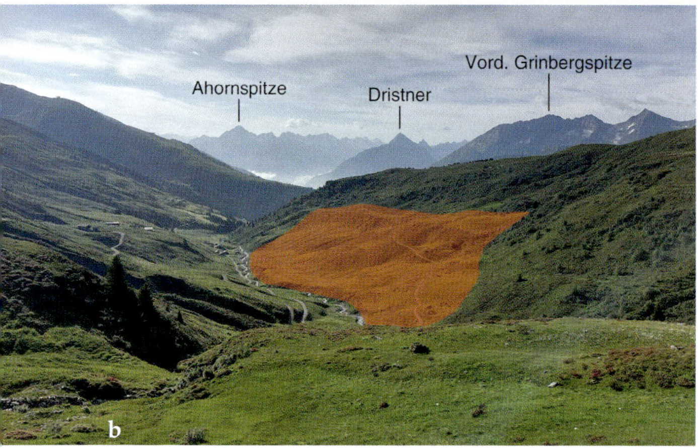

Abb. 122. a, Oberhalb des Geislangers öffnet sich der Blick hinein ins Hobartal mit den Gipfeln Torspitze, Eiskarspitze und Hippoldspitze, die im Zuge der Exkursion erstiegen werden können. Der Heustadel im Vordergrund steht übrigens auf der Stirn einer kleineren Rutschmasse – an der Straße oberhalb befinden sich die in Abbildung 121b gezeigten Risse in der Straße. b, Rückblick vom inneren Hobartal zurück gegen das Tuxertal. Im Hintergrund erkennt man Ahornspitze (Exkursion A), Dristner sowie Vordere Grinbergspitze (Exkursion D, beide beschrieben im Vorgängerband 43). Interessant: Auch der orographisch rechte Talhang wird von einer kleineren Rutschung eingenommen (transparent rot eingefärbt).

rotierende, listrische Teilschollen (vgl. mit Abb. 196, S. 177). Die Anrissbereiche liegen nahe am Kamm unter dem 2292 Meter hohen Geisljoch sowie dem danebengelegenen breiten Rücken des Nafingjoches (siehe auch Exkursion P). Insbesondere dessen südostexponierter Hang ist von zahlreichen Zerrspalten und listrischen Brüchen durchzogen, die oberflächlich als Nackentälchen in Erscheinung treten. Die auslösenden Mechanismen für die großflächige Rutschung könnten in einem Zusammenspiel zwischen dem Trennflächengefüge des hier nur geringmächtigen oberostalpinen Innsbrucker Quarzphyllits des Silvretta-Seckau-Deckensystems und den verhältnismäßig weichen bunten Phylliten der Bündnerschiefer der Glockner-Decke darunter liegen: Die starren Blöcke aus Quarzphylliten können gar nicht anders, als auf ihrer weichen Unterlage gravitativ talwärts zu gleiten. Die Bewegungen setzen sich auf die Bündnerschiefer-Serie fort, denn auch am uns gegenüberliegenden Hang unter den Hennensteigen finden sich zwei kleinere, aber ebenso tiefgründige Rutschkörper (vgl. mit Abb. 225, S. 204).

Dass die Bewegungen hochaktiv sind,
beweist die teilweise in Mitleidenschaft 121b
gezogene Asphaltdecke, die bereits an mehreren Stellen geflickt wurde. Bei genauerem Hinsehen finden sich terrassenartige Verebnungen einzelner 122c
Rutschkörper, auf denen hin und wieder Heustadel stehen.

In diesem Bereich der Anfahrt öffnet sich erstmals der Blick hinein ins breit angelegte Hobartal mit den drei Gipfeln von Torspitze links, der Eiskarspitze in der Mitte sowie der Hippoldspitze rechts. Darunter liegt die Vallruckalm.

> Nach den ersten Spitzkehren folgen wir der bald geschotterten Fahrstraße in angenehmer Steigung, teilweise sogar leicht fallend bis zur Habalm, einer Ansammlung mehrerer Almhütten. Der weitere Straßenverlauf folgt dem Hobarbach bis knapp vor eine Geländestufe, deren Anhöhe mit zwei Spitzkehren überwunden wird. Hier haben wir einen schönen Rückblick das Tal hinab und auf das bislang Geleistete.

Auf der Route bis hierher sind Aufschlüsse Mangelware – immer noch bewegen wir uns im Bereich des großflächigen Talzuschubes. Beim Rückblick aus etwa 2000 Meter Höhe erkennen wir eine etwas
122b kleinere, aber immer noch stattliche Rutschung auf der orographisch rechten Talflanke oberhalb der

Habalmen. Abermals fallen terrassenartige Verebnungen sowie eine steile Stirn der Rutschung auf, die durch den Hobarbach erosiv angeschnitten wurde und steil zum Bachbett abfällt. Eines sollte auf der bislang bewältigten Wegstrecke klar geworden sein: Im Hobartal ist so ziemlich alles in Bewegung – sozusagen geogene Dynamik pur (siehe auch Exkursion P).

2 Tektonisches so ganz nebenbei: Auf dem Weg zur Vallruckalm

Auf 2000 Meter Höhe hat besagter Aufschlussmangel ein Ende. Wir erkennen unterhalb der Fahrstraße einen vorspringenden Geländerücken mit auffallend braunrot gefärbtem Gestein: Es
123 handelt sich um einen Ankerit oder Eisendolomit, der nach ROCKENSCHAUB et al. (2003b) beinahe ausschließlich im südlichen Abschnitt der Innsbrucker-Quarzphyllit-Decke und dort eher in ihren stratigraphisch hangenden Bereichen auftritt. Diesen Gesteinen werden wir wenig später nochmals begegnen. Dort können wir auch auf Tuchfühlung gehen – hier ist das Gelände unterhalb der Fahrstraße zu steil und zu stark verwachsen.

Direkt über den Ankeriten und weiter taleinwärts stehen entlang der Fahrstraße stark verfaltete Phyllite an, die – teils schwarz, teils hellgrau gefärbt – zur Bündnerschiefer-Serie der Glockner-Decke gerechnet werden. Wir befinden uns an dieser Stelle sehr nahe an der Grenze zwischen Penninikum und Oberostalpin. Tatsächlich stellen die von Bündnerschiefern "umschwommenen" Ankerite eine kleine oberostalpine Deckenklippe über penninischen Einheiten dar – die eigentliche Deckengrenze verläuft nur wenig oberhalb der Straße.

Ein guter Aufschluss liegt am Karten-Messpunkt P. 1991 m nahe einer kleinen Bachrunse unmittelbar bergseitig der Straße und knapp bergwärts des Abzweigungspunktes von Exkursion P. An dieser Stelle sind glimmerreiche, eher helle
24a Phyllite der Bündnerschiefer-Serie erschlossen. Bei genauerem Hinsehen erkennt man enge Isoklinal- und Kofferfalten mit unterschiedlichen Amplituden von wenigen Dezimetern bis zu einem Meter sowie Abständen der Faltenschenkel von nur wenigen Dezimetern ("Falten 1. Ordnung"). Dabei fällt auf, dass selbst die Schenkelflächen
24b sekundär im Zentimeterbereich parasitär verfaltet sind ("Falten 2. Ordnung").

Abb. 123. Braunrötlich anwitternde Ankerite knapp unterhalb der Fahrstraße auf etwa 1980 Meter Höhe kennzeichnen eine kleine Klippe der oberostalpinen Innsbrucker-Quarzphyllit-Decke inmitten von penninischen Bündnerschiefern, die unmittelbar oberhalb und etwas weiter taleinwärts an der Fahrstraße anstehen (siehe auch Abb. 124).

Abb. 124. a, Stark verfaltete hellgraue, glimmerreiche bunte Phyllite der Bündnerschiefer-Serie (Glockner-Decke) stehen entlang der Fahrstraße in einem kleinen Bacheinschnitt am P. 1991 m an – unmittelbar über diesem Aufschluss verläuft die tektonische Grenze zur überlagernden Innsbrucker-Quarzphyllit-Decke. b, Das Detailfoto offenbart die extrem starke, teilweise parasitäre Verfaltung (mit gelb strichlierter Linie akzentuiert). c, Ein Bacheinschnitt auf 2060 Meter Höhe unterhalb der Vallruckalm zeigt schwarzgrau gebänderte, ebenfalls verfaltete Kalkphyllite der Bündnerschiefer-Serie.

Nach dem Aufschluss queren wir einen Moränenhang in südlicher Richtung und biegen kurz darauf wieder gegen Westen ab – das letzte Stück Fahrstraße unter der Vallruckalm steht an.

Ein Bacheinschnitt etwa 70 Höhenmeter unter der Almhütte erschließt dunkle, schwarzgrau gebänderte
124c und ebenfalls stark verfaltete Kalkphyllite, die gleichfalls der Bündnerschiefer-Serie angehören. Hier stehen sie nur im Bacheinschnitt an, sowie auf der Anhöhe, auf der die Vallruckalm erbaut wurde – ringsherum finden sich ausgedehnte spätwürmzeitliche Moränenfelder aus dem Egesen-Stadial.

Abb. 125. Die Vallruckalm liegt auf 2132 Meter Höhe (siehe gelber Pfeil) und zählt zu den höchstgelegenen bewirtschafteten Almen des Tuxertals. Sie liegt aussichtsreich erbaut auf Kalkphylliten der Bündnerschiefer, umgeben von mächtigen egesenzeitlichen Moränenablagerungen samt einiger größerer erratischer Blöcke (links und in der Bildmitte). Der Bergzug links im Bild gehört zum Rastkogel, welcher über die Wanglspitze am linken Bildrand zum Penken absinkt und von Exkursion Ⓞ überschritten wird. Über dem Hochnebel nahe der Vereinigung von Zillertal und Tuxertal liegt die Ahornspitze (Exkursion Ⓐ in Band 43) und der sich anschließende, nach Süden (rechts) strebende Ahornkamm. Den dunstigen Hintergrund links nimmt die Reichenspitzgruppe ein.

Die Vallruckalm – mit 2123 Meter Höhe eine der höchstgelegenen Almhütten des Tuxertals – liegt 125
unmittelbar unter dem Dreigestirn Hippoldspitze–Eiskarspitze–Torspitze, geduckt in den flachen Hang gebaut und mit schöner Aussicht gegen Wanglspitze und Rastkogel (Exkursion Ⓞ). Dristner, Ahornspitze und die Reichenspitzgruppe dominieren den Hintergrund. Darunter liegt – beinahe zur Gänze offen ausgebreitet – das Hobartal. Die Alm ist aufgrund ihrer Höhenlage erst ab Ende Juni bewirtschaftet. Da wir talwärts hier wieder vorbeikommen, sollte das ein geeigneter Stützpunkt zur Stärkung sein. Die Räder bitte so abstellen, dass sich keiner – Mensch oder Vieh – gestört fühlt.

③ Alles verquer, Vol. 1: Auf die hellen Kalkklippen der Hippoldspitze

Von nun an heißt es, auf die Annehmlichkeiten des Fahrrades zu verzichten und auf "Schusters Rappen" weiterzuziehen. Der Steig zur Hippoldspitze beginnt direkt an der Vallruckalm (Wegweiser beachten!) und verläuft über Almmatten mit einigen größeren erratischen Blöcken zunächst recht flach in nordwestliche Richtung – und damit direkt auf die zerborstenen, auffallend hellen Gipfelfelsen der Hippoldspitze zu.

Bevor wir uns diesem Berg und seiner ganz speziellen Geologie widmen, überqueren wir – allerdings, ohne es zu sehen – abermals die Grenze zwischen penninischen Bündnerschiefern (Glockner-Decke) und der oberostalpinen Innsbrucker-Quarzphyllit-Decke. Nach Querung eines Hangschuttfeldes
und einer kleinen Mure sehen wir direkt vor uns eine auffallende Felskuppe aus rötlichbraunem 126a
Ankerit. Der Aufschluss ist dieses Mal ohne jede Schwierigkeit vom Steig aus erreichbar, da sich die grasigen Hänge auf Kuhstiegen relativ einfach queren lassen. Man sollte nur aufpassen, nicht zu tief abzusteigen, da das Gelände dort unangenehm steil und aufgrund austretenden Hangwassers mitunter auch rutschig wird.

Abb. 126. a, Ankerit steht oberhalb der Vallruckalm an einer markanten Felskuppe an, die leicht vom Steig aus erreichbar ist – die braunrötliche bis rötliche Färbung des Gesteins steht in auffallendem Kontrast zu den hellen Kalk- und Quarzitklippen der im Hintergrund stehenden Hippoldspitze. b, Bei der näheren Inaugenscheinnahme der Felszinne fallen an der Basis dünnbankige, stärker verfaltete Sequenzen auf, die nach oben hin massiger werden. c, Die Oberfläche des Ankerits zeigt im Detail zahlreiche geschlossene Klüfte und Risse, in denen grobspätiger, weißer Kalzit auskristallisieren konnte.

Der hier anstehende Ankerit oder Eisendolomit bildet ein recht feinkörniges Gestein von rötlicher
126c bis gelblichrötlicher oder auch rotgrauer Färbung. Die Oberfläche ist von zahlreichen Rissen und
feinen Klüften überzogen, von denen nicht wenige mit grobspätigem Kalzit (Sparit) verheilt sind. An
126b der Felszinne lassen sich bei genauerem Hinsehen besonders im unteren Bereich verfaltete Abfolgen
erkennen, die nach oben immer massiger, das heißt schlechter gebankt werden.

Abb. 127. a, Sturzblock aus Lantschfeld-Quarzit – herausgebrochen aus der Südflanke der über dem Hippoldanger aufragenden Hippoldspitze. b, Das Detailfoto lässt den stark geschieferten Habitus mit viel Quarz deutlich hervortreten.

Von der Felskuppe müssen wir ziemlich geradeaus den Hang ansteigen und erreichen nach wenigen Minuten den Steig, der uns in einigen Kehren zur flachen Hochebene des Hippoldangers bringt.

Kurz vor dem Ausstieg sowie an der ostseitigen Begrenzung des Kares stehen Innsbrucker Quarzphyllite an. Im Gegensatz zum Ankerit sind sie von weißlichgrauer bis grauer Färbung, innig und fein geschiefert sowie verfaltet und brüchig spröd. Die kleine, nur meterhohe Felswand sowie einige überschliffene Bereiche am Rand des Hippoldangers bieten die einzigen Möglichkeiten, die Innsbrucker Quarzphyllite im Anstieg zur Hippoldspitze unmittelbar im Anstehenden zu sehen.
Die am Nordrand des Hippoldangers liegenden Sturzblöcke bestehen aus Quarziten, die aus der 127
über uns aufragenden Südflanke der Hippoldspitze gebrochen und somit Teil der unterostalpinen Hippold-Decke sind. Sie wurden von einem kleinen eiszeitlichen Lokalgletscher an ihre heutige Position transportiert. Es handelt sich um einen grüngrauen, sehr feinen "Lantschfeld-Quarzit", den wir im Gipfelanstieg zur Hippoldspitze wiedersehen werden. Benannt sind die Gesteine nach ihrer Typlokalität im Lantschfeldtal in den Niederen Tauern (östliches Tauernfenster).

Am Hippoldanger beginnt der Truppenübungsplatz Lizum/Walchen – entsprechende Hinweisschilder sind unbedingt zu beachten!

Der flache Hippoldanger auf etwa 2240 Meter Höhe war ursprünglich eine Art kleines Gletscherzungenbecken des würmzeitlichen Spätglazials (Egesen-Stadial). Heute mit Murschuttsedimenten weitgehend zu einem Hochplateau aufgefüllt, gedeihen hier bis in den Juli hinein feuchtliebende seltene Pflanzen wie Wollgras und zahlreiche Küchenschellen. Die Fläche wird nach oben von einer weiteren, jüngeren Generation gut erhaltener Endmoränenwälle aus dem Egesen-Stadial eingerahmt; nochmals darüber erheben sich die Gipfel von Hippold- und Eiskarspitze. Den Hippoldanger querend überschreiten wir – abermals ohne geeignete Aufschlüsse – die Grenze von der Innsbrucker-Quarzphyllit- zur Hippold-Decke, gleichbedeutend mit der Grenze von Ober- zu Unterostalpin. 128

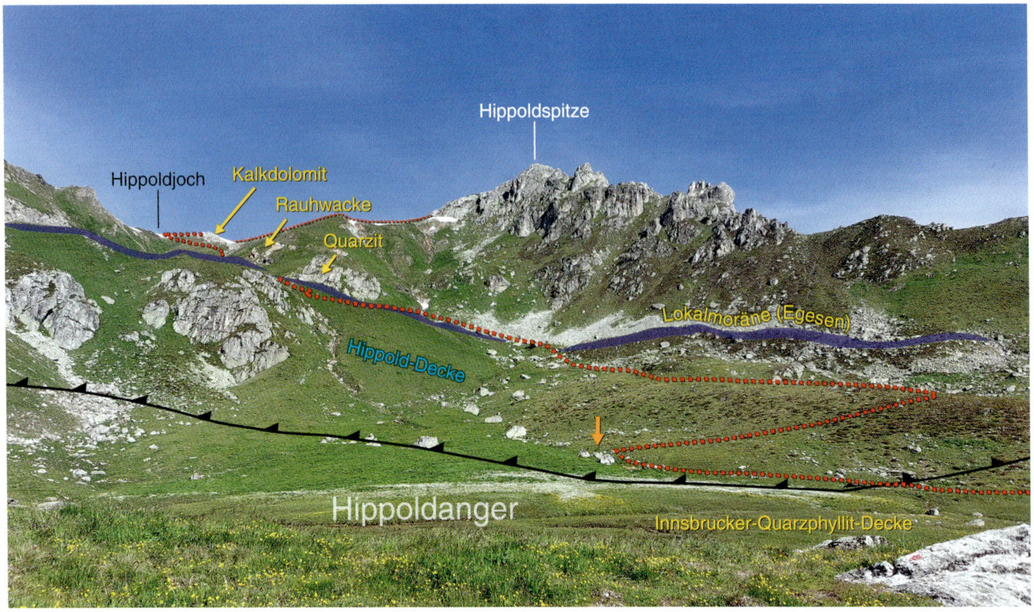

Abb. 128. *Blick vom Hippoldanger zur Hippoldspitze: Die Deckengrenze zwischen Oberostalpin (Innsbrucker-Quarzphyllit-Decke) zu Unterostalpin (Hippold-Decke) verläuft quer über die beinahe ebene Fläche. Die schroffen, massig wirkenden Gesteine links über dem Hippoldanger sowie die Gipfelfelsen der Hippoldspitze bestehen aus untertriassischen Lantschfeld-Quarziten. Darüber lagern braunrote, sandig zerfallende, tief mitteltriassische Rauwacken sowie helle Kalkdolomite und Kalkmarmore. Zur besseren Übersicht ist der Anstieg rot punktiert, die Moränenwälle egesenzeitlicher Gletscherhalte, die den Hippoldanger umrahmen, sind dunkelblau transparent hervorgehoben.*

Der Steig führt zunächst auf der Nordseite des Hippoldangers sanft ansteigend empor und erreicht mit weit ausholenden Kehren einen geröllerfüllten Durchlass zwischen zwei Moränenwällen. In einem weiteren kurzen Anstieg erreichen wir das kleine Kar hinter den höchsten Moränenwällen und haben von dort aus einen freien Blick auf Hippoldspitze, Hippoldjoch und die links davon gelegene Eiskarspitze (Standort auf circa 2400 m Höhe).

Die grauen, massigen Felsen rechts von uns werden von untertriassischem, auffallend grünlich gefärbtem Lantschfeld-Quarzit der Hippold-Decke gebildet und könnten dem Alpinen Buntsandstein der Nördlichen Kalkalpen sowie des germanischen Faziesbereichs Süddeutschlands entsprechen.
129a Darüber lagern – in ihrer ursprünglichen stratigraphischen Position – löchrig-bröselige, gelblich- bis
129b rotbraune Rauwacken, die der Steig nach einer steilen Kehre erreicht.

Sieht man die unterlagernden Quarzite als Äquivalente des Alpinen Buntsandsteins an, dürften diese Rauwacken ihrer stratigraphischen Position nach wohl metamorph alterierter, unter- bis früh
129c mitteltriassischer Reichenhall-Formation entsprechen. Sie zeigen eine verfestigte, sandige Matrix, die bisweilen Quarzit- und Phyllit-Komponenten als Zeichen aufgearbeiteten Untergrunds enthal-
129d ten kann. Teilweise treten auch geringmächtige Lagen von dunkelgrauen Dolomitmarmoren sowie
129e bröseligen Dolomit-Kalk-Brekzien mit rauer Oberfläche auf. Die Rauwacke verwittert relativ schnell
129f zu sandigem Grus, der ein paar Meter bergaufwärts eine kleine Runse füllt.

Vor dem Weiterstieg zum Hippoldjoch lohnt ein Blick nach links (Süden) gegen die felsig-schroffige Ostflanke der Eiskarspitze, die von Gesteinen der Hippold-Decke eingenommen wird. Im mittleren Flankenbereich liegt eine Wand mit auffallend hellgrauen Gesteinen. Hierbei handelt
130 es sich um eine größere Scholle mit geringmetamorphem Hauptdolomit. Auch auf der momentan von uns abgewandten Westseite des Berges befindet sich eine ähnlich dimensionierte Scholle aus Hauptdolomit.

Abb. 129. a, Die Grenze zwischen untertriassischen Lantschfeld-Quarziten und den stratigraphisch darüber liegenden »Reichenhaller« Rauwacken ist am Anstieg zum Hippoldjoch auf circa 2430 Meter Höhe erschlossen. b, Detail des zellig-porösen Typgesteins der Rauwacke. c, Etwas angewittert präsentiert sich eine sandig-bröselige Matrix. d, Teilweise können dunkle, absandende Dolomitmarmore sowie e, heterogene Dolomitbrekzien enthalten sein. f, Die Rauwacke unter dem Hippoldjoch verwittert relativ schnell zu erdig-sandigem, ockerbraunem Grus.

Abb. 130. In der Ostflanke der Eiskarspitze liegt inmitten der Hippold-Decke eine riesige, mehrere hundert Meter messende, obertriassische Hauptdolomitscholle.

Die letzten Meter zum 2520 Meter hoch gelegenen Hippoldjoch führt der Steig über grasige Hänge. Oben am Übergang geht der Blick hinab in die Wattener Lizum, die zur Gänze bis zum gegenüberliegenden Kamm vom Militär-Übungsgebiet eingenommen wird. Eine gelbe Hinweistafel am Hippoldjoch erinnert nochmals an diese Tatsache. Nicht vergessen: In diesen Bereichen wird mitunter auch mal scharf geschossen!

Abb. 131. Der Anstieg vom Hippoldjoch zur Hippoldspitze verläuft auf einem mäßig steil ansteigenden, abgerundeten Geländerücken. Die hellen Gesteine im Vordergrund sind die in Abbildung 132a gezeigten, vermutlich mitteltriassischen Dolomitmarmore (»?Virgloria-Formation«). Das gelbe Oval kennzeichnet die Position des in Abbildung 132b gezeigten Aufschlusses. Die grauen Felsen, die nach rechts den höchsten Punkt des Berges bilden, sind dieselben untertriassischen Lantschfeld-Quarzite, die bereits im Anstieg zum Hippoldjoch genannt wurden. Das rote Oval kennzeichnet die in Abbildung 133a gezeigte Position.

Abb. 132. a, Steilstehende Dolomitmarmore vermutlich mitteltriassischen Alters («?Virgloria-Formation«) stehen im unteren Abschnitt des Hippold-Rückens an. b, c, Steilstehende Dolomitmarmore mit zwischengeschalteten, sandig-brösligen, leuchtend ockerfarbenen Rauwacken im mittleren Teil des Anstieges zur Hippoldspitze (»?Arlberg- und Raibl-Formation«).

Wenden wir uns wieder der Geologie zu: Der Steig zur Hippoldspitze führt auf dem breiten Grat- 131
rücken mäßig steil ansteigend in die Höhe. Waren die letzten Meter zur Scharte noch eher aufschlussarm, tritt in diesem Bereich das stratigraphisch Hangende der untertriassischen Rauwacken zutage:
plattige Dolomit- und Kalkmarmore, sehr steil bis beinahe senkrecht nach Nordwesten einfallend. 132a
Dass diese nur eine geringe Metamorphose erfahren haben, erkennt man daran, dass sedimentäre Gefüge wie Schichtung, interne Brekziierung und ursprüngliche Klüftung erhalten geblieben sind. Geht man davon aus, dass auch sie an ihrer ursprünglichen stratigraphischen Position liegen, sollten die Ausgangsgesteine der hellen Kalkmarmore der mitteltriassischen Virgloria-Formation entsprechen (MADRITSCH 2004).

Abb. 133. a, Die Grenze von Lantschfeld-Quarzit (hellgrau, rechts) zu rostbraun anwitternden Dolomit-Marmor-Brekzien samt Rauwackenschollen ist knapp unter der Hippoldspitze erschlossen. Die in der Gipfelregion ausbeißende Brekzie zeigt b, ein Schollenmosaik unterschiedlicher, teilweise laminierter Kalk- und Dolomitmarmore sowie c, eine regellose, schlecht sortierte Brekzie mit Kalkmarmor-, Dolomitmarmor- und Rauwacken-Komponenten.

Etwas weiter bergwärts treffen wir auf
ebenfalls steilstehende Dolomitmarmo- 132b
re, jedoch mit zwischengeschalteten
Horizonten leuchtend ockerfarbener
Rauwacke, die zu einem erdig-sandigen
Grus verwittert. Die Dolomitmarmore könnten der mittel- bis obertriassischen Arlberg-Formation der Westlichen
Nördlichen Kalkalpen (Wetterstein-
Formation der zentralen Nördlichen
Kalkalpen) entsprechen, die Rauwacken 132c
der terrigen geprägten, obertriassischen
Raibl-Formation (vgl. MADRITSCH 2004).
Über diesem Aufschluss, der zusam-
menfassend bis hier eine fast komplette
stratigraphische Folge vom Oberen Perm
bis in die basale Obere Trias dokumen-
tiert, wird es komplex: Knapp unter
dem Gipfel stoßen wir an einer felsigen
Steilstufe erneut auf die zuvor genannten
permotriassischen Lantschfeld-Quarzite, 133a
die scharf und höchstwahrscheinlich
störungsbedingt an eisenschüssige und
deswegen braun anwitternde, mehr oder
minder stark brekziierte Kalkmarmore
und Kalkbrekzien angrenzen. So finden
wir auf den letzten Metern zum Hippoldgipfel kleinere und größere Platten mit
einer Art Schollenmosaik von laminier- 133b
ten Kalk- und Dolomitmarmoren, teilweise auch Reste von Rauwacken sowie
Lesesteine einer hoffnungslos zerhackten 133c
und unsortierten Brekzie mit millimeter-
bis dezimetergroßen Kalk- und Dolomit-
klasten, die in einer sandigen Dolomit-
matrix schwimmen. Diese ähneln der in
ENZENBERG (1967) beschriebenen Tarntaler Brekzie (siehe auch Exkursion N).

Die Brekzie umfasst beinahe die gesamte 134a
Gipfelkuppe mit dem Gipfelkreuz – den
eigentlich höchsten Punkt des Berges
bilden permotriassische Lantschfeld-
Quarzite, die eine von Nord nach Süd
verlaufende, größere Störung von der
hier erschlossenen Brekzie trennt.

> Das Vermessungszeichen am höchsten Punkt ist in wenigen Minuten über einen felsigen Steig vom Gipfelkreuz erreichbar: Zunächst wieder leicht absteigend, hält man sich am besten etwas rechts nahe der Abbruchkante zum Hippoldanger. Hier führen Steigspuren über felsige Schrofen ganz nach oben.

Abb. 134. a, Die Grenze zwischen dem aufgrund seiner Härte erhaben erodierten permomesozoischen Lantschfeld-Quarzit, aus dem der eigentlich höchste Punkt der Hippoldspitze aufgebaut ist, und der Brekzie, die den abgerundeten, erdigen Hügel des Vordergrundes bildet, ist messerscharf und wird durch eine von Nord nach Süd (also quer zum Bild) verlaufende Störung gebildet. b, Die Quarzite selbst verwittern tafelbankig, wobei die Schieferung hier mit etwa 20° eher flach nach Süden einfällt.

Die Lantschfeld-Quarzite rund um das Vermessungszeichen sind tafelbankig und verwittern zu großen, tischförmigen Blöcken. Das bedingt das Trennflächensystem, eine eher flach nach Süden einfallende Schieferung und eine mehr oder minder senkrecht darauf stehende, dominante Klüftung. Im frischen Anschlag mit dem Hammer zeigen sie – sofern man kräftig genug ist, ein größeres Stück abzuschlagen (Vorsicht, Splittergefahr) – eine graue Färbung mit einem leichten Grünstich. *134b*

4 Alles verquer, Vol. 2: Die regionale Geologie rund um die Hippoldspitze

Unter dem Gipfelkreuz der Hippoldspitze lässt es sich hervorragend sitzen und die Aussicht auf
135 die Tuxer Alpen genießen. Den Blick nach Osten hinab ins Hobartal, zur Vallruckalm und gegen den Tuxer Kamm sowie die zentralen Zillertaler Alpen kennen wir, haben aber noch nicht über die regionale Geologie gesprochen. Sowohl der uns gegenüber stehende Tuxer Kamm zwischen Grinbergspitzen und Olperer als auch die dahinter stehenden Gipfel zwischen Brandberger Kolm, Ahornspitze und Dristner, die ihre scharf geschnittenen Kämme südwärts gegen den Hauptkamm schicken, gewähren quasi einen Querschnitt durch die drei Kristallinkerne: Der nördlichste, der Ahornkern, zieht sich über die Grinbergspitzen und die Nordflanke der Ahornspitze bis südlich des Brandberger Kolms. Er wird durch einen Streifen von Variszischem Basement ("Altes Dach") und stark verfalteten Abfolgen des Riffler-Schönach-Beckens vom Tuxer Kristallinkern getrennt. Der über den Grinbergspitzen hervorlugende Gletscherdom des Schwarzensteins wird vom Zillertaler Gneiskern eingenommen – auch ihn trennen Variszisches Basement und bereichsweise das Pfitsch-Mörchner-Becken. Zur Erinnerung: Sowohl "Altes Dach" als auch die beiden Becken zergliedern zwar die drei Zillertaler Kristallinkerne, haben aber eine ganz unterschiedlicheHerkunft, auch altersmäßig: Während das Variszische Basement (alt-)paläozoische Metasedimentgesteine enthält, die zur Ablagerung kamen, noch bevor die Zillertaler Plutonite in die Erdkruste aufgestiegen waren, dokumentieren die Abfolgen des Riffler-Schönach- und Pfitsch-Mörchner-Beckens eine postvariszische Sedimentations-Entwicklung in terrigen geprägten Beckenbereichen (tektonisch eingesenkte "Halbgräben", siehe auch Abb. 217 in Band 43). Über das seit der Oberen Trias weitgehend nivellierte postvariszische Relief lagerten sich ab dem ausgehenden Paläozoikum bis in den Oberjura vor knapp 140 Millionen Jahren vergleichsweise geringmächtige marine Sedimentgesteine ab ("Hochstegen-Formation"). Durch die alpidische Gebirgsbildung während des Paläogens und Neogens metamorph umgewandelt, verfaltet und steilgestellt, bilden diese heute die metasedimentäre "weiche Schale" um die "harten Kerne" der Kristallinmassive. Einer Zwiebel nicht unähnlich lagern sie auf der Nordseite des Ahornkerns: Vor allem die hellen Kalk- und Quarzit-Marmore der autochthonen Hochstegen-Zone sind bei guter Sicht als helles Band in der Nordseite der Grinbergspitzen zu erkennen. Darüber sind – bleiben wir beim "Zwiebelschalen-Modell" – tektonisch stark ausgedünnte Decken mit ähnlicher Lithologie (Wolfendorn-Decke und Seidlwinkl-Modereck-Decke) situiert. Auf den mesozoischen Metasedimentgesteinen lagern penninische Einheiten der Glockner-Decke mit Bündnerschiefern: Einst abgelagert in den Tiefen eines schmalen, sich zwischen Ur-Europa und Adria öffnenden Randozeans ("Penninischer Ozean"), wurden die mächtigen, stark verfalteten und metamorph umgewandelten Serien auf die Zillertaler Kristallinkerne samt auflagerndem, metasedimentärem Permomesozoikum überschoben. Die Glockner-Decke umspannt große Teile des Nordwesthanges über dem Tuxertal. Aus unserem Blickwinkel zieht die Decke beginnend als schmale Zone am Penken-Nordwestgrat (siehe Exkursion O) unter dem Rastkogel in unsere Richtung und grenzt ziemlich genau an der Vallruckalm unter uns an die oberostalpine Innsbrucker-Quarzphyllit-Decke. Wie bereits angedeutet, umfasst Letztere weite Bereiche der Tuxer Alpen und wird in unserem Bereich von unterostalpinen Deckenklippen mit ebenfalls permomesozoischen, metamorph umgewandelten Sedimentgesteinen überlagert – unter anderem von der Hippold-Decke, auf deren Hauptgipfel und Namensgeber wir gerade stehen. Damit schließt sich der geologische Reigen vom Zillertaler Hauptkamm bis zu uns.

136 Bleibt der Blick nach Südwesten zu den höchsten Bergen der Tuxer Alpen, die über dem breiten Tal der Wattener Lizum liegen. Die über 2800 Meter hohen Gipfel von Kalkwand, Geier, Lizumer Reckner und Lizumer Sonnenspitze bilden quasi die Krone im Süden der Wattener Lizum und kennzeichnen ihrerseits unterostalpine Deckenklippen. Diese sind mit jener der Hippold-Decke sowohl aus tektonischer als größtenteils auch aus stratigraphischer Sicht vergleichbar. Die nur gering metamorphen Metasedimentgesteine der Kalkwand ("Kalkwand-Deckenscholle") umfassen die Mittlere und die Obere Trias ebenso wie die Reckner-Decke. Letztere beinhaltet mit dunkelgrünen, glasharten Serpentiniten eine Besonderheit, auf die näher in Exkursion N eingegangen wird: Hier finden sich ehemalige Reste penninischer, ozeanischer Kruste, deren Ophiolithe zum "Reckner-Komplex" gestellt werden und heute in der Reckner-Decke eingegliedert sind.

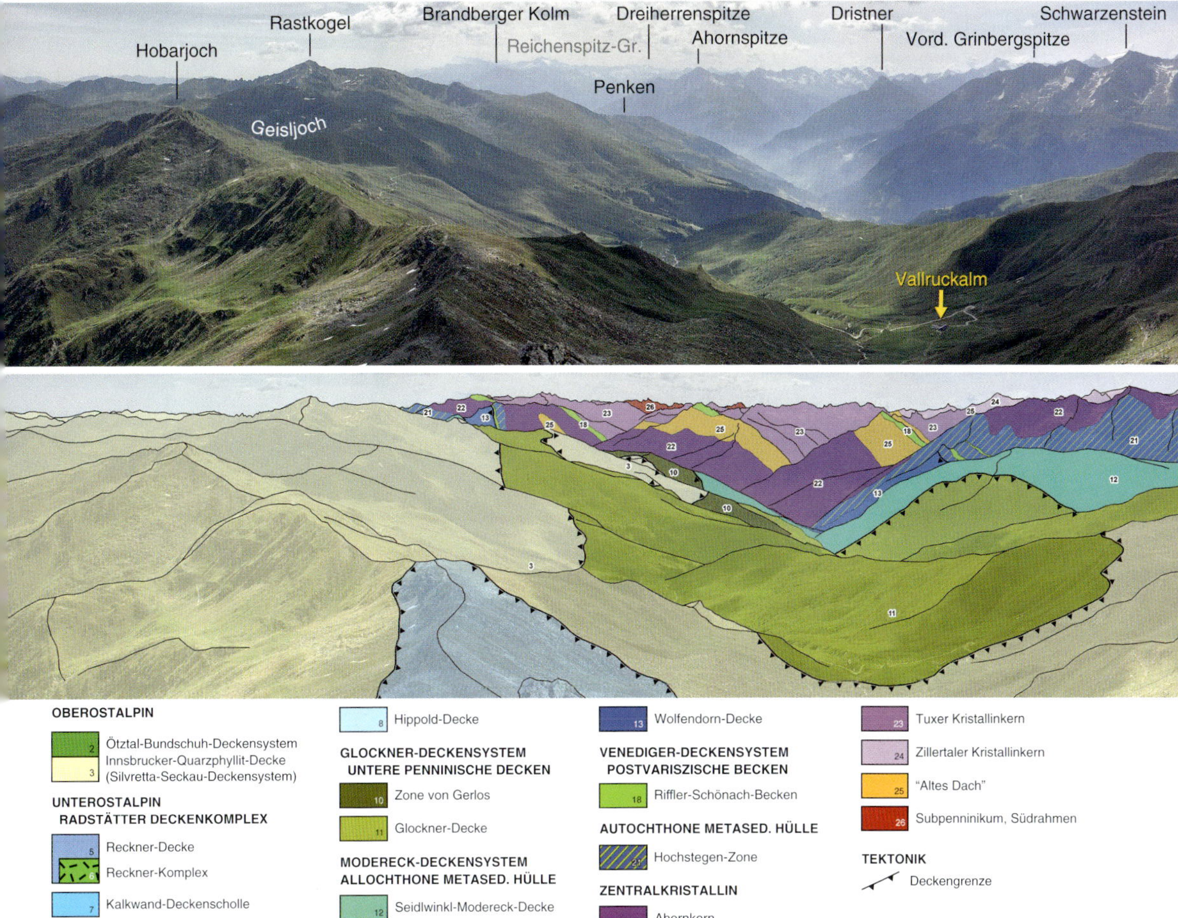

Abb. 135. Ausblick von der Hippoldspitze nach Südosten gegen Rastkogel, Vallruckalm, unteres Tuxertal und die östlichen Zillertaler Berge. Das untere Bild zeigt denselben Ausschnitt mit den überblendeten tektonostratigraphischen Einheiten.

Die in den unterostalpinen Deckenklippen erschlossene Stratigraphie ist an die "Standard-Stratigraphie" der Nördlichen Kalkalpen angelehnt, wenngleich bei einigen Schichtgliedern hinsichtlich ihrer *137a* Korrelation noch offene Fragen bestehen: Die Kalkwand-Deckenscholle umfasst lediglich mittel- und obertriassische Lithologien. Das stratigraphische Spektrum der Reckner-Decke reicht von der mitteltriassischen Arlberg- oder Wetterstein-Formation über die jurassische Tarntaler Brekzie (verzahnend mit Kalk- und Kieselschiefern) bis in die oberjurassische Ruhpolding- und oberjurassisch-unterkreidezeitliche Ammergau-Formation (letztere zwei sind im Exkursionsgebiet nicht erschlossen). Der in der Reckner-Decke als eigene tektonische Einheit inkludierte Reckner-Komplex beginnt mit penninischen Ophiolithen unsicheren Alters, auf denen mitteljurassische Kalk- und oberjurassische Kieselschiefer liegen. Gemäß unserer Beobachtung im Anstieg zum Hippoldjoch und weiter zum Gipfel sollte das stratigraphische Spektrum der Hippold-Decke mit Oberperm- bis Juraabfolgen eigentlich am größten sein: Es findet sich scheinbar eine gut erhaltene und relativ vollständige stratigraphische Abfolge von oberpermisch-untertriassischen Quarziten, gefolgt von untertriassischer Reichenhall-Formation, mitteltriassischer Virgloria- und Arlberg-Formation, obertriassischer Raibl-Formation und jurassischer (?Tarntaler) Brekzie im Gipfelbereich. Eingehende geologische Kartierungen jedoch, die von der Universität

Abb. 136. Aussicht von der Hippoldspitze über den Verbindungsgrat zur Eiskarspitze gegen Südwesten zum Tuxer Kamm: Kalkwand sowie das Doppelmassiv aus Geier und Reckner bilden zwei weitere, unterostalpine Deckenklippen, die auf der oberostalpinen Innsbrucker-Quarzphyllit-Decke liegen. Zum besseren Verständnis sind im unteren Bild die tektonostratigraphischen Einheiten überblendet (Legende siehe Abb. 135).

Innsbruck Anfang der 2000er-Jahre in der Vorstudie zum Brenner-Basistunnel-Projekt durchgeführt wurden, zeichneten ein gänzlich anderes Bild: Demnach umspannt nahezu den gesamten Nordteil der Hippold-Decke rund um die Hippoldspitze eine Megabrekzie oberjurassischen Alters, die Komponenten aufgearbeiteter, bedeutend älterer Sedimentgesteine unterschiedlichen Alters, unterschiedlicher Genese und ganz unterschiedlicher Größe enthalten kann (Madritsch 2004, Reiter & Brandner 2006). Neben zentimeter- und dezimetergroßen Metakarbonat- und Rauwacken-Komponenten, die wir im Anstieg zum Hippoldgipfel in einer sandig-kalkigen Grundmatrix haben schwimmen sehen, passt nun auch der große Hauptdolomitklotz aus der Eiskarspitz-Ostflanke stimmig ins Bild (vgl. Abb. 130 sowie Abb. 140). Da auch in der Westflanke des Berges derartige großflächige Hauptdolomitausbisse bestehen, liegt es nahe, dass es sich um eine einzige riesige, beinahe einen Kilometer große Scholle
140 (siehe Abb. 140 und Abb. 147) aus gering metamorphem, obertriassischem Hauptdolomit handelt.
147 Auch der permotriassische Quarzit, der über den gesamten Ostgrat der Hippoldspitze zum höchsten Punkt zieht, würde dieser Interpretation nach eine noch größere Komponente darstellen. Und tatsächlich finden sich – allerdings von hier nicht einsehbar – auch an der Basis der Hippoldspitzen-
137b Ostflanke zehnermetergroße Megabrekzien-Komponenten. Dieser Interpretation zufolge wäre auch die konkordante Abfolge von Lantschfeld-Quarzit, Reichenhall-Formation, Virgloria-, Arlberg- und Raibl-Formation eine größere allochthone Gleitscholle. Die an der Hippoldspitze erschlossene Brek-

zie wird nicht etwa der jurassischen Tarntaler Brekzie von ENZENBERG (1967) gleichgesetzt, sondern in einer eigenen stratigraphischen Einheit geführt. Dazu definierten die Innsbrucker Geologen hier die "Hippold-Formation" und stellen die Brekzie in den Oberjura.

Gemäß dieser Interpretation, die in Ab-
143 bildung 143 entsprechend eingearbeitet wurde, taucht die Hippold-Formation gegen die Eiskarspitze unter stratigraphisch noch jüngere Metasedimentgesteinsequenzen ab: Sowohl die dort neu definierte "Eiskar-Formation" als auch die "Graue-Wand-Formation" werden in die Unterkreide gestellt. Ihre Abfolgen werden wir im Zuge unserer weiteren Route noch kennenlernen.

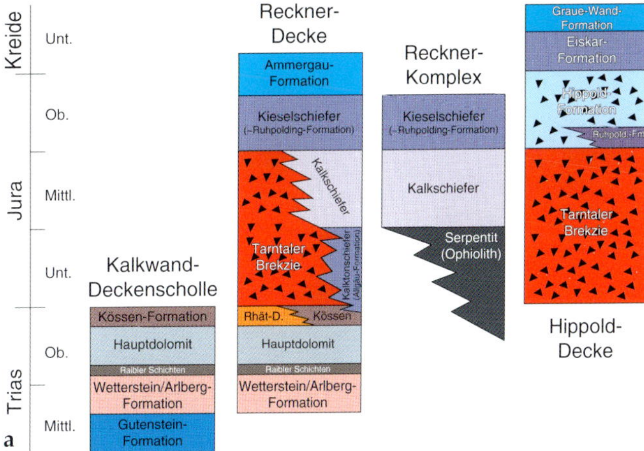

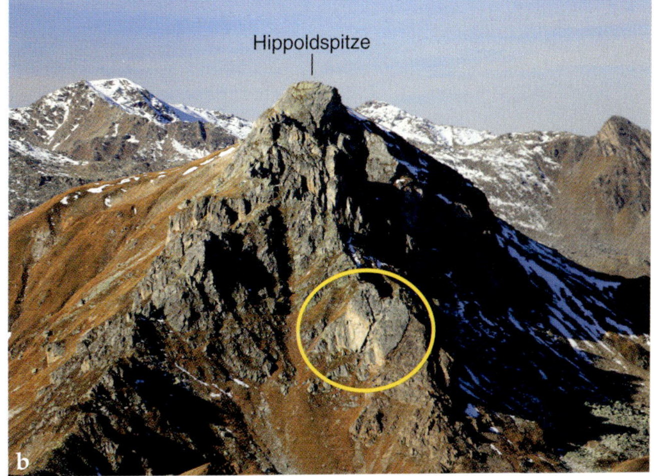

Abb. 137. a, Vereinfachte Lithostratigraphie der unterostalpinen Deckenschollen (Hippold-Decke, Kalkwand-Deckenscholle und Reckner-Decke mit Reckner-Komplex) nach aktuellem wissenschaftlichen Stand. Das untere Foto (b) zeigt die schroffe und unnahbare Ostseite der Hippoldspitze, gesehen vom Anstieg zum Rastkogel über den Westgrat (siehe Exkursion P): Deutlich erkennt man mehrere Zehnermeter große Komponenten, die in einer etwas dunkleren Matrix schwimmen und den Megabrekzien-Charakter der Hippold-Formation unterstreichen.

Abb. 138. Zwei Brekzien, frappierend ähnlich, und doch aus ganz unterschiedlichen Regionen: a, Metafeinkonglomerat der Hippold-Formation an seiner Typlokalität und b, eine Brekzie des »Ledererkar-Members« aus dem Steinernen Meer der Berchtesgadener Alpen (vgl. Band 41 dieser Buchreihe). Beide Brekzien führen aufgearbeitete Radiolarite der tief oberjurassischen Ruhpolding-Formation. c, Hippold-Formation (Foto von Franz Reiter*) und d, Ledererkar-Member.*

Übrigens: Die im Oberen Jura zur Ablagerung gekommene Megabrekzie der Hippold-Formation lässt sich zwanglos in einen größeren regionalgeologischen Rahmen bringen, der vor allem erstaunliche Parallelen zu stratigraphischen Besonderheiten der zentralen Nördlichen Kalkalpen aufweist. Auch aus der Oberalm-Formation Berchtesgadens kennen wir aus derselben Zeitscheibe Megabrekzien und Olistholithe, die sogar noch größer dimensioniert sind und ganze Bergmassive umfassen ("juvavische Gleitschollen", siehe Band 40 dieser Buchreihe). Ihre Entstehung wird mit extensionalen, bruchtektonischen Bewegungen ("altalpine Tektonik") in Verbindung gebracht und setzt sich bis in die Untere Kreide fort. Und auf den Höhen des Steinernen Meeres, weit ostwärts der südlichen Tuxer Alpen gelegen, findet sich mit dem "Ledererkar-Member" (siehe Band 41 dieser Buchreihe) eine oberjurassische Brekzie, die genetisch und haptisch sehr eng mit der Grundmatrix der
Hippold-Formation verwandt scheint. 138
Oberjurassisches Alter scheint insofern 138
gerechtfertigt, als beide Brekzien aufgearbeitete Komponenten tief oberjurassischer Radiolarite ("Ruhpoldinger 138
Radiolarit") führen können. 138

❺ Wie nun? Verwirrende Tektonostratigraphie des Tarntaler Mesozoikums

Bevor wir vom Hippoldgipfel in Richtung Eiskarspitze weitergehen, vielleicht etwas Grundsätzliches zur Deckengliederung beziehungsweise zur Tektonostratigraphie in diesem südlichen Bereich der Tuxer Alpen, die alles andere als "in trockene Tücher" gepackt scheint: Normalerweise sollte man annehmen, dass analog zu Schuster (2015) (siehe auch Abb. 23 auf Seite 39 im Vorgängerband 43) Einheiten des Oberostalpins über Sequenzen des Unterostalpins liegen. Wie jedoch im vorherigen Kapitel angedeutet, sind die sichtbaren drei
unterostalpinen Deckenklippen über 139
oberostalpinen Innsbrucker Quarzphylliten platziert.

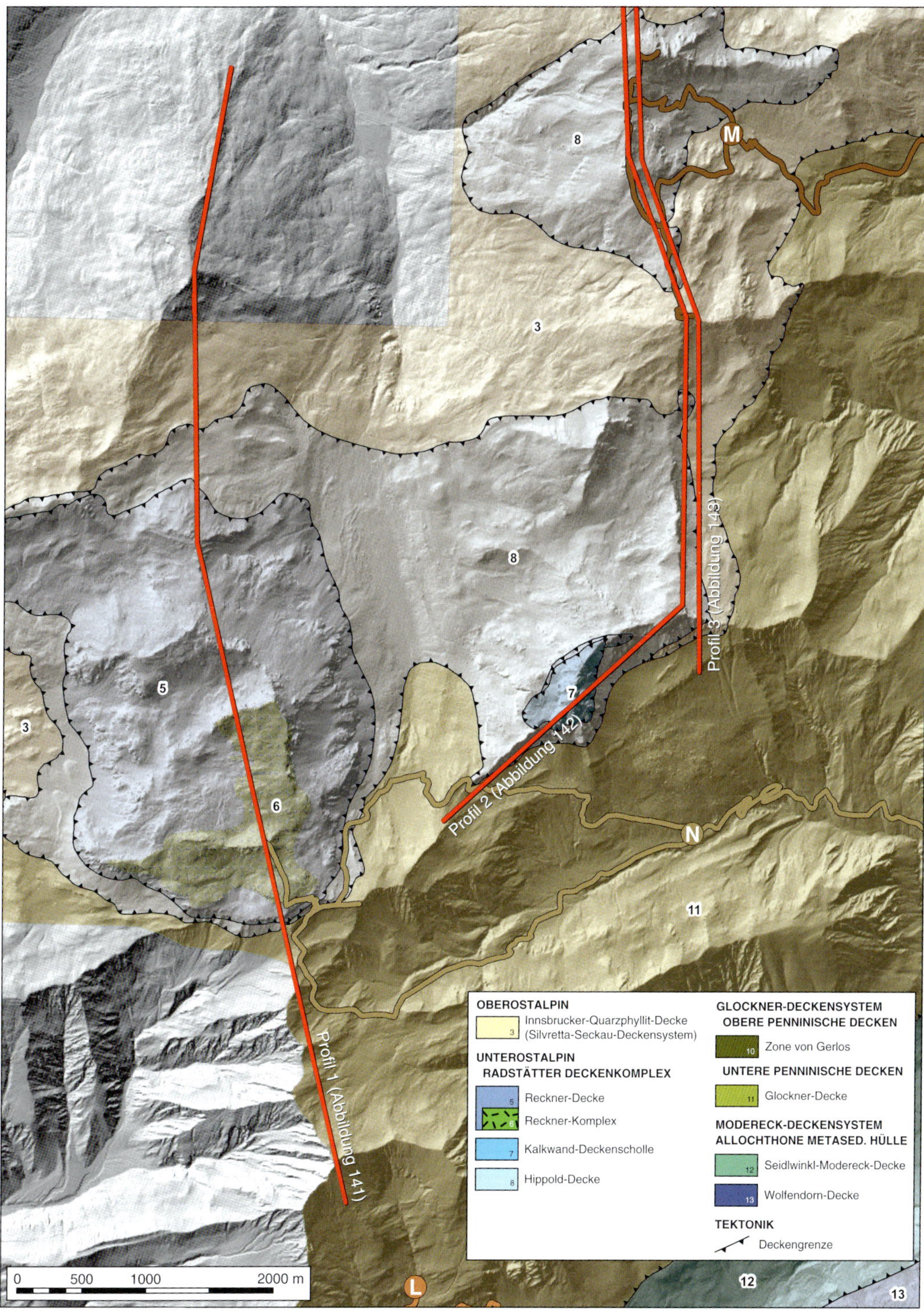

Abb. 139. Großtektonische Übersicht des Tarntaler Mesozoikums mit den betreffenden Exkursionen (M) *und* (N) *sowie den in Abbildung 141 bis 143 gezeigten Profilen.*

Abb. 140. a, Blick vom Grat der Eiskarspitze hinab gegen den Hippoldanger: Bergwärts wird die in Abbildung 130 gezeigte Hauptdolomit-Scholle von rötlich-graubrauner Hippold-Formation sowie dunkelgrauen Arkoseschiefern der Graue-Wand-Formation umflossen. Die gelbe Linie kennzeichnet dabei die stark reliefierte Grenze zwischen Hauptdolomit und Hippold-Formation. Das schwarze Rechteck zeigt den in b vergrößerten Ausschnitt, die roten Linien markieren deutlich sichtbare sinistrale Lateralstörungen, die den Hauptdolomit-Block zusätzlich zerteilen.

Aus diesem Grund wurde in früheren Zeiten (z. B. ENZENBERG 1967, THIELE 1976 oder HÄUSLER 1988) die Innsbrucker-Quarzphyllit-Decke traditionell als primäre, paläozoische Unterlage des Tarntaler Mesozoikums angesehen. Analog lassen ältere geologische Karten eine dezidierte Deckengliederung vermissen (vgl. ROCKENSCHAUB et al. 2003b). Da jedoch Innsbrucker Quarzphyllit und Tarntaler Mesozoikum unterschiedliche Metamorphosehistorien zeigen – Grünschieferfazies im Innsbrucker Quarzphyllit mit Temperaturen von 200 bis 400° C und Drücken von 200 bis 800 bar sowie Blauschieferfazies im Tarntaler Mesozoikum mit geringeren Temperaturen von 80 bis 300° C (bei vergleichbaren Drücken zur Grünschieferfazies; vgl. mit Abb. 21 auf Seite 37 in Band 43) – sollten beide

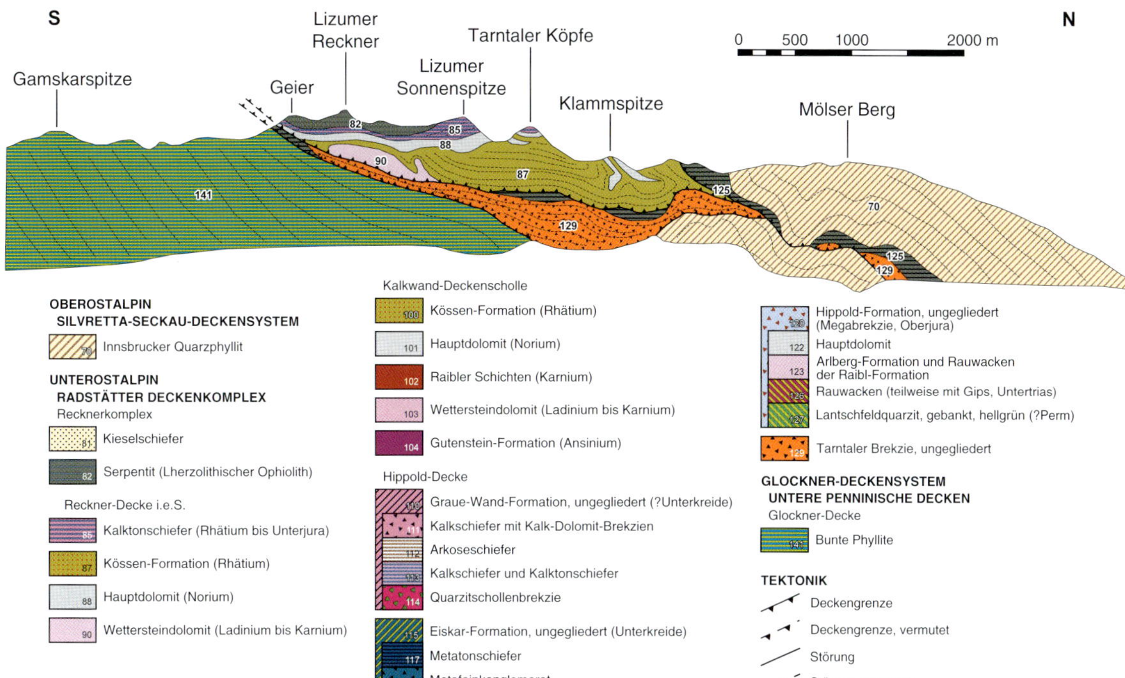

Abb. 141. Geologischer Nord-Süd-Profilschnitt vom Mölser Berg über das Reckner-Geier-Massiv bis zur Gamskarspitze in der Bündnerschiefer-Serie der Glockner-Decke (verändert nach THIELE *1976). Die Perspektive ist nahezu identisch mit dem in Abbildung 136 gezeigten Teilausschnitt vom Mölser Berg bis zum Geier. Man beachte die in diesem Bereich zweigeteilte Innsbrucker-Quarzphyllit-Decke. Diese konnte durch die Untersuchungen im Rahmen des BBT-Projektes nicht bestätigt beziehungsweise die hier eingezeichneten Schollen im Mölstal unter dem Mölser Berg nicht gefunden werden (schriftl. Mitteilung Franz* REITER*). Dieser Sachverhalt lässt darauf schließen, dass das Tarntaler Mesozoikum in diesem Bereich mit einer nach Norden schließenden, liegenden Faltenstruktur isoklinal eingefaltet ist.*

Einheiten als tektonische Decken angesehen werden. Nach ROCKENSCHAUB et al. (2003b) wurde das Tarntaler Mesozoikum erst nach dessen blauschieferfazieller Überprägung auf Innsbrucker Quarzphyllit aufgeschoben. Demnach liegen diese unterostalpinen Klippen, die sich über Hippoldspitze und Eiskarspitze weiter nach Süden zu Kalkwand, Geier und Lizumer Reckner (siehe Exkursion N) fortsetzen, wie ein "Topfdeckel" sowohl auf weitflächig erschlossenem Oberostalpin im Norden als auch auf penninischen Einheiten der Glockner-Decke im Süden.

Ganz unumstritten ist das Ganze jedoch nicht, denn bereits Kartierungen älteren Datums haben
erkannt, dass das Tarntal-Mesozoikum vom Innsbrucker Quarzphyllit sowohl unter- als auch 141
überlagert wird (z.B. THIELE 1976). Analog muss also von einem tektonisch liegenden und einem 142
hangenden Innsbrucker Quarzphyllit-Zug gesprochen werden. Kartierungen neueren Datums schlagen genau in diese Kerbe: MADRITSCH (2004) erkannte an der Basis des Tarntaler Mesozoikums keine Anzeichen sprödtektonischer Deformation. Im Gegenteil, die mesozoischen Sedimentgesteine fallen nahezu konkordant zum Innsbrucker Quarzphyllit nach Nordwesten ein. Das legt für ihn den Schluss nahe, dass die mesozoischen Metasedimentgesteine in einer Art riesiger, ONO-WSW-streichende Isoklinalfalte in den Innsbrucker Quarzphyllit eingeschaltet sind. Der Sachverhalt wird insbesondere dadurch bestärkt, dass zwischen den Falten tektonisch liegender Innsbrucker Quarzphyllit zutage tritt.

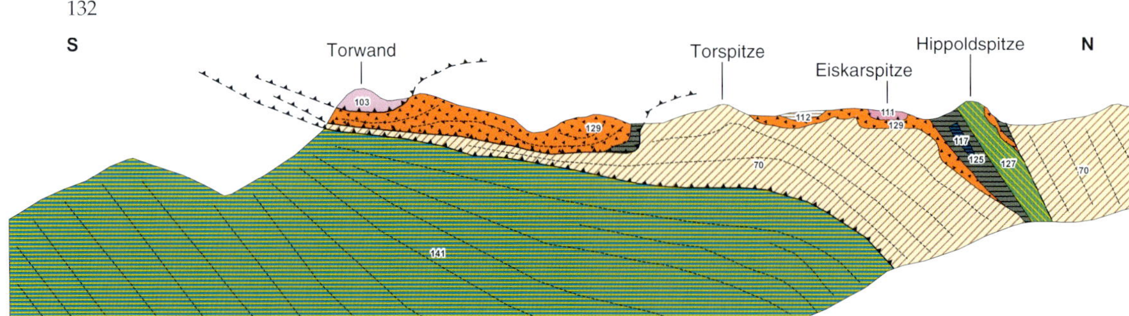

Abb. 142. Geologischer Schnitt von der Torwand im Süden bis zur Hippoldspitze im Norden gemäß der Interpretation von THIELE *(1976). Auch hier teilt das Tarntaler Mesozoikum den Innsbrucker Quarzphyllit in eine Liegend- und eine Hangendscholle beziehungsweise zwei Faltenschenkel. Zur Beachtung: Die Interpretation, dass das Tarntaler Mesozoikum keine tektonische Decke, sondern die konkordante Fortsetzung des Innsbrucker Quarzphyllits definiert, kann nach neuen Angaben von* ROCKENSCHAUB *et al. (2003b) in diesem Sinn nicht mehr gehalten werden. Auch steht hier keine Tarntaler Brekzie an, wie noch von* THIELE *(1976) vermutet, sondern nach neueren Untersuchungen die oberjurassische Hippold-Formation (*MADRITSCH *2004 sowie* REITER *&* BRANDNER *2006). Und das tiefe Eintauchen der permotriassischen Schichten an der Hippoldspitze ist nicht nachweisbar: Die dort erschlossene Abfolge ist Teil der Hippold-Formation und isoklinal eingefaltet. Legende siehe Abbildung 141.*

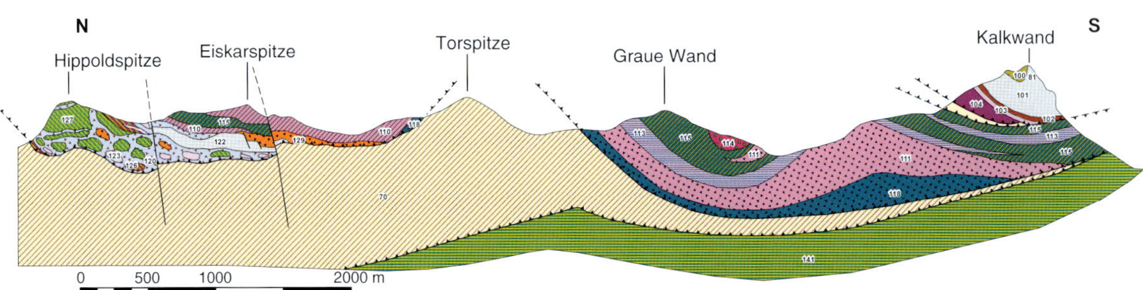

*Abb. 143. Der Geologische Schnitt von der Hippoldspitze im Norden bis zur Kalkwand im Süden bildet gemäß neueren Interpretationen der Innsbrucker Geologen (*MADRITSCH *2004;* REITER *&* BRANDNER *2006) das Tarntaler Mesozoikum mit drei voneinander zu unterscheidenden Decken ab (veränderte Profilvorlage nach* ENZENBERG *1967). Man beachte vor allem die Megabrekzie der Hippold-Formation an der Hippoldspitze ganz links im Profil und vergleiche diese mit Abb. 137. Legende siehe Abbildung 141.*

6 Auf Messers Schneide: Von der Hippoldspitze über die Eiskarspitze ins Eiskarjoch

Wieder zurück im Hippoldjoch sollten diejenigen, die sich nicht für einigermaßen trittsicher und schwindelfrei halten, wieder zur Vallruckalm absteigen und es gut sein lassen. Die nun folgende Passage über die Eiskarspitze ist zwar technisch nicht allzu anspruchsvoll, doch in einigen Bereichen etwas luftig und verlangt angemessene Konzentration.

Der erste steilere Anstieg nach dem Hippoldjoch erfolgt wieder auf Feinkonglomerat und Feinbrekzie
144 der Hippold-Formation. Zunächst muss man genauer hinsehen, denn die Sequenzen zeigen über große Bereiche eine ausgeprägte Schieferung mit einer Längung der enthaltenen Komponenten. Auf den Schichtoberseiten ist die Brekzie deutlicher als solche zu erkennen: Mit knappen Worten zusammengefasst, besteht diese aus einem vorwiegend komponentengestützten Gefüge aus angularen, kantengerundeten und teilweise auch gerundeten Kalk- und Dolomitmarmoren sowie Quarziten. Der Durchmesser der Klasten schwankt von wenigen Millimetern bis einigen Metern, bewegt sich aber durchschnittlich im Zentimeterbereich bis zu wenigen Dezimetern. Die Zwickelräume erfüllt eine hellgraue, kalkige, leicht absandende Grundmasse mit eingeschuppten Glimmerhäutchen.

Abb. 144. a, Ein Feinkonglomerat der Hippold-Formation steht noch am ersten Aufschwung zur Eiskarspitze nach dem Hippoldjoch an. b, Das Detail der Brekzie offenbart ein komponentengestütztes Gefüge von zentimetergroßen, angularen, kantengerundeten und gerundeten Kalkmarmor-, Dolomitmarmor- und Quarzitkomponenten.

Über dem ersten Aufschwung erreichen wir stark geschieferte, stängelig verwitterte, grünlichgraue Metapelite sowie Metapsammite, die ENZENBERG (1967) als
145 "kalkfreie Tonschiefer" charakterisiert und der Tarntaler Brekzie zugeordnet hat. Entsprechend oben beschriebener neuerer Interpretation werden diese metamorphen Mergel- und Sandsteine aufgrund ihrer Lage über der Hippold-Formation zur unterkretazischen Eiskar-Formation gestellt. Ungeachtet ihrer Zugehörigkeit ist das homogene, leicht sandig wirkende Gefüge zur Gänze kalkfrei, zeigt also auch keine Reaktion mit verdünnter Salzsäure.

Nach einem nahezu waagrechten Grat-Abschnitt ist etwas Aufmerksamkeit vonnöten: Bitte nicht den Steigspuren entlang der Kante folgen – sie führen zwar zu einem Gratkopf, dessen Südseite ist allerdings steil, unwegsam und sehr ausgesetzt! Deswegen am Beginn des Aufschwunges links halten und auf dessen Ostseite bleiben. Die etwa 50 Meter lange Querung auf einem steilen Schuttfeld führt in eine weitere Scharte und leitet zum eigentlichen Gipfelaufbau über.

146a Der höchste Punkt der Eiskarspitze wird beinahe zur Gänze aus Kalk-Dolomit-Brekzien gebildet, die heute zur "Graue-Wand-Formation" gestellt werden und aufgrund ihrer stratigraphischen Position ebenfalls ein unterkreidezeitliches Alter haben dürften. Der Gipfel selbst ist ein meist stiller, beinahe entrückter Ort – und ein geologisch labiler, wenn

Abb. 145. a, Der erste Gratabsatz zeigt intensiv geschieferte und stängelig verwitternde, kalkfreie Tonschiefer der Eisgraben-Formation (Detailfoto b).

Abb. 146. a, Der Gipfel der Eiskarspitze wird aus Kalk-Dolomit-Brekzien der Graue-Wand-Formation aufgebaut. Geologisch ist er durchaus als labil zu bezeichnen (b), aufgrund des Zusammenspiels von Ost-West streichender, steil südfallender Schieferung (rotes Zeichen) und Nord-Süd-verlaufender, saigerer dominanter Klüftung (gelbe Linie mit Pfeilen). Eine vergleichsweise kleine, doch immerhin mehrere Kubikmeter große Scholle unmittelbar am höchsten Punkt (transparent rot eingefärbt) ist akut absturzgefährdet.

man das in diesem Zusammenhang
anfügen darf: Unmittelbar neben dem
Gipfelkreuz durchzieht ein von Nord
nach Süd verlaufender, etwa 20 Zentimeter breiter Riss die kleine Ebene und
kennzeichnet einen mehrere Kubikmeter
großen Block, der früher oder später
nach Süden abgleiten dürfte. Die West-
Ost-streichende Schieferung in Kombination mit der dominanten, Nord-Süd-
verlaufenden, beinahe saiger stehenden
Klüftung zerlegt den gesamten Gipfel- *146b*
aufbau – Gott sei Dank sieht man die
höchsten Felsen der Eiskarspitze aus der
Totalen erst so richtig von Süden, wenn
wir diese schon wieder verlassen haben.

Abb. 147. Absteigend von der Eiskarspitze hat man am flach zum Eiskarjoch abfallenden Südgrat einen guten Blick hinab zum Eiskarsee, aber auch zu besagter großer Megabrekzien-Komponente aus Hauptdolomit (vgl. mit Abb. 130 und Abb. 140) inmitten der Hippold-Formation (Kürzel »HF«). Diese zeigt talwärts einen stratigraphischen Zusammenhang mit mutmaßlich mitteltriassischem Dolomitmarmor, einem möglichen Äquivalent zur Arlberg-Formation der Nördlichen Kalkalpen. Der spätere Abstieg quert die Flanke unterhalb beider lithologischer Einheiten.

Abb. 148. Innsbrucker Quarzphyllit mit mäßig steil nach Norden einfallenden Schieferungsflächen baut die Torspitze auf.

7 Der letzte Anstieg: Vom Eiskarjoch auf die Torspitze

Südlich der Eiskarspitze trennt eine Abschiebung Kalk-Dolomit-Brekzien der Graue-Wand-Formation von Metagrauwacken und -arkosen der Eiskar-Formation. Diese aus terrigen geprägten, klastischen Sedimenten hervorgegangenen Gesteine haben im verwitterten Zustand frappierende Ähnlichkeit zum Innsbrucker Quarzphyllit, sind aber deutlich stärker geschiefert und zeigen im frischen Anschlag mit dem Geologenhammer eine etwas dunklere Gesteinsfärbung.

> Wir folgen dem Grat zunächst auf einer schmalen Pfadspur entlang der Felsen und gelangen bald auf einen breiteren Gratrücken, der sanft zum Eiskarjoch absteigt. Dort könnte man – sollte man genug vom "Gipfelhopping" haben – gleich linkerhand zum Eiskarsee absteigen (Wegweiser). Die etwa 140 Höhenmeter zur Torspitze hin und zurück nehmen mit entsprechender "geologischer Muße" eine weitere knappe Stunde in Anspruch.

Vom Eiskarjoch steuern wir auf einen kegelartigen Bergrücken zu und queren ein westexponiertes Schuttfeld mit feinem, brüchig-stängeligem Schutt kalkfreien Tonschiefers graugrüner Färbung ("Grüner Phyllit" der Eiskar-Formation). Der nun folgende, blockige Grat verläuft erneut in dunklen Arkoseschiefern (Eiskar-Formation). Danach liegt ein weiterer, nur kurzer Abstieg und der Pfad schlängelt sich durch große Blocktrümmer, bestehend aus Metafeinkonglomerat (ebenfalls Eiskar-Formation). Der südlich liegende, schuttbedeckte Hang wird von Innsbrucker Quarzphylliten 148
umrahmt – das bedeutet, wir haben die Hippold-Decke in ihrem nördlichen Teilbereich beinahe komplett von Nord nach Süd überquert und die Innsbrucker-Quarzphyllit-Decke erreicht. Das Typgestein des Innsbrucker Quarzphyllits bleibt uns bis zum 2663 Meter hohen Gipfel der Torspitze erhalten. Den höchsten Punkt ziert lediglich ein Vermessungszeichen – wer zum Gipfelkreuz will, muss am vorgeschobenen, grobblockigen Ostgrat nochmals eine knappe Viertelstunde investieren, etwa 30 Höhenmeter absteigen und 300 Meter Wegstrecke zurücklegen. Da man vom Kreuz jedoch eine ähnliche Aussicht hat wie von hier, kann man getrost beim schnöden Vermessungszeichen bleiben und es gut sein lassen.

Von der Torspitze haben wir einen offenen Blick nach Süden über ein grünes, von spätwürmzeit- 149
lichen Moränenformen überprägtes Hochtal mit den Torseen. Von der Nassen Tuxalm kommend, leitet das Hochplateau nach einer niedrigen Karschwelle zum Torjoch als Übergang in die Wattener

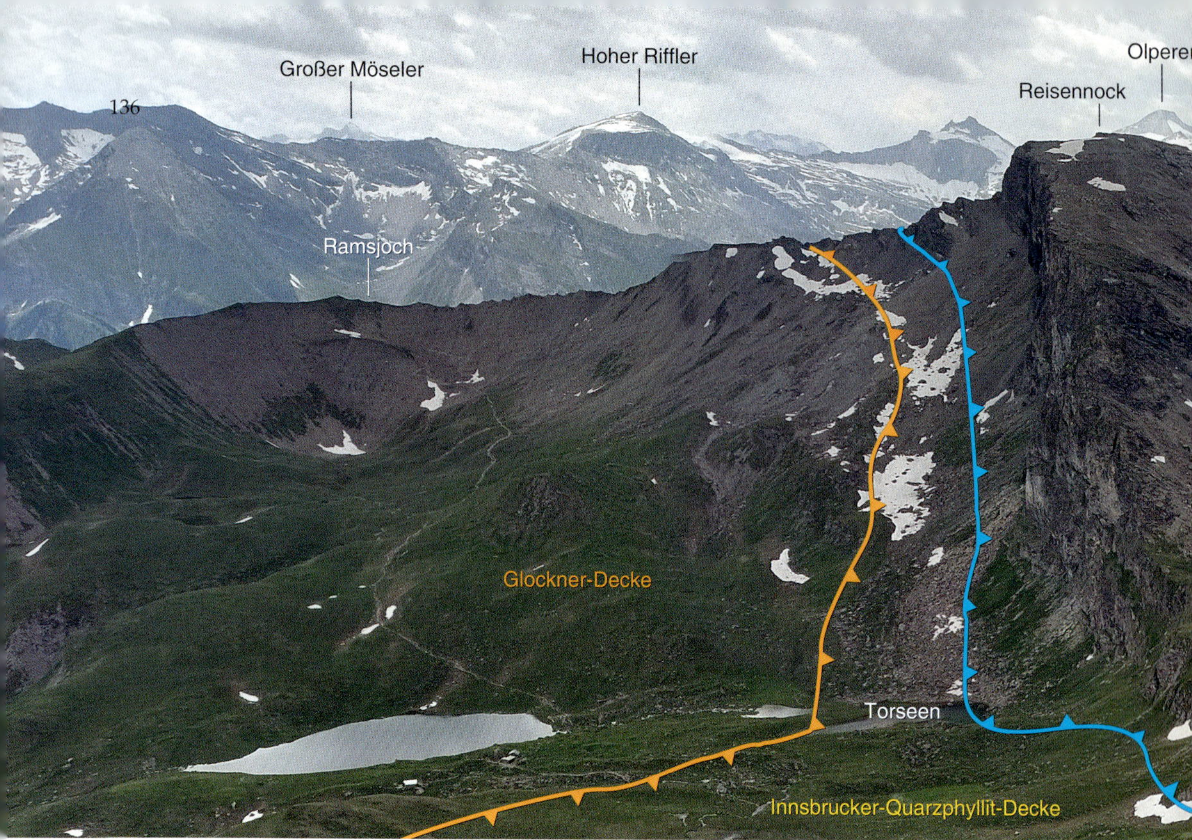

Abb. 149. Die Aussicht von der Torspitze gegen Süden zeigt die tektonische Konstellation unterostalpiner Deckenklippen über Innsbrucker-Quarzphyllit- und Glockner-Decke. Der Blick kann gut mit den in Abbildung 141 und 143 gezeigten Profilschnitten verglichen werden.

Lizum über. Darüber stehen die grauen, schroffen und wenig besuchten Berggestalten der Grauen Wand nördlich, sowie des Reisennocks südlich. Beide Berge bilden die Grenze eines weiteren Teils der Hippold-Decke, wobei die gegen die Torseen abfallenden Steilwände die tektonische Grenze zur unterlagernden Innsbrucker-Quarzphyllit-Decke darstellen. Diese liegt hier ihrerseits auf penninischer Glockner-Decke. Interessant ist der Blick vor allem deswegen, weil man mit dem 2826 Meter messenden Riesenzahn der Kalkwand das tektonostratigraphisch höchste Stockwerk der südlichen Tuxer Alpen vor sich liegen hat. Die metamorph nur sehr gering überprägte Kalkwand-Deckenscholle liegt über einem nur schmalen, tektonisch stark reduzierten Span der Reckner-Decke. Deren Hauptmasse setzt sich – von einer nach Süden reichenden Zunge der hier allein unterlagernden Glockner-Decke vom Kalkwand-Massiv abgetrennt – jenseits des Pluderlings am Geier und Lizumer Reckner fort. Auffallend ist dabei der morphologische Unterschied der Berggestalten: Während der Pluderling sanfte, da stark erodierbare Einheiten der Glockner-Decke erschließt, sind Geier und vor allem der Lizumer Reckner mit der sich gegen Norden anschließenden Lizumer Sonnenspitze schroff und kantig. Letztere beiden Gipfel bauen den Reckner-Komplex auf und werden im Wesentlichen von erosiv widerstandsfähigem Serpentinit einstig penninischer Ozeankruste geformt. Diesem Bereich widmet sich eingehend die nachfolgend beschriebene Exkursion N.

8 Abstieg über den Eiskarsee zur Vallruckalm und Abfahrt zum Geislanger

Von der Torspitze steigen wir auf nun bekannten Pfaden hinab zum Eiskarjoch und folgen dem Wegweiser zu "Eiskarsee" und "Vallruckalm".

Nach etwa fünf Minuten Abstieg über schuttbedeckte Schrofen kommen wir zu einem Aufschluss mit auffallend violett gefärbten, schiefrigen Gesteinen. Das Anstehende zeigt seidenmatt glänzende Schieferungsflächen und einen scharfen Bruch. Der Hang unterhalb des nur meterhohen Aufschlusses ist mit violettgrauen Scherben übersät.

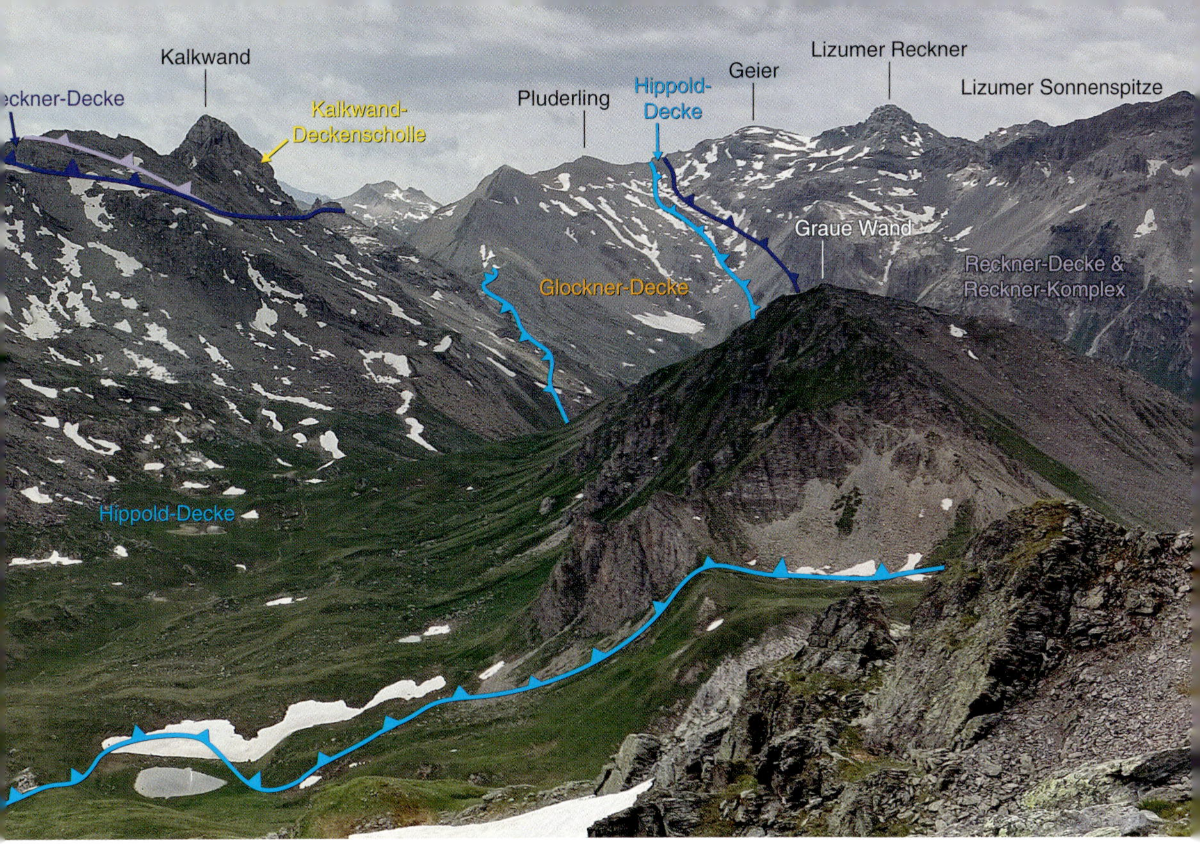

Abb. 150. Metakieselschiefer mutmaßlich der Ruhpolding-Formation zugehörig stehen auf der Ostseite knapp unter dem Eiskarjoch an.

Abb. 151. a, Die in Abbildung 130 sowie 140 bereits gezeigte, innerhalb der oberjurassischen Hippold-Formation situierte Hauptdolomit-Gleitscholle wird beim Abstieg zum Eiskarsee unterquert. b, Hauptdolomitsturzblock mit primären Sedimentgefügen wie hier einer bankintern gebildeten Brekzie.

Folgt man abermals der stratigraphischen Interpretation der Innsbrucker Geologen, haben wir es hier mit Metakieselschiefern der tief oberjurassischen Ruhpolding-Formation zu tun, die das Unterlager der mächtigen, heterogenen Hippold-Formation bildet. Die hier erschlossene Schichtenfolge ist mit knapp 10, maximal 15 Metern nicht allzu mächtig und repräsentiert in der Tiefsee abgelagerte Sedimentgesteine, bei deren Akkumulation vor allem kieselige, einzellige Organismen beteiligt waren, die als Planktonschnee in lichtlose Meeresbereiche sanken. Da ozeanisches Tiefenwasser hinsichtlich Kieselsäure (oder SiO_2) gesättigt ist, geht diese Mineralform nicht mehr in Lösung und kann sich anreichern.

Die unter den Metakieselschiefern gelegene, jurassische Tarntaler Brekzie beißt unmittelbar talwärts aus, wird vom Steig allerdings nicht berührt.

Im Folgenden queren wir flache Wallstrukturen einer Moräne aus dem spätwürmzeitlichen Egesen-Stadial und unterqueren die mehrfach angesprochene, innerhalb der Hippold-Formation liegende Hauptdolomit-Scholle (vgl. mit Abb. 147). Gegen den Eiskarsee präsentiert sie sich stark verwittert, zerfällt langsam und nährt die Kare unterhalb mit auffallend hellgrauen
Sturzblöcken. Hier lohnt sich der ein 151
oder andere genauere Blick – die Gesteine zeigen einen erstaunlich geringen Metamorphosegrad und einen hohen Kalkgehalt: Es lassen sich immer noch
primäre Sedimentgefüge wie biogene Lamination oder intraformationelle Brekzien erkennen. Erstere 151
entstand durch feinst aufeinandergestapelte Algenmatten, Letztere entstanden durch Aufarbeitung bereits verfestigter Schichten.

Nach einer knappen halben Stunde Abstieg ab dem Eiskarjoch ist der gleichnamige Karsee erreicht. Er liegt 152
auf 2360 Meter Höhe auf wasserstauender Moräne aus dem Egesen-Stadial.

Etwas talabwärts knickt der Pfad markant in nördliche Richtung ab und erreicht – nunmehr wieder umgeben von oberostalpinen Innsbrucker Quarzphylliten – die Vallruckalm. Spätestens hier haben wir uns eine längere Rast reichlich verdient – es warten schließlich nur noch die Räder und die beschwingte Abfahrt über die Habalmen hinab zum Geislanger und zurück zum Ausgangspunkt.

Abb. 152. Der kleine Eiskarsee liegt auf 2360 Meter Höhe, umgeben von egesenzeitlichen Moränen und flankiert von Innsbrucker Quarzphyllit (rechts).

Weiterführende Literatur

ENZENBERG, M. (1967): Die Geologie der Tarntaler Berge (Wattener Lizum), Tirol. - Mitt. Ges. Geol. Bergbaustud., 17: 5–50, Wien.

HÄUSLER, H. (1988): Unterostalpine Jurabreccien in Österreich: Versuch einer sedimentgeologischen und paläogeographischen Analyse nachtriadischer Breccienserien im unterostalpinen Rahmen des Tauernfensters – Jahrbuch der Geologischen Bundesanstalt, 131 (1): 21–125, Wien.

HORNUNG, T. & J. ZASADNI (2023): Geologische Karte des Hochgebirgs-Naturparkes Zillertal, der Gemeinden Tux, Finkenberg und Brandberg, Maßstab 1:25000, 3 Kartenblätter, Hochgebirgs-Naturpark Zillertaler Alpen, Ginzling.

MADRITSCH, H. (2004): Bericht 2004 über geologische Aufnahmen im Tarntal-Mesozoikum auf Blatt 149 Lanersbach. – Jahrbuch der Geologischen Bundesanstalt, 145 (3): 347–348, Wien.

REITER, F. & R. BRANDNER (2006): Exkursion von der Wattener Lizum zur Hippoldspitze. – Im Rahmen der PANGEO 2006 am 20.09.2006

ROCKENSCHAUB, M., B. KOLENPRAT & A. NOWOTNY (2003b): Innsbrucker Quarzphyllitkomplex, Tarntaler Mesozoikum, Patscherkofelkristallin – Geologische Bundesanstalt - Arbeitstagung Blatt 148 Brenner: 41–58, Wien.

SCHUSTER, R. (2015): Zur Geologie der Ostalpen. – Abhandlungen der Geologischen Bundesanstalt, 64: 143–165, Wien.

THIELE, O. (1976): Der Nordrand des Tauernfensters zwischen Mayrhofen und Inner Schmirn (Tirol). – Geol. Rundschau, 65 (2): 410–421.

Ⓝ Hol mich der Geier! Entlang des Junsbaches in die Welt des Junssees und des Tarntaler Mesozoikums auf die beiden höchsten Tuxer Gipfel

Wegstrecke: Juns (1340 m) – Junsbergalm-Niederleger – Junsbergalm-Hochleger ("Stoankasern") – Tote Klamm – Junssee – Pluderling (2781 m) – Geier (2857 m) – Lizumer Reckner (2886 m, nur für Geübte!) – Obere Lizumer Böden – Junsjoch – Junsbergalm-Hochleger – Juns.

Geologie: Bündnerschiefer-Serie der Glockner-Decke – Felssturz Stoankasern – Polygonböden auf den "Toten Böden" – Erosionslandschaft Junssee – Tektonik am Geier: Hippold-Decke, Reckner-Decke und Reckner-Komplex – Ophiolithe am Geier und Lizumer Reckner – Überblick über das Tarntaler Mesozoikum – Tarntaler Brekzie und Kalkwand-Deckenscholle.

Lange kombinierte Fahrrad- und Wandertour mit insgesamt 1600 Meter Höhenunterschied und 20 Kilometer Wegstrecke. Vom Tuxertal bis zum Junsbergalm-Hochleger sollte man mit dem Mountain- oder E-Bike auffahren (ca. 5 km Wegstrecke, 600 m Höhenunterschied, 1½ Stunden). Für diejenigen, die auf Fahrrad und/oder Forststraßen-Gehatsche verzichten

Abb. 153. Übersichtskarte der Exkursion Ⓝ – Junssee, Geier und Reckner (Geodatenbasis: BEV Österreich).

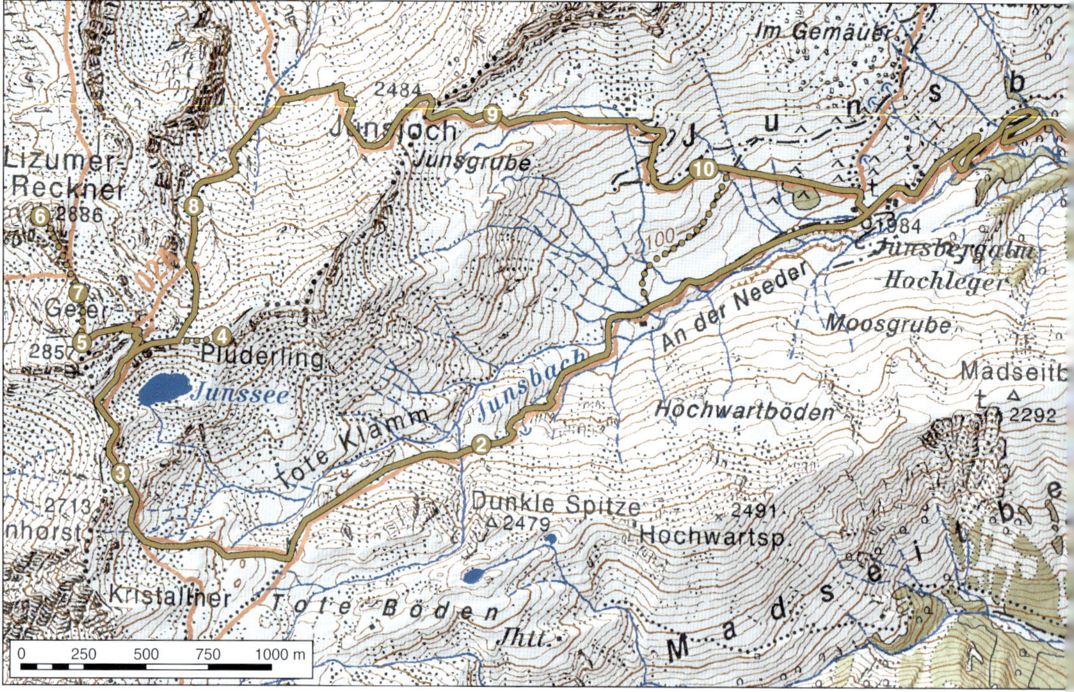

Abb. 154. Geologische Karte der Exkursion (N) – Junssee, Geier und Reckner (Auszug aus HORNUNG *&* ZASADNI *2023; Geodatenbasis: BEV Österreich), Legende siehe Seiten 19–21.*

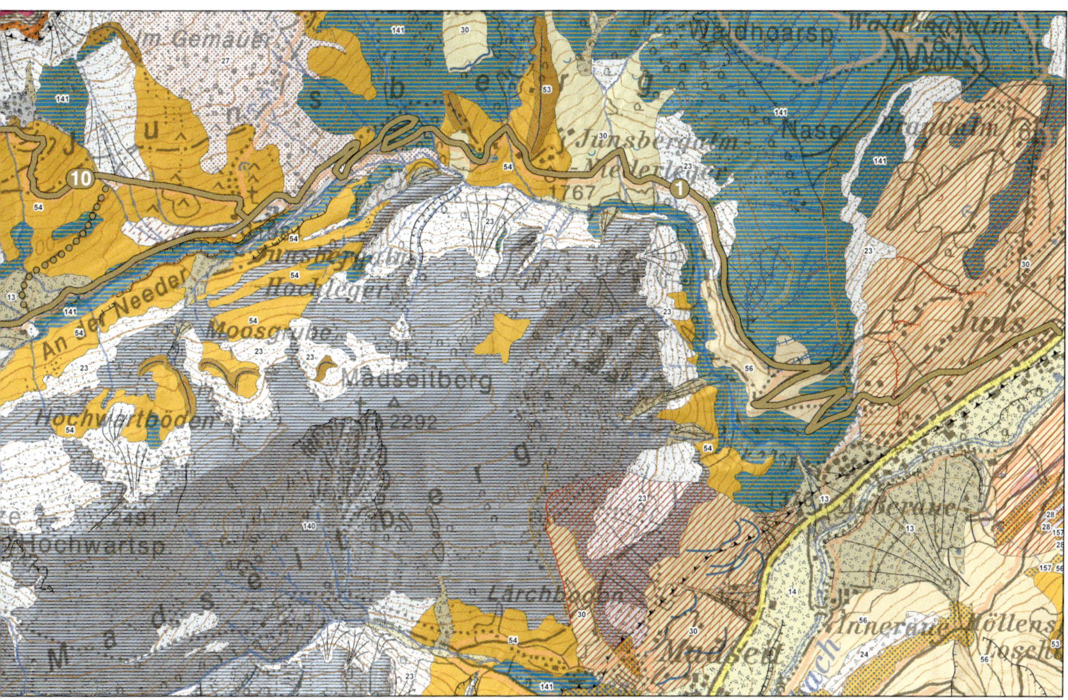

wollen, steht in Tux ein Wandertaxi bereit, das bis zum Junsbergalm-Hochleger fährt (unbedingt einen Tag vorher reservieren, Tel. 0043/664/4260106). Die Rundtour zu Junssee, Geier, Lizumer Reckner (optional und nur für geübte Bergsteiger) und zurück übers Junsjoch (insgesamt circa 1000 Höhenmeter, 7–8 Stunden) erfolgt auf bestens markierten, aber schmalen Bergpfaden, bei denen auch ein drahtseilversichertes Stück zum Junssee zu bewältigen ist. Gutes, hochgebirgstaugliches Schuhwerk ist obligatorisch. Die Durchführung der Unternehmung wird der genannten Rahmenbedingungen wegen nur konditionsstarken, bergerfahrenen Wanderern bei stabilem Bergwetter (am besten im Herbst bei klarer Sicht) empfohlen! Und vor der Abfahrt mit dem Rad zurück nach Tux ist eine Einkehr bei der hervorragenden Bergkäserei "Stoankasern" sehr zu empfehlen! Beste Jahreszeit ist Ende Juni bis Oktober.

Wichtig: Da Teile der Exkursionsroute durch das Gebiet des militärisch genutzten Truppenübungsplatzes "Lizum/Walchen" führen, sind vor Antritt der Wanderung unter dem Link https://www.wattenberg.tirol.gv.at/truppenuebungsplatz oder den Telefonnummern 0043/50201/6442010 sowie 0043/664/6225428 Informationen einzuholen, ob Sperrzeiten einzuhalten sind, während denen das Gelände nicht betreten werden darf.

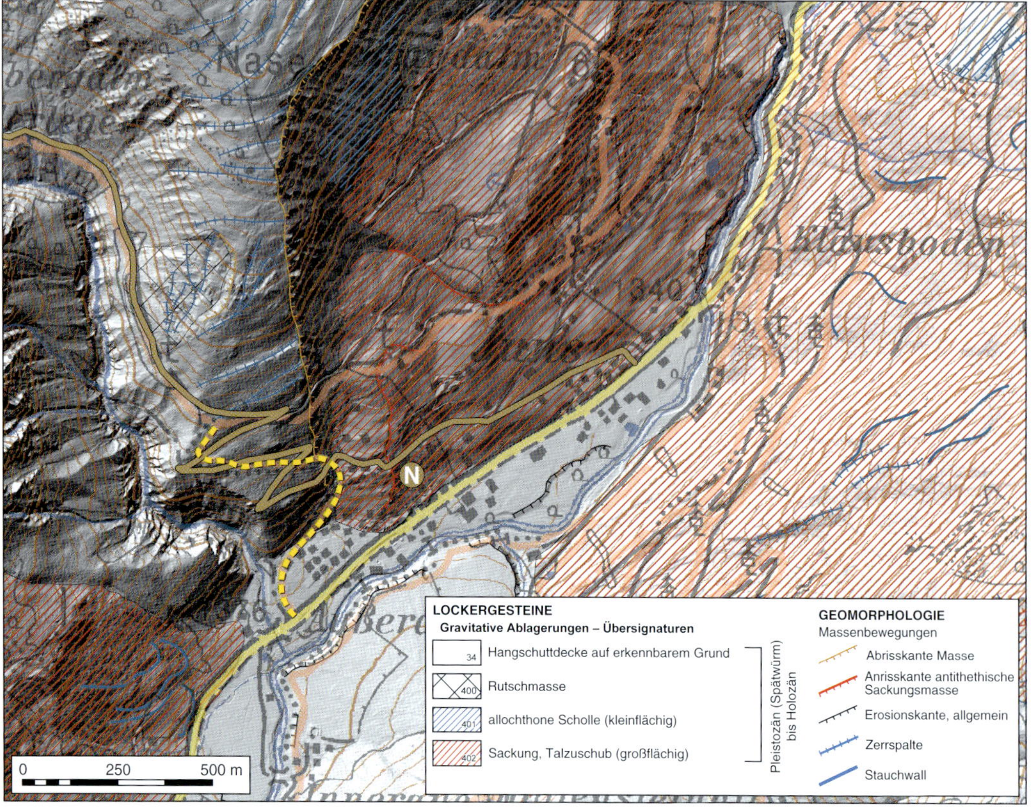

Abb. 155. Digitales Geländemodell (Schummerungskarte) der Massenbewegung, entlang derer die Straße zum Junsberg-Niederleger führt. Sehr markant sind der große muschelförmige Ausbruch und die nach Südosten gegen Juns abgesackte Bergflanke (im Bildzentrum), ebenso wie die zahlreichen Zerrspalten (hellblau), die sich den Südosthang bis in die Gipfelregion der Grüblspitze hinaufziehen. Die Exkursionsroute entlang der Fahrstraße ist mit einer braunen Linie dargestellt, eine (fußläufige) Abkürzungsmöglichkeit gelb strichliert.

1 Von Juns auf den Stoankasern

Die Exkursion startet an der Tuxer Landesstraße in Juns. Unweit talaufwärts der Bushaltestelle zweigt rechts eine Asphaltstraße ab, der wir bis zu den letzten Höfen folgen – mehrere in weiterer Folge nach rechts aufwärts abgehende Fahrstraßen ignorieren wir. Hinter dem letzten Hof – bereits knapp 100 Meter über dem Talboden – beginnt eine grobschottrige Forststraße der Weggenossenschaft Junsbergalpe, die hoch über dem Junsbach zunächst in einigen Kehren bergauf führt.

Der Aufschluss gleich zu Beginn der Straße gewährt Einblick in die stark verfaltete und tektonisch deformierte Bündnerschiefer-Serie der Glockner-Decke, also jene mächtige Lithologie, die einst zu Zeiten des Juras und der Kreide in den lichtlosen Tiefen des Penninischen Ozeans zur Ablagerung kam und heute im "Glockner-Deckensystem" über dem allochthonen, weitgehend metasedimentären "Modereck-Deckensystem" sowie der Hochstegen-Zone und den Zillertaler Kristallinkernen liegt ("Venediger-Deckensystem", siehe auch die einleitenden Kapitel zur regionalen Geologie des Zillertals in Band 43).

155 Diese Wandstufe kennzeichnet darüber hinaus das westliche Ende einer großen, nach Südosten offenen Ausbruchsnische einer Rutschung, die den gesamten orographisch linken Hang oberhalb von Juns bis über die Brandalm (1600 m) und zur Waldhoaralm (1850 m) umfasst. Diese Sackungsmasse dürfte ihren Ursprung vermutlich in der Nacheiszeit haben und mittlerweile inaktiv geworden sein.

Abb. 156. Am Eingang des Junsberges öffnet sich über herbstlich gelben Lärchenwipfeln der Blick auf die höchsten Gipfel des Tuxer Kammes: Von links nach rechts stehen Gefrorene-Wand-Spitzen (3289 m), Olperer (3476 m), die kleine Pyramide des Großen Kaserers (3263 m), der weite Gletschersattel der Höllscharte (2991 m) sowie der breite Felsgipfel des Kleinen Kaserers (3093 m). Diese Region ist Thema der Exkursion L.

Im dichten Lärchenwald geht es ohne größere Aufschlüsse stetig bergwärts. Hin und wieder blitzen stark verfaltete Bündnerschiefer unter der würmzeitlichen (Grund-)Moränenüberdeckung heraus. Nach vier Spitzkehren haben wir den steileren unteren Part der Auffahrt zur Junsbergalm geschafft und fahren oder wandern über dem Junsbach ins Tal hinein. Bei einem Wegkreuz mit Aussicht auf *156*
die Eisgipfel des Tuxer Kammes (Gefrorene-Wand-Spitzen, Olperer und Großer Kaserer) lässt es sich erst einmal durchschnaufen, bevor wir die noch ausstehenden knapp 300 Höhenmeter zu den Stoankasern angehen.

In entgegengesetzter Richtung können wir zum ersten Mal gegen den Junsberg und die über dem Tal thronende, markante Kalkwand blicken. Wie ein Fremdkörper liegen die hellen Metakarbonate der unterostalpinen Kalkwand-Deckenscholle auf dunklen Gesteinen der Tarntaler Brekzie (Hippold-Decke, ebenfalls Unterostalpin). Die Hänge darunter werden von vergleichsweise weichen Bündnerschiefern aufgebaut. Dort liegt ein gut sichtbarer Felssturz mit riesigen, teilweise mehr als hausgroßen Sturzblöcken, einst ausgebrochen aus der Ostflanke der Kalkwand. *157*

Abb. 157. Derselbe Standort wie bei Abbildung 156, nur mit Blick in die entgegengesetzte Richtung den Junsberg hinauf, zeigt die markante, 2826 Meter hohe Kalkwand über dem Junsberg-Niederleger. Unter dem Gipfel liegt der Kalkwand-Felssturz, nach dessen großen Blöcken der darunter gelegene »Stoankasern« seinen Namen bekommen hat. Der Gipfelbereich der Kalkwand wird aus gering metamorphen, triassischen Metakarbonaten der unterostalpinen Kalkwand-Deckenscholle aufgebaut. Darunter liegen die dunkelgrauen Bänder der jurassischen »Tarntaler Brekzie« (Hippold-Decke, ebenfalls ein unterostalpiner Deckenrest). Die Sturzblockhalde befindet sich auf Bündnerschiefern der penninischen Glockner-Decke.

Abb. 158. a, An einer Bachquerung auf etwa 1840 Meter Höhe oberhalb des Junsberg-Niederlegers sind Bündnerschiefer aufgeschlossen. b, Die Schieferung fällt in diesem Fall hanggegensinnig und steil nach NW ein.

Der gesamte Hang rechts bergseitig über uns ist von West-Ost- bis Südwest-Nordost-verlaufenden Zerrspalten durchzogen, die sich bis zur von hier nicht sichtbaren, 2395 Meter hohen Grüblspitze nordwärts fortsetzen. Massenbewegungen – ob aktiv oder inaktiv – spielen innerhalb der stark gefalteten, zerscherten und phyllitischen Bündnerschiefer-Serie an vielen Orten rund um das Tuxertal eine große Rolle – so auch in diesem Gebiet.

Über dem Junsberg-Niederleger folgt die Straße dem Junsbach ins Tal hinein und beschreibt einen großen Bogen in westliche Richtung.

Hier sind Aufschlüsse absolute Mangelware – zu mächtig sind holozäne Hangschutt- und würmeiszeitliche Moränenablagerungen auf Bündnerschiefern. Ein markanter Bacheinschnitt auf etwa 1800 Meter Höhe beispielsweise wird von zwei Wallformen umgeben, die als Seitenmoränen-Kämme eines von Grüblspitze und Ramsjoch gegen Süden abfließenden kleinen Eisstromes aus dem Egesen-Stadial interpretiert werden können.

Erst deutlich oberhalb des Junsberg-Niederlegers, entlang eines weiteren tiefen Bacheinschnitts (kleine
158 Brücke, Furt; circa 1840 m Höhe), treten kalkige Bündnerschiefer als hellglimmerreiche Phyllite zutage.

Über der Furt gewinnt die Straße mit ein paar ausholenden Kehren schnell an Höhe. Ab diesem Punkt erge-
159 ben sich schöne Blicke zurück über den Junsberg-Niederleger zum Kreuzjoch und die dahinter aufragenden
Grinbergspitzen im östlichen Tuxer Kamm (siehe auch Exkursion D, Band 43).

Kurz vor Erreichen des Junsberg-Hochlegers schlängelt sich der Fahrweg durch die Ausläufer des zuvor bereits erwähnten Felssturzes unter der Kalkwand-Ostflanke, die sich von den Almweiden bis hinab zum Junsbach ziehen. Zumeist handelt es sich um massige, brekziöse Metakarbonate ("Tarntaler Brekzie" der Hippold-Decke). Um einige der riesigen Blöcke wurden kleine Almhütten
160 erbaut, die zum Junsberg-Hochleger gehören. Die Käserei "Stoankasern" (*nomen est omen*) wenige
hundert Meter weiter ist nicht zu übersehen: Vor allem in der Hochsaison um die Mittagszeit is(s)t

Abb. 159. Ausblick knapp unterhalb der Stoankasern den Junsberg hinab gegen das Tuxertal und den dahinter aufragenden Tuxer Kamm mit den Grinbergspitzen. Davor liegen die Grasberge Tettensjoch und »Am Flach« sowie der breite Sattel des Kreuzjoches. Dieser Bereich wird von Exkursion Ⓓ *in Band 43 durchwandert. Gesehen an einem wunderschönen kalten Herbstmorgen in den letzten Oktobertagen des Jahres 2021.*

man hier niemals allein und sieht sich zahlreichen käseliebenden Zeitgenossen gegenüber – nur im Herbst, nach Ende der Almsaison, wird es sehr still im oberen Junsberg. Die Ruhe tut gut, hat jedoch den Nachteil, dass es keinen Käse mehr zum Probieren gibt.

Abb. 160. Der Junsberg-Hochleger (Käserei »Stoankasern«) vor der eindrucksvollen Kulisse der höchsten Tuxer Berge – in diesem Fall des 2781 Meter hohen Pluderlings. Unser weiterer Anstieg verläuft im Tal entlang der Licht-Schatten-Grenze und quert in den obersten Talböden unter der flachen Kuppe des Sägenhorstes (2714 m, knapp links der Bildmitte) nach rechts aufwärts. Der hochgelegene Junssee verbirgt sich hinter dem Pluderling, der von hier aus gesehen den höchsten Punkt bildet. Deutlich ist die steil hanggegensinnig nach NW einfallende Schieferung anstehender Sequenzen der Glockner-Decke zu sehen. Wohin das Auge blickt – nur Bündnerschiefer.

② Tiefsee-Sedimentgesteine und Eiszeitwelten zwischen Toter Klamm und Toten Böden

Diejenigen, die sich entweder mit dem "analogen" Drahtesel hier herauf geplagt haben oder eher entspannt mit einem E-Bike fahren konnten, haben die Möglichkeit, hinter den Stoankasern der ruppiger werdenden Fahrstraße noch eine Weile taleinwärts zu folgen. Entlang des tief eingeschnittenen Junsbachs geht es durch Bergrosenfelder und kleine Buckelwiesen-Areale in Richtung Talschluss.

Den Hintergrund der Bergszenerie bilden nach wie vor die stillen und weitgehend unbekannten Zweitausender der Tuxer Alpen zwischen Gamskarspitze und Sägenhorst – gleichfalls und ausschließlich aus mächtigen, verfalteten Bündnerschiefersequenzen der Glockner-Decke aufgebaut.

Der Fahrweg verzweigt sich auf etwa 2080 Meter Höhe: Nach rechts geht es bergauf in Richtung Junsjoch (der Fahrweg wurde hier bis auf knapp 2300 Meter Höhe ausgebaut und wird von der Exkursionsroute im Abstieg zu den Stoankasern berührt); wir halten uns links bis zu einer Furt und einem kleinen, eigens für Mountainbiker
161 eingerichteten, umzäunten und deswegen vor neugierigen Kühen geschützten Fahrrad-Parkplatz.

Nach Querung des Junsbaches auf seine orographisch rechte Seite steigen wir zunächst in flachen Murschuttsedimenten einem schwach ausgeprägten Tälchen entgegen. Zwischen diesem und dem Junsbach rechts zieht ein kleiner Rücken mit gleichförmig steil nach NW einfallenden Bündnerschiefern samt vielfarbigen Metakarbonat-Einschaltungen bergwärts. An dieser Stelle sei ein kleiner Exkurs zur Entstehungsgeschichte der oft als "monoton" verschrienen Bündnerschiefer-Serie erlaubt: Wie bereits im geologischen Überblick (S. 9ff.) vermerkt, befand sich ihr einstiger Ablagerungsraum während Oberjura und Unterkreide im Penninischen Ozean, einem kleinen, aber tiefen Meerestrog. Ursprünglich entstanden sie als Abfolge von Turbiditen ("Trübeströme"), die als submarine Sedimentlawinen vom europäischen ("helvetischen") Kontinentalhang gegen den Penninischen Ozean abglitten. Da sich diese Lawinen im Lauf der Jahrhunderttausende und Jahrmillionen sehr häufig wiederholten und unterschiedliches Material wie Kalk- und Sandstein schütteten, wurden mächtige, durchaus als heterogen zu bezeichnende Wechselfolgen aus Sandsteinen, Kalkhorizonten und Tonlagen sedimentiert. Während Sand- und Kalksteine in sehr kurzer Zeit, oft nur binnen weniger Stunden, akkumuliert werden konnten, sind die zwischenliegenden Tonlagen Ausdruck der tiefmarinen Hintergrundsedimentation, die sehr langsam und stetig vonstattenging. Mit der alpinen Hauptauffaltungsphase ab dem Eozän wurden sie – wie im ersten Kapitel in knappen Worten skizziert – intensiv verfaltet und metamorph umgewandelt. Sie kommen als Bündnerschiefer naturgegeben in penninischen Einheiten vor, die weitflächig vor allem in den Westalpen erschlossen sind. Im Ostalpenraum wie im Engadiner Fenster und Tauernfenster treten sie als tiefe ostalpine tektonische Bauelemente auf. Die hier dokumentierte lithologische Vielfalt ist somit Ausdruck einer Art "Mülleimersedimentation" im Penninischen Ozean: Gelbe, braune und leuchtend orangefarbene Partien stammen von akzessorisch enthaltenen, oxidierten Eisenmineralien wie Pyrit, Hämatit
und Magnetit (nun teilweise zu derbem Siderit 16
umgebildet). Glimmer- und quarzreiche Bereiche 16
stellen metamorphe Sandsteine dar und fettig glänzende sowie papierdünn brechende Phyllite
sind Überreste besagter toniger Hintergrund- 16
sedimentation. Dazwischen finden sich immer wieder hellgraue bis stahlblaue, geringmächtige und stark verfaltete Metakarbonate.

Abb. 161. Service für Radfahrer: Ein eigens eingerichteter umzäunter Parkplatz am Ende des Fahrweges auf etwa 2100 Meter Höhe. Der weitere Anstieg verläuft entlang der Licht-Schatten-Grenze knapp links des Schildes bergwärts.

Hinter dem kleinen Rücken aus Bündnerschiefern wird das Gelände flacher und zeigt eindeutig eine glazigene Überprägung mit geringmächtigen Moränenablagerungen. Wieder erkennen wir

Abb. 162. a, Blättrig verwitternde, weiche Bündnerschiefer finden sich entlang des kleinen Bergrückens am Aufstiegsweg auf circa 2200 Meter Höhe ebenso wie herausgewitterte Blöcke mit Quarzen, Marmorfetzen, Hellglimmern und ockerfarbenem bis braunem Siderit aus mächtigeren, ehemals klastischen Einzelhorizonten (b,c).

Abb. 163. Unter den Nordhängen der Dunklen Spitze (links) liegen wenige Hektar große Frostmusterböden (»Thufur« oder »earth hummocks«). Unter den Hängen des Sägenhorsts (halbrechts) erstreckt sich ein ausgedehnter Murschuttfächer, der von der Pluderling-Südflanke (knapp rechts außerhalb des Bildes) genährt wird. Der weitere Anstieg verläuft links durch die schattige Flanke auf den flachen Sattel der dahinterliegenden Hochebene der Toten Böden.

flache Wallstrukturen, die als Seitenmoränen eines kleinen Lokalgletschers aufgeschüttet wurden. Hinter einem seichten gerölligen Sattel auf etwa 2350 Meter Höhe liegt eine kleine Ebene mit sehr interessanten Frostmusterböden: Diese auffallende Bodenform mit zahlreichen kleinen runden bis ovalen Hügeln zieht sich unter den Nordhängen der Dunklen Spitze (2479 m) entlang und grenzt
163 gegen den Junsbach an ausgedehnte Murschuttfelder sowie sanft ansteigende Hangschuttfelder.

Die auch als "Thufur" oder "earth hummocks" bekannte, zum periglazialen Formenschatz gehörende Bodenbildung ist eigentlich typisch für arktische Permafrostböden, tritt aber auch gelegentlich in den Hochlagen der Alpen auf. Charakteristisch ist ein nur wenige Dezimeter hoher, runder bis ovaler Hügel mit einem gefrorenen Kern aus (Moränen-)Mineralboden, Steinen und hin und wieder auch kleinen Blöcken. Sie entstehen, wenn der Boden durch schützende Vegetationsüberdeckung nicht in allen Bereichen gleichzeitig gefriert: Ein Stein oder Block als Kern kann beispielsweise durch Frost gehoben werden und bei einem feinkörnigen Boden zieht ein bereits gefrorener Kern infolge des Dampfdruckgefälles Wasser an, was Umlagerungen und Verwürgungen des enthaltenen Feinmaterials mit entsprechenden Aufwölbungen zur Folge haben kann. Die Bezeichnung "Thufur" kommt übrigens aus dem Isländischen, wo diese Bodenform sehr häufig auftritt.

Abb. 164. Aussicht von den Toten Böden nach Norden und Nordosten zu Pluderling und Kalkwand. Immer noch dominieren die weichen, teilweise an steilen Berghängen tief erodierten Landschaftsformen des Bündnerschiefers. Die Kalkwand mit ihren unterostalpinen Deckenklippen wirkt da wie eine Art monolithischer Fremdkörper.

Abb. 165. Panorama vom P. 2650 m (Beginn des TÜP Lizum/Walchen, siehe gelbes Schild im Vordergrund) gegen das Junsbergtal und den Tuxer Kamm.

Zwischen der Nordflanke der Dunklen Spitze und dem ausgedehnten Murschuttfächer auf der gegenüberliegenden Talseite, der aus der stark erodierten Pluderling-Südflanke genährt wird, hat sich der Junsbach tief in die weiche Bündnerschiefer-Serie geschnitten und die "Tote Klamm" gebildet. Diese wird vom Steig nicht berührt, kann aber in einem kurzen Abstecher über einen gratähnlichen Rücken unterhalb erreicht werden (Vorsicht an der Abbruchkante!).

Wenn wir an einem strahlend schönen, aber kalten Herbsttag nach dem ersten gefallenen Schnee des Jahres unterwegs sind, ist die schattenerfüllte Nordflanke unter dem namenlosen Gipfel westlich der Dunklen Spitze oft gefroren und nicht einfach zu begehen. Von hier aus sind noch knapp 150 Höhenmeter bis zu den "Toten Böden" zurückzulegen, einer auf etwa 2500 Metern gelegenen Hochebene, umkränzt von bis über 2700 Meter hohen Gras- und Schrofenbergen.

Wieder finden wir Areale mit Thufur-Frostböden, aber auch Bereiche glazigen flach abgeschliffener,
felsiger Kuppen mit Bündnerschiefern. Nach Norden haben wir einen interessanten Blick über die
Murschuttsedimente des oberen Talkessels hinweg zum Pluderling, unter dessen von Erosion zer-
fressenen Hängen der kleine Junssee liegt. Und in Richtung der Stoankasern am oberen Junsberg 164
thront die Kalkwand, die sich mittlerweile zu einer eleganten hellen Kalkpyramide gewandelt hat.

③ Beeindruckende Erosionslandschaften am Junssee

Von den Toten Böden beginnt der Pfad, gegen die Ostflanke des 2713 Meter hohen Sägenhorst anzusteigen, und quert einige flache Rippen quarzitischer, auffallend heller Bündnerschieferhorizonte samt dazwischenliegender Schuttrinnen.

Mit Erreichen des Sägenhorst-Ostgrates wird es etwas steiler – abfließendes Bergwasser hat hier zum Teil tiefe Erosionsrinnen in die weichen, verfalteten Schieferserien eingeschnitten, die zudem nach Niederschlägen für eine unangenehm rutschige Wegführung sorgen. Auf etwa 2650 Meter Höhe haben wir ein kleines Hochkar erreicht, an dessen Abbruch zum Junsbach ein gelbes Schild die Grenze des Truppenübungsplatzes (TÜP) Lizum/Walchen markiert. Das auf der Hinweistafel Geschriebene mag angesichts der weltabgeschiedenen Lage drastisch erscheinen und verwundert in der Tat, denn der Wanderweg, auf dem wir gehen, ist Teil der berühmten Transalproute "München–Venedig". Trotzdem sind die Hinweise ernst zu nehmen – hin und wieder wird scharf geschossen und es gab wohl schon mehrere unliebsame "Zusammentreffen" zwischen Militär und Bergliebhabern.

Ungeachtet militärischer Nutzungen ist das Gebiet hier vor allem eines: wunderschön! Der Blick 165
reicht das lange Junsbergtal den Anstiegsweg hinab zu den Stoankasern. Links davon steht der
Pluderling mit seinen skurril erodierten, an eine brüchige Sandburg erinnernden Flanken. Rechts
liegen die weiten und einsamen Toten Böden und die Szenerie im Hintergrund wird vom Ostab-

Abb. 166. Sägezahnartige, nach Nordwest einfallende Bündnerschiefer am Nordgrat des Sägenhorst. Die dahinter schroff aufragenden dunklen Gesteinsklippen gehören zu unterostalpiner Hippold- und Reckner-Decke des 2857 Meter hohen Geiers.

schnitt des Tuxer Kammes von den Grinbergspitzen (Exkursion D, Band 43) bis zum Hohen Riffler (Exkursion F, Band 43) und den Gefrorene-Wand-Spitzen beherrscht. Und über der 2750 Meter hohen Gamskarspitze südlich der Toten Böden erhebt sich mit dem Olperer der dritthöchste Gipfel der Zillertaler Alpen.

Abb. 167. Unter schräg einfallendem, herbstlichem Abendlicht wirkt die Bündnerschiefer-Erosionslandschaft der Pluderling-Südflanke wie eine brüchige Sandburg.

Das kleine Hochkar unter dem Sägenhorst
führt zu einer weiteren Geländeschwelle mit
beeindruckend sägezahnartig aufgestellten
Bündnerschiefer-Platten. Nach einigen stei- 166
len Metern erreichen wir den Sägenhorst-
Nordgrat und damit auf etwa 2690 Meter
Höhe auch den Südrand jener kleinen,
verschwiegenen Senke, in der der Junssee
unter den Gipfeln von Geier und Pluderling
liegt. Von hier kann der 2713 Meter hohe
Sägenhorst im Übrigen in wenigen Minuten
unkompliziert erstiegen werden.

Vom Grat fällt der Blick auf die säu-
len- und pfeilerartig modellierten Ero-
sionsformen an den Südabbrüchen von
Geier und Pluderling. Am stimmungs-
vollsten präsentiert sich die Szenerie
im spätherbstlichen Abendlicht, das die 167
Konturen geradezu künstlerisch herausmodelliert und die einsame Gegend
seltsam entrückt erscheinen lässt. Den
hochgelegenen Junssee knapp unter uns
überzieht dann meist schon eine dünne
Eishaut und es regt sich kein Lüftchen
in seinem seichten Karkessel.

Abb. 168. Von der Felsschwelle oberhalb des Junssees ist der weitere Anstieg gegen Geier (links) und Pluderling (rechts) klar vorgezeichnet: Der Steig quert die steilen, kleinstückigen Bündnerschiefer-Schuttfelder aufwärts und verläuft darauf zum 2781 Meter hohen Pluderling.

④ Geologische Übersicht am Pluderling: Es gibt doch noch mehr als Bündnerschiefer

Der Weiterweg vom Junssee gegen Pluderling und Geier ist klar vorgezeichnet und quert zunächst die klein- *168*
stückigen Schuttfelder unter der Südflanke des zweithöchsten Tuxer Gipfels. Dabei laufen wir zunächst immer noch im "Erosions-Abfall" der Bündnerschiefer. Die steile Aufwärts-Querung erreicht auf etwa 2750 Meter Höhe
einen neuerlichen Absatz. Wer von hier aus den nahen Pluderling besteigen möchte, bleibt auf markiertem *169*
Pfad am breiten Rücken über dem Junssee und erreicht über den abgerundeten Westgrat den höchsten Punkt.

Abb. 169. Der Aufstieg auf den Pluderling über seinen abgerundeten Westgrat ist problemlos. Ganz links erkennt man die helle Klippe der Kalkwand, rechts den Tuxer Kamm zwischen Grinbergspitzen und Hohem Riffler.

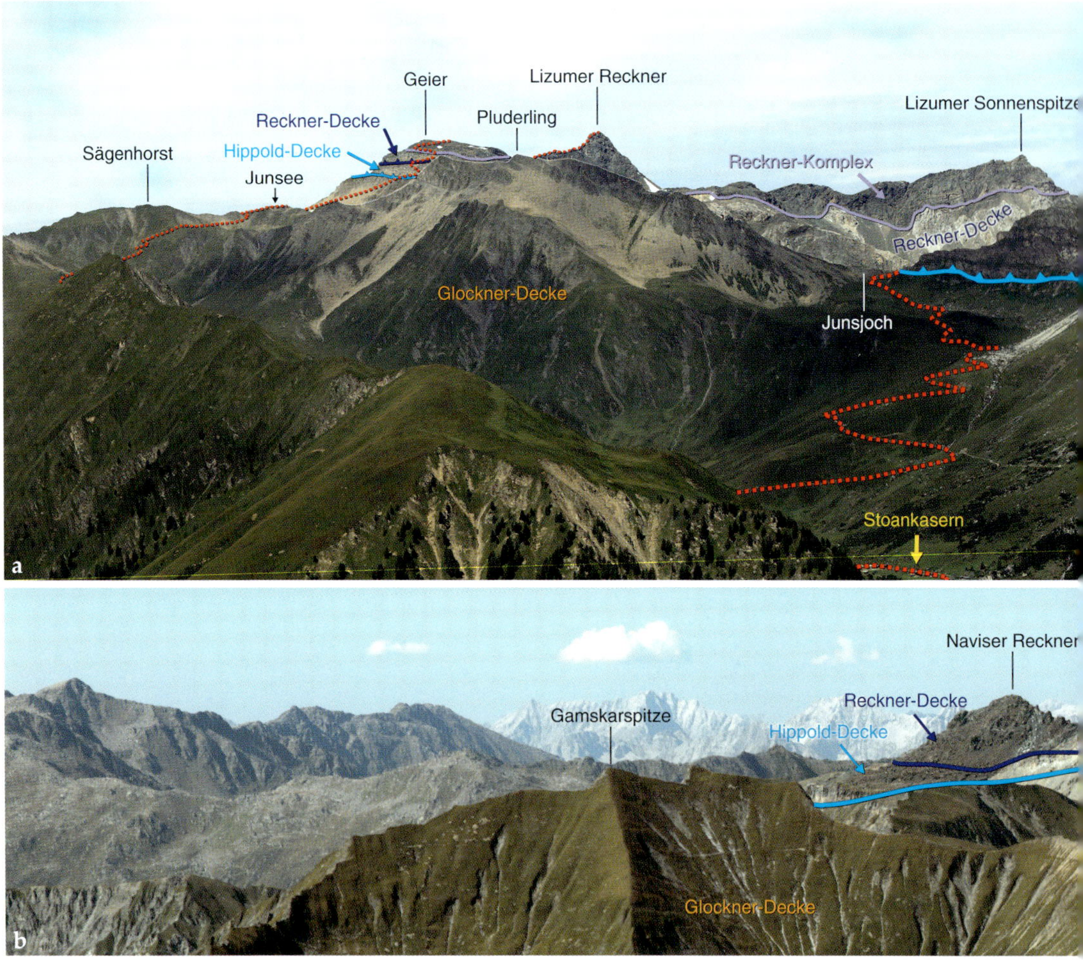

Vom Pluderling haben wir einen guten Überblick auf die noch ausstehenden Höhenmeter zum Geier und die Region zwischen Lizumer Reckner und Lizumer Sonnenspitze mit heterogenen, hellen bis dunklen, beinahe subhorizontal lagernden Gesteinsserien. Nach schier endlosen verfalteten Bündnerschieferabfolgen im bisherigen Anstieg wird sofort deutlich, dass wir es hier mit einer gänzlich andersartigen Geologie zu tun haben. Wie bereits angedeutet, erschließt die Geier-Südflanke über dem Junssee einen unterostalpinen Deckenstapel, der wie ein Baumkuchen auf der Glockner-Decke

◁ *Abb. 170. Blick vom Pluderling gegen Geier, Lizumer Reckner und Lizumer Sonnenspitze – ganz links am Bildrand liegen die Militärgebäude des TÜP Lizum/Walchen und im Hintergrund jenseits der tiefen Inntal-Furche die bleichen Kalkspitzen des Karwendels. Die gezeigten drei höchsten Gipfel der Tuxer Alpen formen einen unterostalpinen Deckenstapel aus Hippold- und Reckner-Decke mit eingelagerten Kalkschiefern und Ophiolithen des Reckner-Komplexes. Diese aus auffallend dunklen Serpentiniten zusammengesetzte Zone lässt sich vom Lizumer Reckner bis zur Lizumer Sonnenspitze verfolgen und bildet das höchste tektonische Stockwerk des gesamten Exkursionsgebietes.*

liegt. Dabei sind die Deckengrenzen als deutlich voneinander abgesetzte Schichtköpfe sehr gut zu erkennen. Unmittelbar über der Glockner-Decke mit ihren Bündnerschiefern und der Verebnungsfläche, über die wir zum Pluderling angestiegen sind, liegt die Hippold-Decke mit bräunlich bis dunkelgrau

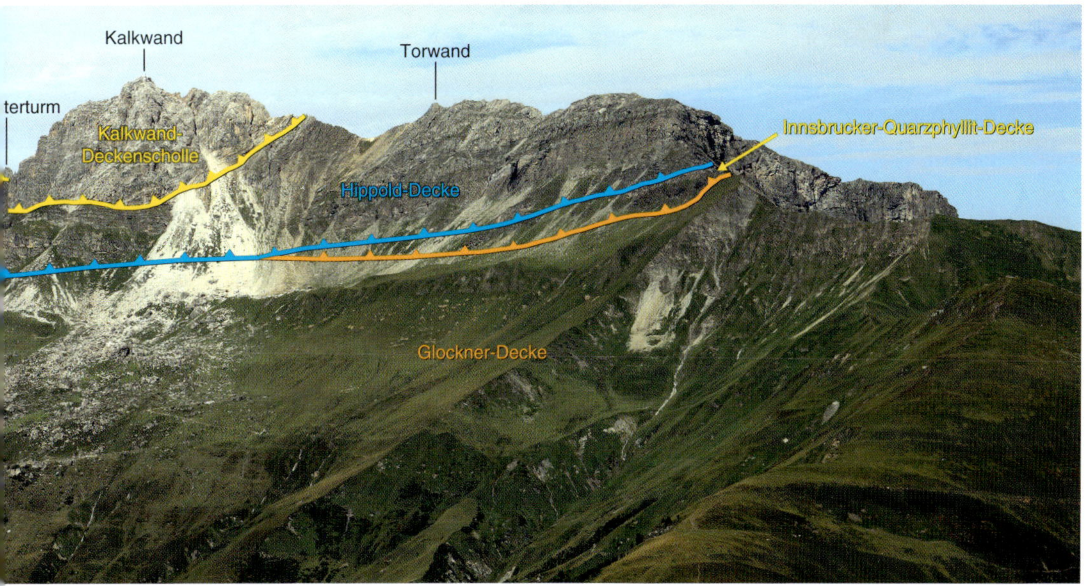

Abb. 171. a, Der Blick vom Tettensjoch (Exkursion Ⓓ*, Band 43) zeigt die geologische Situation zwischen Junsberg, Geier, Lizumer Reckner und Kalkwand im Überblick: Die unterostalpinen Deckenklippen von Hippold- und Reckner-Decke samt Reckner-Komplex, sowie Kalkwand-Deckenscholle liegen auf den großflächigen Bündnerschieferausbissen der Glockner-Decke. Am Ostrand der Kalkwand-Deckenscholle unterhalb der wenig ausgeprägten Torwand ist zudem ein schmaler Span der Innsbrucker-Quarzphyllit-Decke eingeschaltet (Thema bei den Exkursionen* Ⓜ, Ⓞ *und* Ⓟ*). b, Die Aussicht vom Nordgrat des Großen Kaserers zeigt die unterostalpinen Deckenklippen rund um die höchsten Tuxer Gipfel in der Gesamtschau von Süden.*

Abb. 172. Die Klippe der Hippold-Decke am Geier (a) zeigt zwischen circa 2770 bis 2790 Meter Höhe zunächst braun-ockerfarbene Metarauwacken und Metakonglomerate (d, e), die von dunklen Quarziten (dunklen, ehemals bituminösen Metakarbonaten, auch »Zebrakalke« genannt) überlagert werden (b). Letztere können bereichsweise stark verfaltet sein (c). Aufgrund lithologischer Parallelen wird diese kurze Abfolge mit der unteranisischen Reichenhall-Formation und überlagernder, mittelanisischer Gutenstein- und Virgloria-Formation gleichgesetzt.

gefärbten, triassischen Metakarbonaten. Diese bilden aufgrund ihrer höheren Verwitterungsresistenz eine Steilstufe. Über der Hippold-Decke liegt die Reckner-Decke mit weichen, den Bündnerschiefern nicht ganz unähnlichen Kalkschiefern, die eine morphologische Verflachung bilden. Nochmals darüber sitzt der Reckner-Komplex mit zuunterst erschlossenen bräunlichgrauen Kalkschiefern und auflagernden schwarz bis schwarzgrünlichen Ophiolithen. Im knapp halbstündigen Anstieg zum Geier wird diese Abfolge näher erläutert.

Abb. 173. Dunkle Tonschiefer sowie überlagernde hellbraune bis hellbeigefarbene Kieselschiefer des Reckner-Komplexes bilden das unmittelbare Unterlager der dunkelgrünen Ophiolith-Serpentinite (a), die den Gipfelbereich von Geier und Lizumer Reckner aufbauen. Im Kontaktbereich zu den dunkelgrünen Ophiolithen liegt ein nur meterbreites Band von lagigen Quarzmarmoren (b), die stark an die Hochstegen-Fazies der Wolfendorn-Decke oder der Hochstegen-Zone erinnern (siehe Exkursion D und I, Band 43).

Unter der Annahme, dass Reckner-Decke und Kalkwand-Deckenscholle in ein ähnliches tektonostratigraphisches Stockwerk zu setzen sind, lässt sich die hier beschriebene Abfolge bis zur 2826 Meter 171
messenden Kalkwand jenseits des Junsjoches ostwärts fortsetzen – dort ist allerdings der Reckner-Komplex nicht mehr erschlossen. Die unterostalpine Hippold-Decke verläuft – mit einer kleinen Unterbrechung an der Torspitze – nach Nordosten bis zur Hippoldspitze und wird in Exkursion M eingehender beschrieben.

5 Hol mich der Geier: Auf den einfachsten der hohen Tuxer Berge

Vom Pluderling steigen wir kurz zu einem weithin sichtbaren gelben Wegweiser ab, der uns nach rechts auf den kurzen, aber steilen Geröllhang zu den ersten anstehenden Metakarbonaten der Hippold-Decke weist. 172

Obgleich metamorph überprägt, sind in den Gesteinssequenzen noch primäre Sedimentgefüge wie Metarauwacken, Metakonglomerate und dunkle Quarzite zu erkennen. Aufgrund ihrer lithologischen Ähnlichkeit mit dem in den Nördlichen Kalkalpen dokumentierten Übergang der unteranisischen Reichenhall-Formation zur mittelanisischen Gutenstein- und/oder Virgloria-Formation, wird die hier anstehende, knapp 20 Meter mächtige Schichtenfolge – allerdings ohne adäquate Altersdatierungen – in diesen Zeitbereich eingestuft (u.a. Dingeldey & Koller 1994; Koller et al. 1996). In den Nördlichen Kalkalpen zeigt die Reichenhall-Formation oft einen brekziösen Habitus mit zwischengeschalteten Rauwackenhorizonten. Die auflagernde Gutenstein-Formation hingegen ist durch dünnbankige, dunkle und stark bituminöse Kalke charakterisiert.

Ob diese stratigraphisch konkordante, unter- bis mitteltriassische Abfolge nun primär erhalten ist oder – wie in Exkursion M dargelegt – eine olistholithische Komponente der oberjurassischen Hippold-Formation (siehe Reiter & Brandner 2006) darstellt, ist bislang noch nicht hinreichend geklärt.

Nach dieser ersten Steilstufe gelangen wir auf eine terrassenartige Verebnungsfläche, die in einem geröllüberdeckten Band westwärts um den Geier zieht.

Ab diesem Bereich verläuft der Anstieg in Gesteinsabfolgen der überlagernden Reckner-Decke: Zunächst finden wir hellbraune bis ockerfarbene Kalkschiefer, die zeitlich in den mittleren bis oberen Jura gestellt werden ("Hangend-Marmor" nach Enzenberg 1967). In der Steilstufe darüber stehen schlecht erschlossene, etwas dunklere, phyllitische Tonschiefer an, überlagert von harten, lagigen 173a

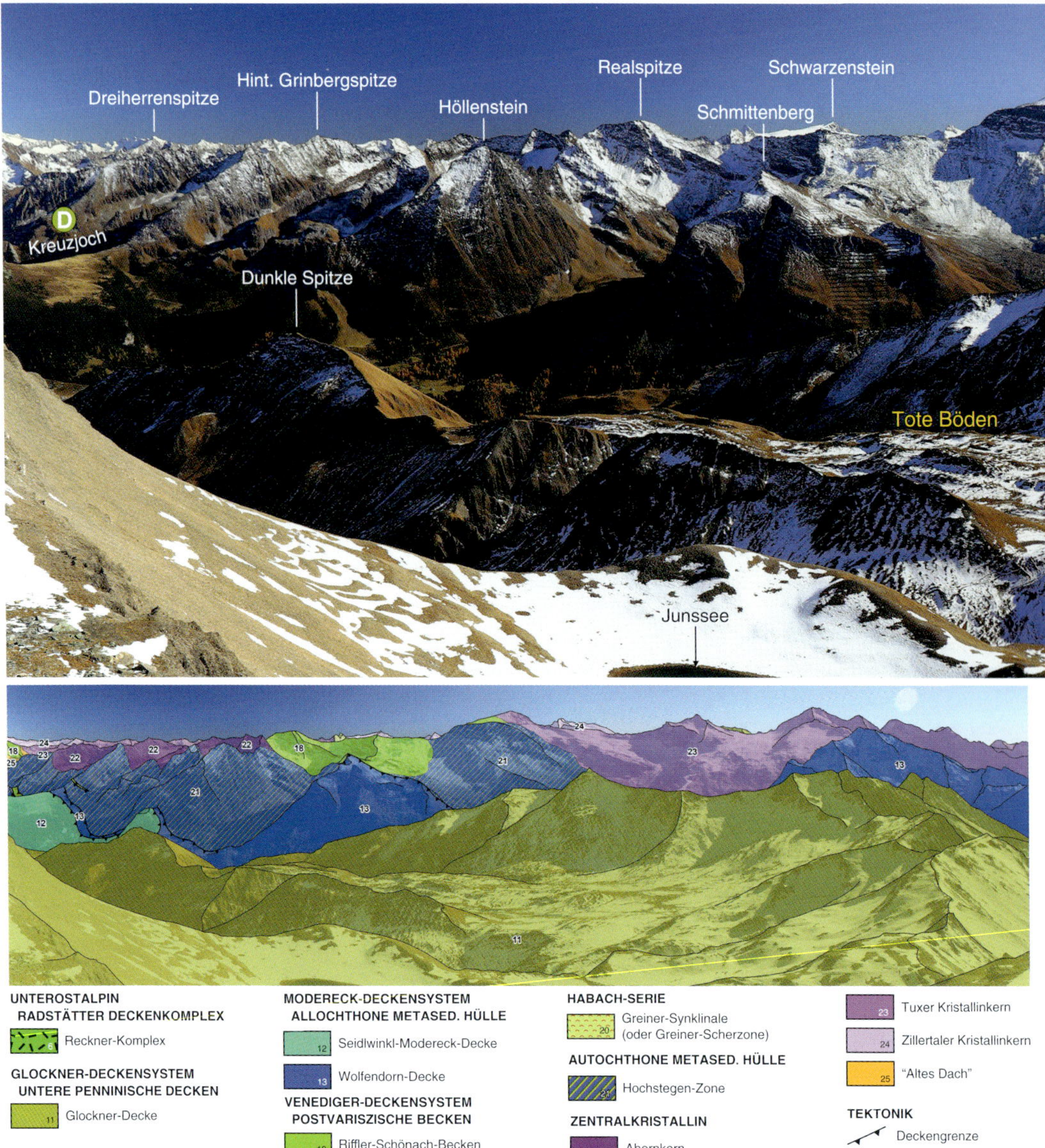

Abb. 174. Ausblick vom Geier nach Süden über den Junssee und die südlichen Tuxer Berge hinweg zum Tuxer Kamm mit überblendeten geotektonischen Einheiten im unteren Bild. Der Vordergrund wird von Gesteinen der Bündnerschiefer-Serie eingenommen, durch die der Anstieg bis hierher erfolgte. Die höchsten Gipfel im Hintergrund bauen die Gneiskerne des westlichen Tauernfensters auf. Diese werden durch paläozoische Metasedimentgesteine unterschiedlicher Genese voneinander getrennt (Variszisches Basement oder »Altes Dach«, »Greiner-Synklinale« sowie das postvariszische Riffler-Schönach-Becken). An der Nordgrenze (zu uns gerichtet) grenzt der Ahornkern an seine autochthone metasedimentäre, jurassische Überlagerung (»Hochstegen-Zone«) sowie die überschobenen Stockwerke von Wolfendorn- und Seidlwinkl-Modereck-Decke (Modereck-Deckensystem).

Kieselschiefern. Auch diese Sequenz datiert vermutlich in den Oberen Jura. Auflagernd folgt ein sehr schmales, stellenweise nur meterbreites Band mit festen, lagigen Quarzmarmoren, die stark an die in den Exkursionen D und I (Band 43) beschriebenen Hochstegen-Kalkmarmore erinnern und deswegen ebenfalls in den Oberen Jura gestellt werden. Verwitterte Handstücke leuchten beigebraun
173b bis ockerbraun, im frischen Anschlag zeigen sie eher gräuliche Farbtöne. Diese Metasedimentgesteine

werden als Unterlager des Reckner-Komplexes angesehen, dessen Typgestein – ein sehr auffällig dunkelgrün bis schwarzgrün gefärbter Serpentinit ("Reckner-Ophiolith", siehe ENZENBERG 1967; KOLLER et al. 1996) – unmittelbar darüber ansteht.

Unter einem Ophiolith versteht man einen Bestandteil ozeanischer Lithosphäre, deren dunkel gefärbte, basische bis ultrabasische Gesteinsserien im Zuge gebirgsbildender Prozesse an die Erdoberfläche geschoben wurden. Der Geologe spricht in einem solchen Fall von Obduktion. Sie ist dem eigentlichen "Recyclingprozess" einer Subduktion, beim dem schwere ozeanische Kruste im Zuge einer Kollision unter leichte, vergleichsweise dicke kontinentale Kruste in den oberen Erdmantel abtaucht, entsprechend entgegen gerichtet. Oftmaliger Entstehungsort obduzierter Ophiolithe ist ein unmittelbar an der Nahtstelle zwischen ozeanischer und kontinentaler Kruste angelegter Akkretionskeil, an dem die kontinentale Kruste wie ein gigantischer Hobel "ozeanische" Späne abschabt. Wenn wir also die letzten Meter zum flachen, fußballfeldgroßen Gipfel des Geiers wandern, sollten wir daran denken, dass wir über Gesteine laufen, die einst zur dünnen basaltischen Kruste des Penninischen Ozeans gehörten und deren größter Anteil im Zuge der Ozeansubduktion vor Jahrmillionen in den oberen Erdmantel abgesenkt und "geologisch wiederverwertet" wurde. Nur ein winzig kleiner Teil hat es – dank gebirgsbildender Prozesse – bis an die Erdoberfläche geschafft. Immerhin erreicht der Reckner-Komplex samt seiner jurassischen, metasedimentären Hülle eine Mächtigkeit von circa 230 Metern, wovon in Summe etwa 160 Meter auf die dunkelgrünen ophiolithischen Ultramafite entfallen (KOLLER & PESTAL 2003).

Derartige Ophiolithreste wie hier zwischen Geier, Lizumer Reckner und der nördlich gelegenen Lizumer Sonnenspitze sind in den Ostalpen übrigens nicht einzigartig: Weitere Krustenfragmente des Penninischen Ozeans finden sich beispielsweise im Unterengadiner Fenster nahe der Westgrenze der Ostalpen sowie im Rechnitzer Fenster unweit der österreichisch-ungarischen Grenze (HÖCK & KOLLER 1989).

Der 2857 Meter hohe Geier gilt mit seinem Anstieg von Süden als der leichteste der höchsten Tuxer Gipfel und kulminiert im zweithöchsten Punkt der Gebirgsgruppe. Mit einer hochgelegenen, namenlosen Einschartung (2809 m) ist er mit dem nahen, etwas höheren Lizumer Reckner zu einer Art Doppelmassiv verschmolzen. Die Aussicht nach Süden gegen den Tuxer Kamm zwischen Olperer und Hohem Riffler bis nach Osten zu den Grinbergspitzen gewährt nochmals die freie Sicht auf die Gneiskerne des westlichen Tauernfensters mit ihren typisch pyramidenförmigen Dreitausendern,

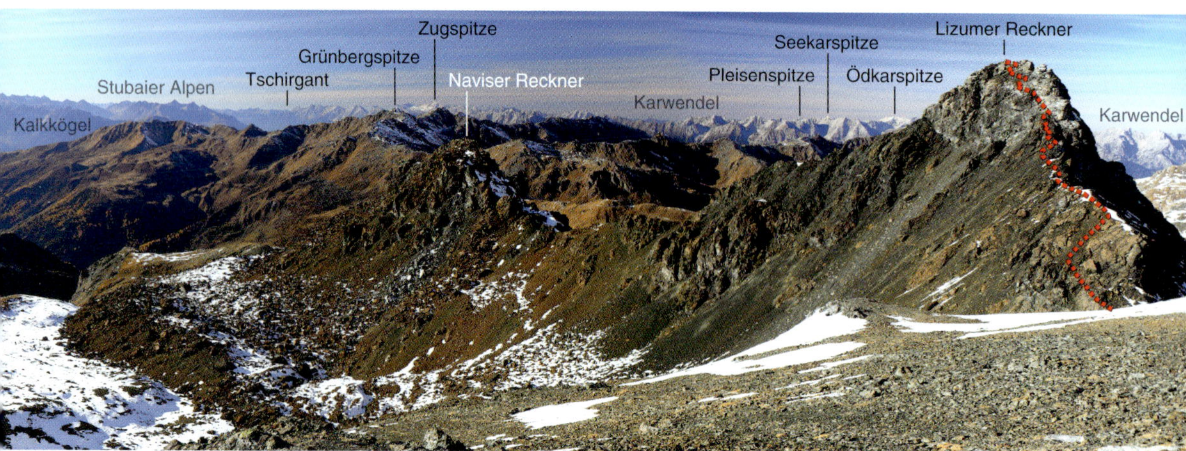

Abb. 175. Aussicht vom Geier nach Westen und Nordwesten: Den Vordergrund dominieren Naviser und Lizumer Reckner, beide aufgebaut aus dunklen penninischen Ophiolithen. Im südlich vorgelagerten Kar hat sich ein Blockgletscher gebildet, dessen Zunge mit steiler Stirn eindrucksvoll gegen den Geier-Westrücken (linker Bildrand) vorgreift. Den Mittelgrund bilden einsame Gipfel der Tuxer Alpen, und jenseits des nicht erkennbaren Inntals steht die bleiche Mauer der Nördlichen Kalkalpen zwischen Zugspitze und Karwendelgebirge. Rot eingezeichnet ist der ungefähre Routenverlauf auf den Lizumer Reckner.

wie dem 3476 Meter hohen Olperer, dem 3381 Meter hohen Fußstein und dem 3263 Meter hohen Großen Kaserer. Der Hohe Riffler im Grenzbereich des Tuxer Kristallinkerns zu jungpaläozoischen Metasedimentgesteinen des postvariszischen Riffler-Schönach-Beckens wirkt dagegen eher behäbig und breit (Exkursion F in Band 43). Und die Grinbergspitzen, deren Gipfel den Ahornkern erschließen, werden nordwärts von Metasedimentgesteinen der Hochstegen-Zone sowie der Wolfendorn- und Seidlwinkl-Modereck-Decke zwiebelschalenartig "umschmeichelt" (Exkursion D in Band 43).

175 Ganz anders sieht die Gebirgslandschaft nördlich und westlich von uns aus: Der nahe Lizumer Reckner (2886 m) und der Naviser Reckner (2824 m), beide durch einen schwach ausgeprägten Kamm voneinander getrennt, erscheinen wie halb kaputtgehauene und angerußte Felspfeiler aus glasigem Gestein. Die ausgedehnten, groben Blockhalden haben sich im südexponierten Hochkar zu einem Blockgletscher mit einer ausgeprägten Zunge formiert, die wulstartig gegen den vom Geier westwärts abfallenden breiten Grat vorgreift. Weiter im Nordwesten liegen einsame, zwischen 2600 Meter und 2800 Meter hohe Felsberge wie die Seeblesspitze und die Grünbergspitze. Ihre Kämme sinken gegen Westen ins Naviser Tal hinab, das bei Matrei am Brenner ins Wipptal mündet. Ihre weichen, wie abgestumpften Formen werden auf ihrer Südabdachung hauptsächlich von Bündnerschiefer-Serien der Glockner-Decke aufgebaut, gegen Norden dominiert die oberostalpine Innsbrucker-Quarzphyllit-Decke. Dahinter erkennt man im Westen die Ketten der Stubaier Alpen: Westlich des Wipptals liegen auf oberostalpinem Ötztal-Kristallin-Komplex unterostalpine, permomesozoische Deckenklippen

Abb. 176. Wie passend: Ein kleiner Edelstahlgeier markiert den höchsten Punkt am zweithöchsten Tuxer Berg.

in einer ganz ähnlichen geotektonischen Situation wie in unserem Gebiet. Noch weiter westwärts werden die Stubaier Gipfel höher und kulminieren am Alpenhauptkamm in so namhaften Bergen wie Wildem Freiger (3418 m) und Zuckerhütl (3507 m). Im Nordwesten und Norden, bereits jenseits des Inntals und der Tiroler Landeshauptstadt Innsbruck gelegen, stehen die bleichen Kämme der Nördlichen Kalkalpen zwischen Zugspitze, Karwendel und Rofangebirge.

Abb. 177. Die durchaus anspruchsvolle Route auf den Lizumer Reckner führt über den blockigen Grat zum höchsten Punkt.

Den Vordergrund dominiert unübersehbar und vor allem im Herbst farblich ungemein beeindruckend der dunkle Ophiolith des Reckner-Komplexes, mit dem wir im Zuge unserer Besteigung des Lizumer Reckners auf hautnahe Tuchfühlung gehen werden. Zuvor aber
sollten wir uns noch einige Minuten Zeit nehmen, neben dem Gipfelsymbol (ein kleiner Metallgeier) 176
sitzen und einfach die Aussicht genießen.

⑥ Alte Ozeankruste am Lizumer Reckner – Aber nur für Spezialisten!

**Wer den höchsten Tuxer Berg vom Geier aus besteigen möchte, sollte sich seiner Sache wirklich sicher sein. Ent-
lang des sparsam gesicherten Grates sind ausgesetzte Kletterstellen im unteren II. Schwierigkeitsgrad zu meistern.** 177

Bis zur Scharte (P. 2809 m) zwischen Geier und Lizumer Reckner braucht man nur wenige Minuten. Auch die ersten Meter am Südgrat unseres Berges sind bei guten, schneearmen Bedingungen kaum ein Problem. Bald kommt ein erster Gratabsatz, der mittels Eisenhaken und ein, zwei Trittstufen aus Metall entschärft
wurde. Schnell jedoch befinden wir uns einige Zehnermeter über dem ostexponierten Kar, weswegen ab 178

Abb. 178. Tiefblick vom Gipfelgrat des Lizumer Reckners nach Norden zum Geier und dem dahinter liegenden Tuxer Kamm.

Abb. 179. Beim Anstieg vom Geier zum Lizumer Reckner sind schmale Schuttbänder (a), aber auch eine anspruchsvolle, etwa 10 Meter hohe, mit Drahtseilen und Schlingen versehene Felsstufe zu überwinden (b). Dabei führt die Route uns über Serpentinite in allen grünlichen Farbnuancen zwischen Dunkelgrün (c), gebändert Hellgrün (d) sowie massig Sattgrün (e).

jetzt Konzentration gefragt ist! Über dem ersten Gratabsatz verfolgt die Wegführung einige Schuttbänder 179a
und erreicht etwa 30 Meter unter dem höchsten Punkt die Schlüsselstelle, eine etwa 10 Meter hohe, beinahe
senkrechte Wandstufe, die mit Draht-Fixseilen und Schlingen versichert ist. Wer unsicher wird, kann sich mit 179b
einem mitgebrachten Klettersteigset die paar Meter einhängen. Das Seil führt uns auf einen nur metergroßen
Absatz unmittelbar über einem turmhohen Abbruch samt Tiefblick ins westseitig gegen den Naviser Reckner
exponierte Kar. Haben wir diese anspruchsvolle Stelle bewältigt, sind die noch ausstehenden Meter zum
großen Gipfelkreuz und dem höchsten Punkt der Tuxer Alpen über Schuttbänder vergleichsweise einfach.

Auch wenn Konzentration auf diesen Metern gefragt sein mag – viel näher kann man einem mesozoischen Ophiolith wohl kaum kommen, weswegen einige Worte zu dessen Entstehung erlaubt seien: Die Ophiolithe des Reckners bestehen zu einem großen Anteil aus serpentinisiertem Lherzolith und unterscheiden sich damit grundlegend von anderen Ophiolithen der Ostalpen. Lherzolith ist ein häufiges und sehr dunkles (= ultramafisches) Peridotitgestein des lithosphärischen Erdmantels, stammt demnach aus vielen Kilometern Tiefe unterhalb der ozeanischen Kruste. In Form glutflüssiger Schmelzen in die ozeanische Kruste und deren karbonatisch-kieselige Überdeckung aufgedrungen, reicherte er sich stark mit Natrium an. Dies geschah bereits im Jura – die Metamorphose mit circa 400° C und 4 Kilobar Druck (KOLLER & PESTAL 2003) erfuhr der Reckner-Komplex mit seinen Hüllgesteinen im Eozän vor knapp 40 Millionen Jahren, gemeinsam mit der Hippold- und der Reckner-Decke. Erst danach erfolgte durch orogenetische Prozesse eine rasche Exhumierung und Bildung des unterostalpinen Deckenstapels. So weit, so gut: Die Zugehörigkeit des Reckner-Komplexes ist nach wie vor umstritten. Von einigen Autoren wird die Einheit zum Unterostalpin und damit zu vorher genannten metasedimentären Decken gerechnet (KOLLER et al. 1996), von anderen Wissenschaftlern aufgrund seiner enthaltenen Ophiolithe und ungeachtet tektonischer Sachzwänge zum Penninikum und dort zu den Oberen Penninischen Decken. KOLLER & PESTAL (2003) nehmen allerdings eine Entstehung im Übergangsbereich zwischen Penninikum und Unterostalpin an.

Heute präsentiert sich uns im Anstieg zum Lizumer Reckner ein splittrig brechender Serpentinit in 179c
allen erdenklichen Farbtönen zwischen Graugrün und Schwarzgrün. Besonders die Bruchflächen 179d 179e
sind bei Nässe oder auflagerndem Schnee unangenehm seifig glatt und schmierig.

Vom höchsten Punkt der Tuxer Alpen haben wir im Gegensatz zum Geier nun einen offenen
Blick nach Norden und Nordosten. Jenseits des Inntals erheben sich die bleichen Kalkgipfel von 180
Karwendel und Rofangebirge, die sich ostwärts in der dunstigen Ferne verlieren. Davor liegen
uns buchstäblich die gesamten Tuxer Alpen mit ihrem Gewirr an Schrofengipfeln zu Füßen. Im 181
Vordergrund liegt die auf etwa 2500 bis 2600 Meter Höhe gelegene Hochebene des "Oberen Tarntals" unter der 2831 Meter messenden Lizumer Sonnenspitze und den 2754 Meter hohen Tarntaler Köpfen. Der Reckner-Komplex erstreckt sich über diese Gipfel nordwärts bis zum Klammjoch und dem Bergrücken, der nach Norden in die Wattener Lizum abfällt. Wieder sind die dunklen Ultramafite beziehungsweise Ophiolithe deutlich erkennbar – sie ziehen sich bis auf den Gipfel der Lizumer Sonnenspitze. Zu den Rändern hin dominieren eher helle, metasedimentäre Hüllgesteine. Den Mittelgrund jenseits der Lizumer Böden im Osten beherrscht die schroffe, an einen Dolomitengipfel erinnernde Kalkwand. Wie bereits erwähnt, stellt sie eine kleine unterostalpine Deckenklippe mit einer weitgehend vollständigen mittel- und obertriassischen Schichtenfolge dar. Sie liegt auf einem ebenfalls unterostalpinen Deckenstapel: zunächst ein schmaler, tektonisch stark reduzierter Span Reckner-Decke und darunter die großflächig ausbeißende Hippold-Decke, die sich vom tief eingeschnittenen Junsjoch unmittelbar östlich unter uns über die oberen Böden der Wattener Lizum westwärts gegen Lizumer Sonnenspitze und unseren Standort zieht. Die zwischen Hirzer und Kalkwand gelegene, 2642 Meter hohe Hippoldspitze bildet dabei die Typlokalität der Hippold-Decke und eine eigene, isolierte Klippe (Exkursion M).

Wie wir bereits wissen, liegen die unterostalpinen Decken in unserer Region auf Bündnerschiefern der Glockner-Decke, im Norden jedoch auf oberostalpiner Innsbrucker-Quarzphyllit-Decke. Diese zieht sich über markante Gipfel wie den 2725 Meter hohen Hirzer nach Norden und grenzt im Inntal an die ebenfalls oberostalpinen Nördlichen Kalkalpen.

Abb. 180. *Blick vom Lizumer Reckner nach Nordosten und Osten gegen die Hochfläche des Oberen Tarntals, die dahinter gelegene Lizumer Sonnenspitze sowie die markante Kalkwand nordöstlich der Wattener Lizum. Zur besseren Übersicht sind die tektonostratigraphischen Einheiten hervorgehoben. Ein Teil des weiteren Wegverlaufs über das Junsjoch ist in der rechten Bildhälfte rot eingezeichnet.*

Abb. 181. *Was für ein Blick! In der Aussicht vom Lizumer Reckner nach Westen und Nordwesten gegen die Stubaier Alpen sowie die Nördlichen Kalkalpen liegen uns praktisch die gesamten westlichen Tuxer Alpen mit ihren Höhenzügen zu Füßen.*

⑦ Ein letztes Mal: Der Deckenstapel am Lizumer Reckner im Überblick

Beim Abstieg vom Lizumer Reckner ist Vorsicht gefragt, besonders an der Schlüsselpassage! Leider bleiben uns die knapp 50 Meter Zwischenanstieg zurück über den Geier nicht erspart, denn es gibt keinen direkten Weg von hier in die Scharte unterhalb des Pluderlings. Dort angekommen, folgen wir dem unübersehbaren gelben Wegweiser an der Basis der Geier-Ostflanke entlang abwärts in Richtung Wattener Lizum. Der Steig folgt dabei einem schmalen Geröllkar in nördliche Richtung.

Rechts von uns liegt eine schwach ausgeprägte Felsrippe, die eine metamorphe Brekzie allerdings nur schlecht erschließt. Diesem als "Tarntaler Brekzie" bezeichneten und der Hippold-Decke zugeordneten Metasedimentgestein werden wir am Junsjoch mit etwas besseren Aufschlüssen wieder begegnen, weswegen dort näher auf diese geologische Besonderheit eingegangen wird. In der Ostflanke des Geiers links von uns stehen rhätische Dolomite der Reckner-Decke an, in denen ein schmales Band dunkler Kalktonschiefer zwischengeschaltet ist. Diese Abfolge ist gleichbedeutend der Faziesverzahnung zwischen Oberrhätkalken und Kössen-Formation, wie man sie in den Nördlichen Kalkalpen in nicht metamorpher Form vorfinden würde.

Mit einer Wegbiegung nach Osten queren wir besagte seichte Rippe mit der Tarntaler Brekzie. Letztere bildet die Basis der Hippold-Decke und grenzt an tektonostratigraphisch liegende Bündnerschiefer der Glockner-Decke.

Die Passage vom Pluderling bis hierher ist sowohl im späten Frühjahr als auch bereits im Frühherbst meist schneebedeckt – Ende Oktober kann es sein, dass dann der Abstieg vom Pluderling-Sattel bis zum P. 2450 m komplett auf Schnee und/oder Harsch zu gehen ist.

Auf etwa 2350 Meter Höhe erreichen wir den tiefsten Punkt des Abstiegs zum Junsjoch und queren ein ausgedehntes Hangschuttfeld in östliche Richtung, bevor der Steig in kleinen Spitzkehren wieder schnell an Höhe zu gewinnen beginnt. Es sind die letzten knapp 180 Höhenmeter Aufstieg dieser Unternehmung.

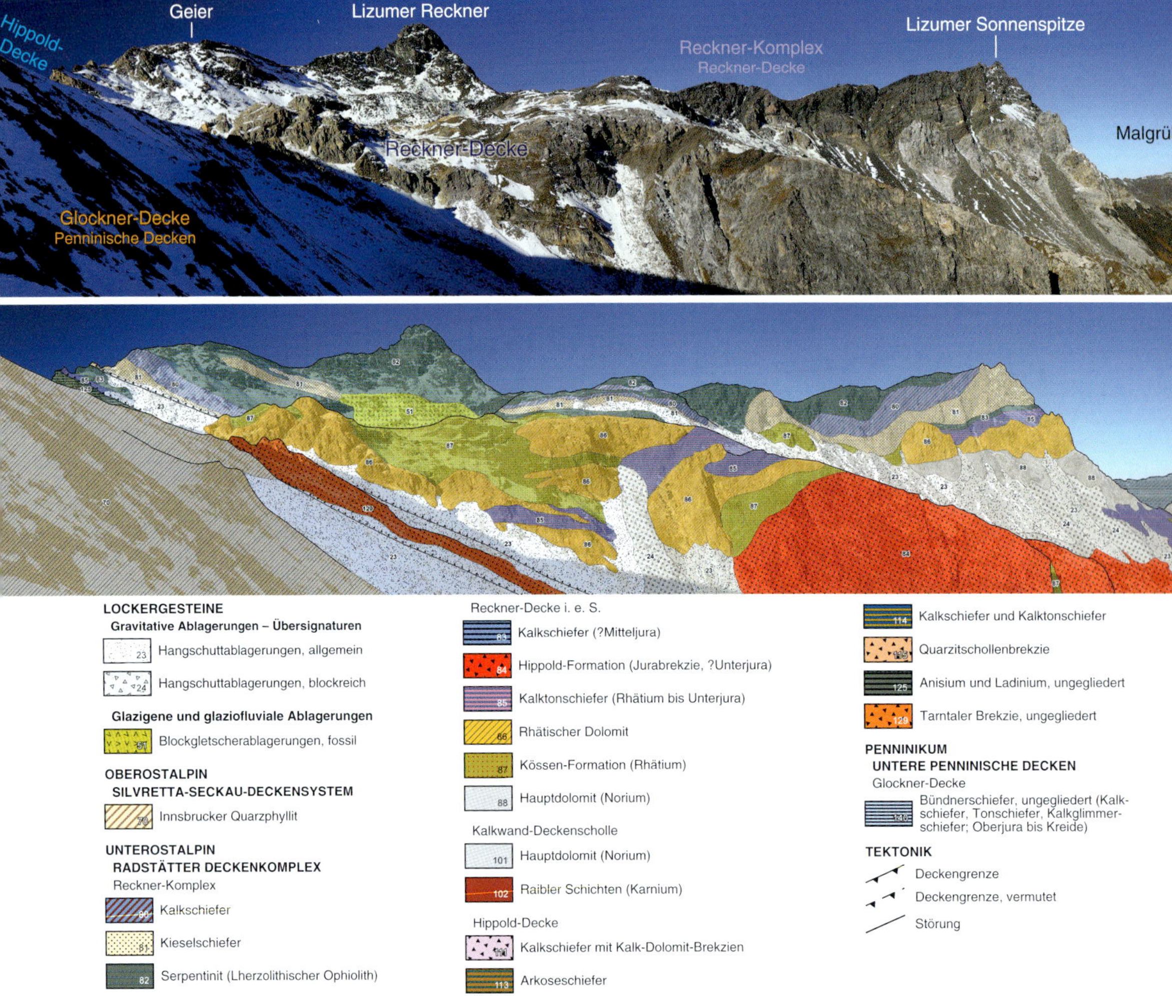

Abb. 182. Panoramafoto des Massivs »Geier–Lizumer Reckner–Lizumer Sonnenspitze« vom Junsjoch. Bereits auf den ersten Blick wirkt die Geologie sehr bunt und tektonisch stark durcheinandergewürfelt. Zuoberst liegt der Reckner-Komplex mit dunkelgrünen Ophiolithen, darunter stehen obertriassisch-unterjurassische Metasedimentgesteine der Reckner-Decke an. Die Hippold-Decke als tektonostratigraphisch tieferes Stockwerk ist nur am Gipfelkamm des Geiers und in Form der markanten Geländerippe aus Tarntaler Jurabrekzie zu sehen, die wir im Abstieg gerade überschritten haben.

Am Weg hinauf haben wir nochmals einen wunderbaren Blick zum Bergmassiv zwischen Geier, 182 Lizumer Reckner und Lizumer Sonnenspitze mit ihrer komplexen und auch farblich heterogenen Geologie. Bislang haben wir nur die Südfront des Deckenstapels am Geier kennengelernt sowie die oben aufliegenden serpentinisierten Ophiolithe zwischen Geier und Lizumer Reckner. Aus dieser Perspektive erhalten wir in der Ostflanke des Bergmassivs Einblick in den Unterbau des Reckner-Komplexes: Der dunkle Ophiolith hebt sich sehr deutlich von seiner etwas helleren Hülle aus jurassischen Kieselschiefern und Quarziten ab und ist vor allem zwischen Lizumer Reckner und Lizumer Sonnenspitze weitspannig verfaltet sowie von Kieselschieferbändern durchdrungen. Die darunter gelegene Reckner-Decke zeigt vorwiegend obertriassisch-jurassische Metasedimentgesteine mit einer konkordanten Schichtenfolge von Kössen-Formation, Oberrhätkalk, tonigen Unterjuraschichten (Un-

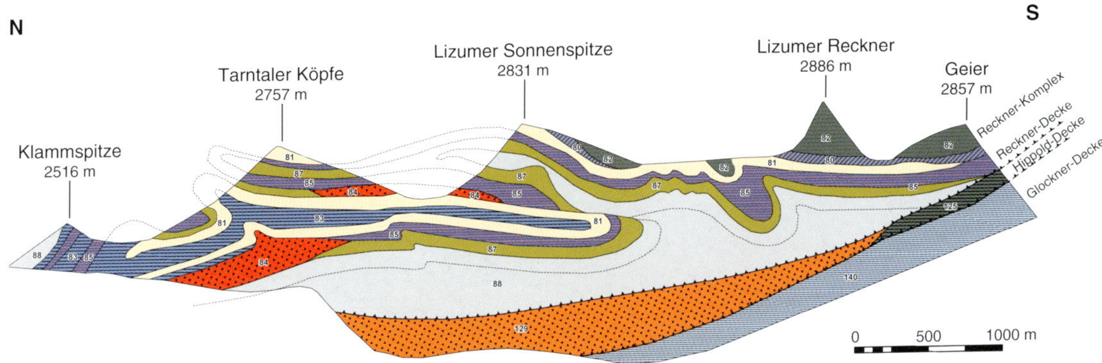

Abb. 183. Vereinfachter Schnitt des unterostalpinen penninischen Deckenstapels der höchsten Tuxer Berge rund um den Lizumer Reckner (Blick von Westen gegen das Massiv, verändert nach ENZENBERG *1967). Legende siehe Abbildung 182.*

tere Allgäu-Formation) sowie mitteljurassischen Kalkschiefern (Obere Allgäu-Formation). Die helle, mehr als 150 Meter hohe Wandstufe, die vor uns gegen die Lizumer Böden abbricht, besteht aus einer mächtigen, vermutlich unterjurassischen Brekzie, die eingefaltet als Liegendes der Kössen-Formation sowie des Oberrhätkalkes erscheint, in Wirklichkeit jedoch das stratigraphisch Hangende bildet.

Unter der Reckner-Decke liegt die Hippold-Decke, im basalen Bereich mit der Tarntaler Brekzie. Bereits ENZENBERG (1967) zeichnete – allerdings von Westen – einen Schnitt durch das Tarntaler
Mesozoikum, dessen tektonischer Bau auch heute noch in seinen Grundzügen gilt. Danach bildet der 183
Reckner-Komplex den "Deckel" über dem verformten und verfalteten Metasedimentgesteinstapel der Reckner-Decke, der in Teilbereichen im tieferen Untergrund durchschert ist und dupliziert wurde. Die Hippold-Decke – zuunterst mit einer mächtigen Tarntaler Brekzie – bildet quasi den Sockel über der Glockner-Decke mit Bündnerschiefern.

8 Im Fokus: Die rätselhafte Tarntaler Brekzie

Auf 2520 Meter Höhe erreicht der zuletzt schmale und steile Steig den Grat, der vom Pluderling gegen das Junsjoch abfällt.

Vom Junsjoch an der Südgrenze des TÜP Lizum/Walchen haben wir einen beeindruckenden Blick auf die unnahbar wirkende Kalkwand. Wer noch Kraft in den Beinen verspürt, dem sei ein kurzer,
aber steiler Anstieg auf den ersten südlich des Junsjoches gelegenen Vorgipfel des Pluderlings 184
empfohlen (ca. 2600 m Höhe). Von dort ist der Blick auf die Kalkwand noch plastischer und geologisch beeindruckender. Der Berg formt eine elegante, bleiche Pyramide – ein kalkiger Monolith ähnlich einem Dolomitengipfel. Der schiffsbugartige, mit mehreren Bändern gegen das Junsjoch vorspringende Grat wird von der Hippold-Decke vereinnahmt: Die Basis bildet die Tarntaler Brekzie, darüber lagern eingefaltete Abfolgen der Graue-Wand-Formation (siehe Exkursion M) – nur der
obere Gipfelaufbau sowie der kecke kleine Reuterturm formen eine unterostalpine Deckenklippe 185
mit metamorph überprägtem Hauptdolomit und nordalpinen Raibler Schichten an der Basis.

Der untere Abschnitt des Pluderling-Südwestgrats baut sich aus stark verfalteten Bündnerschiefersequenzen der Glockner-Decke auf. Abermals finden sich Glimmerschiefer, Phyllite und Quarzlinsen.
Letztere sind teilweise bänderartig gelängt und konturieren eindrucksvoll die intensive Verfaltung 186
des gesamten Schichtstapels. Bereits wenige Meter in Richtung Junsjoch absteigend, gelangen wir zu großen Blöcken, die teils aus ihrem Verband gerissen wurden, teils aber auch noch anstehen und als kleine Klippe der Hippold-Decke am flacher werdenden Bergrücken erhalten sind. Sie erschließen mit der Tarntaler Brekzie dasselbe Material, aus dem die mächtigen unteren Wandstufen der Kalkwand aufgebaut sind.

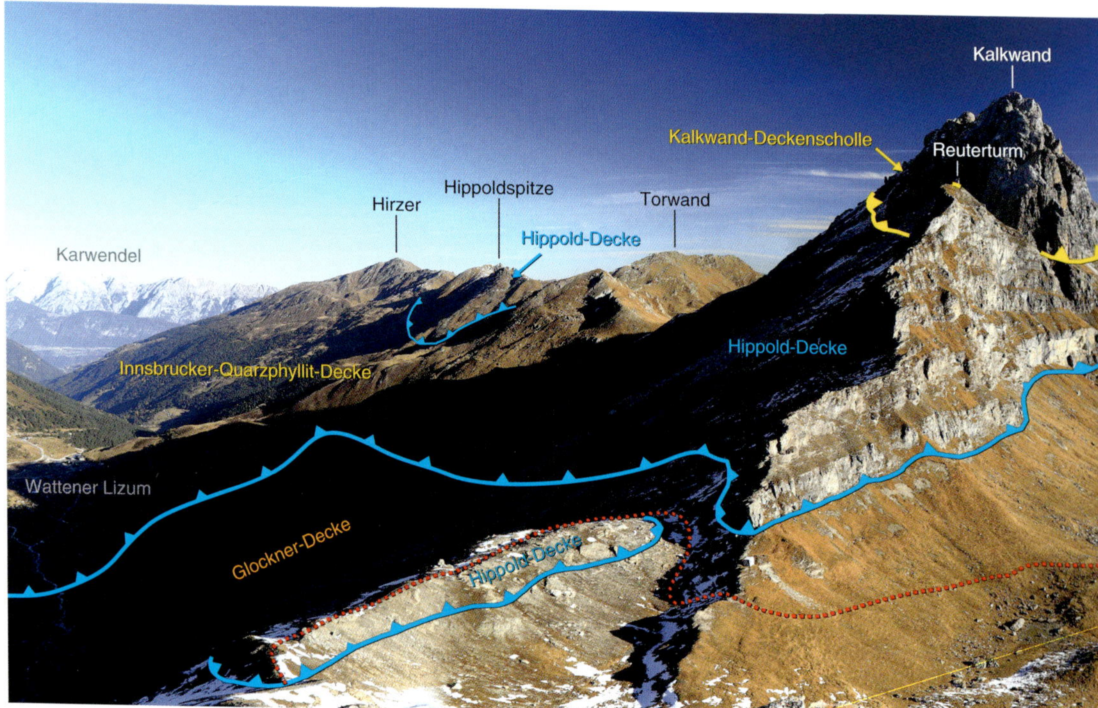

Abb. 184. Die Kalkwand in der Ansicht von Südwesten, vom P. 2600 m (Pluderling-Vorgipfel) über dem Junsjoch. Die wichtigsten Deckeneinheiten sind entsprechend eingefärbt. Der weitere Abstieg vom Junsjoch durch die Junsgrube zu den bereits sichtbaren Stoankasern ist rot hervorgehoben. Die dicken gelben Linien kennzeichnen spätglaziale Moränenwälle in der Junsgrube, der gelbe Pfeil einen großen erratischen Block direkt auf dem Seitenmoränenwall (siehe auch Abb. 190).

Die besten Aufschlüsse finden sich unmittelbar am Rand des Weges, der bald in einer markanten Biegung in ein kleines Sekundärtälchen und zu einem windschiefen Kontrollhäuschen des Militär-Übungsplatzes dreht, bevor er in die Junsgrube abzusteigen beginnt.

Die Tarntaler Brekzie mit nur wenigen Worten zu beschreiben, ist schwierig, da es sich um eine sehr heterogene lithologische Erscheinung handelt. Bekannt ist sie seit mehr als 100 Jahren und wurde von ENZENBERG-PRAEHAUSER (1976) eingehender untersucht. Ursprünglich wurden der Brekzie auch überlagernde Kalk-Dolomit-Brekzien, Kalk- und Tonschiefer, Arkose- und Grauwackenschiefer, kalkfreie Tonschiefer sowie eine Quarzitschollen-Brekzie zugeschlagen. Nach der in Exkursion M vorgestellten an der Hippoldspitze von Innsbrucker Geologen erarbeiteten neueren Interpretation beziehungsweise Gliederung der Hippold-Decke ist besagte metasedimentäre Überlagerung vermutlich der Graue-Wand-Formation zuzurechnen und wurde folglich in der Unterkreide abgelagert.

Abb. 185. Eine andere Ansicht der Kalkwand vom Anstieg zu den Toten Böden aus zeigt die gleichnamige unterostalpine Deckenscholle nochmals gut von Süden im Profil. Die Basis des Bergmassivs bildet die Hippold-Decke mit der Tarntaler Brekzie und darüber liegenden, wechselnden Metasedimentgesteinen der Graue-Wand-Formation. Sowohl Reuterturm als auch der Gipfelaufbau der Kalkwand bilden die besagte gleichnamige Deckenklippe mit Nordalpinen Raibler Schichten an der Basis sowie mächtigem, basal massigem und gegen das stratigraphisch Hangende gut gebanktem Hauptdolomit. Das Profil unten (verändert nach ENZENBERG-PRAEHAUSER 1976) verläuft vom Junsjoch über den Reuterturm zur Kalkwand und stimmt weitgehend mit der oben gezeigten Aufnahme überein. Legende siehe Abbildung 182. ▷

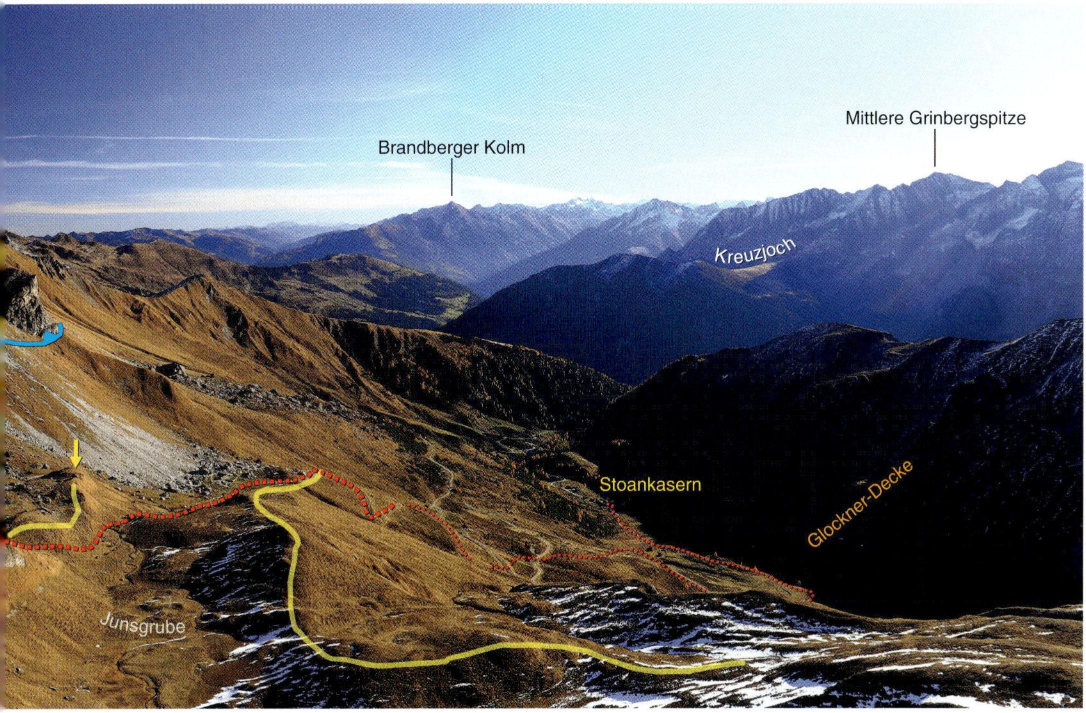

Mittlere Grinbergspitze
Brandberger Kolm
Kreuzjoch
Stoankasern
Glockner-Decke
Junsgrube

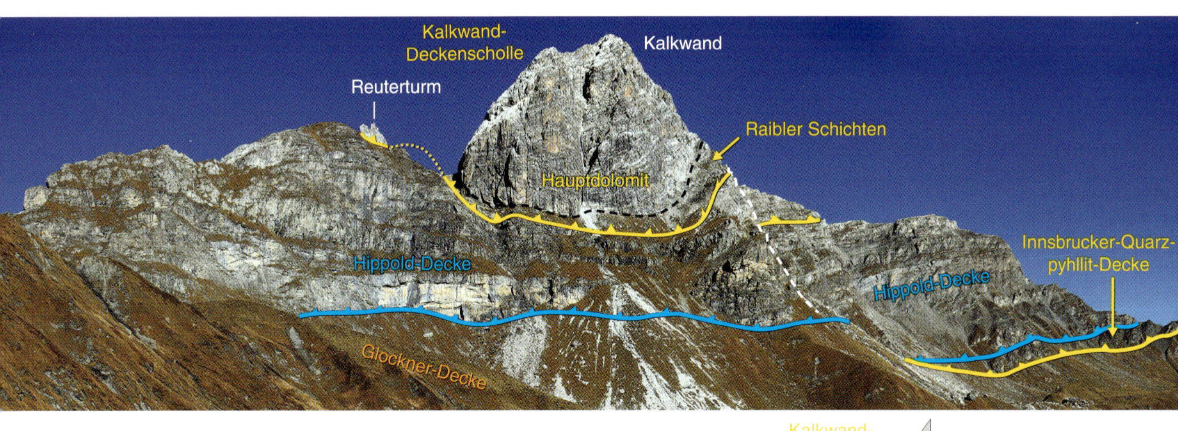

Kalkwand-
Deckenscholle
Kalkwand
Reuterturm
Raibler Schichten
Hauptdolomit
Hippold-Decke
Innsbrucker-Quarz-
pyhllit-Decke
Hippold-Decke
Glockner-Decke

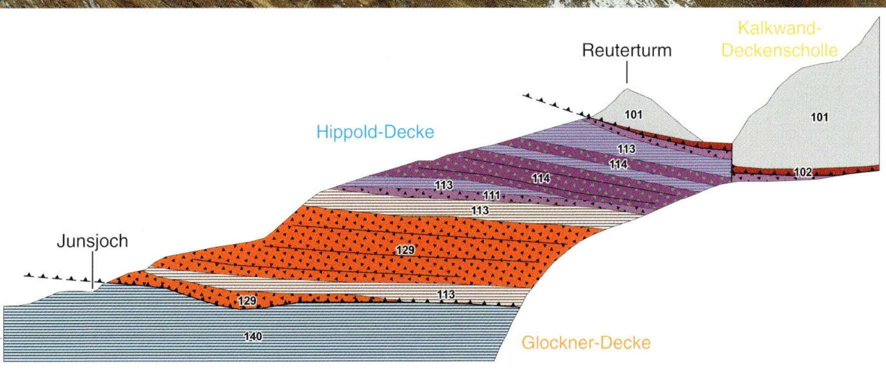

Reuterturm
Kalkwand-
Deckenscholle
Hippold-Decke
101
101
113
114
114
102
113
111
113
129
Junsjoch
129
113
140
Glockner-Decke

Abb. 186. Verfaltete Bündnerschiefer am P. 2600 m des Pluderling-Südwestgrats.

Die "Tarntaler Brekzie im engeren Sinne" 187
steht unmittelbar am Junsjoch an: Die mit Abstand häufigsten Komponenten sind angerundete bis gerundete, hellgrüne bis weißliche, teilweise auch rosafarbene Quarzitgerölle permotriassischen Alters und höchstwahrscheinlich unterostalpiner Genese. Der Durchmesser der Komponenten schwankt von wenigen Millimetern bis zu einigen Metern, bewegt sich aber durchschnittlich im Bereich von wenigen Zentimetern bis Dezimetern. Die Gerölle schwimmen in einer sandigen, quarzitisch gebundenen Matrix, die allerdings nur die Zwickelräume ausfüllt – das Gefüge ist in der Regel komponentengestützt.

Zur Genese der Tarntaler Brekzie: Da ihr Unterlager an den nördlich der Kalkwand liegenden Torseen aus obertriassischem Hauptdolomit besteht, vermutete bereits ENZENBERG-PRAEHAUSER (1976) ein jurassisches Alter. Unbestritten ist auch, dass die Brekzie sedimentären Ursprungs ist. Bislang wurden jedoch weder gradierte Schichtung – also eine gravitative Sortierung von zunächst größeren, nach oben hin immer kleiner werdenden Komponenten – noch das ausschließliche Führen gerundeter Gerölle beobachtet, weswegen ein kontinuierlicher fluviatiler Transport, etwa durch einen größeren Fluss in ein Randmeer, ausgeschlossen werden kann. Die grobe Lagigkeit, die auch innerhalb der Hippold-Decke der Kalkwand unübersehbar ist (vgl. auch Abb. 185), deutet hingegen auf wiederholte erosive und submarine Ereignisse hin. Erklären könnte man die mächtigen Brekzienbildungen, die sich bis in die Graue-Wand-Formation (siehe Exkursion M) vom Jura bis in die Unterkreide fortgesetzt haben, mit tektonischen Unruhen, die ab dem Jura in diesem Bereich Zentralpangäas an der einstigen Nahtstelle zwischen dem Nordkontinent Laurasia und der Südlandmasse Gondwana geherrscht haben. Bereits im Unteren Jura gab es durch den initialen Zerfall Pangäas am Westrand der Tethys entsprechende Krustendehnungen, denen im Oberen Jura sowie

Abb. 187. Jurassische Tarntaler Brekzie der Hippold-Decke mit unterschiedlichen, maximal 10 Zentimeter großen, meistens angerundeten bis gerundeten Quarzit- und Metakarbonatkomponenten steht unmittelbar am Junsjoch an.

in der Unteren Kreide die Öffnung des Penninischen Ozeans folgte (siehe auch das Kapitel zur regionalen Geologie in Band 43 dieser Buchreihe, sowie in Band 41). Folglich kam es zur Bildung submariner Schwellen, aber auch kontinentaler Bruchkanten – beide mit sowohl im terrestrischen als auch im submarinen Bereich instabilen Hängen. Das endete in unterschiedlich dimensionierten gravitativ abgleitenden Massenbewegungen, vom kleinen Murstrom bis zum alles zermahlenden Olistholith. Und es erklärt auch die Tatsache, dass sowohl marine als auch terrestrisch abgelagerte, ältere Sequenzen aufgearbeitet und resedimentiert wurden: Arkose(schiefer)n stammen von verwitterten kontinentalen Serien wie Sandsteinen, Quarziten oder Eisenoxiden, Kalkmarmore jedoch eher von flachmarinen Karbonaten. Der Ablagerungsbereich der Brekzien jedoch war wohl ausschließlich submarin.

Über das Alter der Tarntaler Brekzie kann nur gemutmaßt werden: Aufgrund der großen Ähnlichkeit der an der Kalkwand erschlossenen Brekzie mit gleichartigen Bildungen am Gipfelaufbau der Hippoldspitze (Exkursion M) ist es nicht einmal ausgeschlossen, dass es sich um ein und dasselbe stratigraphische Level handelt und die Tarntaler Brekzie von ENZENBERG (1967) eigentlich der oberjurassischen Hippold-Formation zugeschlagen werden muss. Auch die mächtige "Jurabrekzie" der Reckner-Decke, die die Basis des Dreifach-Massivs von Geier, Lizumer Reckner und Lizumer Sonnenspitze bildet (siehe Abb. 182), dürfte eine ganz ähnliche, wenn nicht identische Genese erfahren haben und ein ähnliches Alter besitzen – sie liegt nur in einer anderen tektonischen Position. *Summa summarum*: Es bedarf weiterer, eingehender geologischer Untersuchungen der im Tarntaler Mesozoikum erschlossenen Brekzien, um etwaige Gemeinsamkeiten und Unterschiede zu klären und das bislang bestehende geotektonische Modell entweder zu verifizieren oder zu vereinfachen.

Abb. 188. a, Frostmusterböden in der Oberen Junsgrube. Im Hintergrund halblinks steht der schroffe Pluderling mit dem etwas abgesetzten Vorgipfel P. 2600 m. Über dem Junsjoch spitzt die dunkle Gipfelpyramide des Lizumer Reckners hervor und rechts ziehen die dicken Bänder aus Tarntaler Brekzie in die Südflanke der Kalkwand. b, Erratischer Block auf einem egesenzeitlichen Seitenmoränenwall in der Junsgrube.

9 Abstieg in die Junsgrube und ein Ausflug ins Flachmeer der Obertrias

Von unserem gedanklichen Ausflug in die unruhige Jura- und Unterkreideepoche kommen wir beim Abstieg in die Junsgrube relativ schnell zurück in die Gegenwart! Ungeachtet der verwirrenden Komplexität der unterschiedlichen Gesteine, die entlang des Wegesrandes vom Junssee bis hierher erschlossen sind, darf man die Eiszeiten der jüngsten erdgeschichtlichen Vergangenheit nicht komplett außen vor lassen. Das zeigen beispielsweise die wunderschönen Buckelwiesen beziehungsweise *188a*

Abb. 189. a, Blöcke eines Felssturzereignisses liegen am Beginn der Fahrstraße hinab zu den Stoankasern und neben einem Viehunterstand in der Unteren Junsgrube. Hier haben wir neben Fundstücken von Tarntaler Brekzie vor allem Zugang zu einigen Lithologien der Kalkwand-Deckenscholle: Besonders heterogen präsentieren sich die nordalpinen Raibler Schichten mit b, grauen Tonschiefern, c, Rauwacken und d, sandigen Dolomitkalken samt braunen Dolomit-Nestern sowie e, Dolomitbrekzien.

Abb. 190. *Großer Hauptdolomitsturzblock.*

Frostmusterböden in der kleinen Junsgrube, umschlossen von zwei Seitenmoränenwällen aus dem spätglazialen Egesen-Stadial. Auf dem nördlichen
8b sitzt unübersehbar ein großer erratischer
Block, als hätte ihn der Gletscher mit Absicht dort platziert. Seine sich nach unten verjüngende Form und seine Lage exakt auf dem Seitenmoränenscheitel machen eine Genese als Sturzblock extrem unwahrscheinlich. Er wurde wohl im Würm-Spätglazial von einem die Junsgrube erfüllenden Lokalgletscher an der markanten Position, an der er heute sitzt, abgeladen. Der Gletscher schmolz und nur seine Seitenwälle sowie der große Block bezeugen seine einstige Existenz.

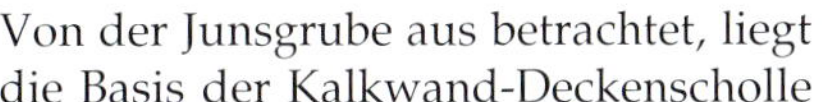

Von der Junsgrube aus betrachtet, liegt die Basis der Kalkwand-Deckenscholle auf Höhe des Reuterturms in der Wandmitte und beginnt über den mächtigen Bändern aus Tarntaler Brekzie und Graue-Wand-Formation (siehe Profil in Abb. 185) mit einem Band karnischer nordalpiner Raibler Schichten aus dunklen Tonschiefern, quarzitisch gebundenen Feinsandsteinen, Rauwacken und Dolomitbrekzien. Darüber erhebt sich die eigentliche Gipfelwand, die aus basal massigem, darüber deutlich gebanktem, bis zu 200 Meter mächtigem Hauptdolomit besteht. Auch der gegen das Junsjoch gelegene, abgesetzte Reuterturm besteht aus Hauptdolomit, ist aber durch eine markante, senkrecht stehende Störung mit einer Sprunghöhe von circa 40 Metern vom Hauptgipfel abgetrennt. Da der vom Reuterturm über die Kalkwand verlaufende Gipfelgrat über dem Hauptdolomit mit der Kössen-Formation eine noch jüngere Einheit erschließt, wird die Muldenstruktur der Kalkwand-Deckenscholle deutlich: Im Kern befinden sich die jüngsten Einheiten, gegen die Ränder immer ältere Sequenzen. An der von hier nicht einsehbaren Nordwand der Kalkwand reicht die Abfolge unter dem schmalen Band der Raibler Schichten noch hinab in die mitteltriassische Wetterstein- und Gutenstein-Formation.

Obgleich die Kalkwand ein stattlicher, durchaus eleganter Berg ist, bleibt der Gipfel ein unnahbarer Ort, dessen Besteigung für eine geowissenschaftliche Exkursion im Rahmen dieses Buches viel zu schwierig ist. Selbst im leichtesten Anstieg über die Nordflanke, vorbei am markanten Reuterturm und durch die Gipfelwand, sind Kletterpassagen im III. Schwierigkeitsgrad zu bewältigen. Deswegen kommen wir nicht unmittelbar an die auffallend hellen Abfolgen der Kalkwand-Deckenscholle, die einer überraschend geringen Metamorphose unterlagen und deswegen so deplatziert im einheitlichen Grüngrau ihrer Umgebung erscheinen. Glücklicherweise jedoch wurden die Gesteine durch
einen Felssturz in den unteren Bereich der Junsgrube erreichbar. Mit gelegentlichem Blick nach oben 189a
und offenen Ohren für etwaigen Steinschlag können wir einige der Sturzblöcke am Beginn einer neu erbauten Fahrstraße und eines Viehunterstandes in aller Ruhe näher in Augenschein nehmen. Natürlich liegt da genügend Material mit unterschiedlichen Ausprägungen der Tarntaler Brekzie. Mit ein wenig Geduld finden wir aber auch viele Belegstücke der nordalpinen Raibler Schichten:
dunkelgraue, plattige Tonschiefer, bröselige, gelb bis ockerfarbene, stark absandende Rauwacken, 189b
sandige Dolomitkalke mit braunen, teilweise quarzitisch gebundenen Dolomitnestern oder die 189c 189d
zuvor angesprochenen Dolomitbrekzien des obersten Bereiches direkt unter dem stratigraphisch 189e
hangenden Hauptdolomit.

Auch Hauptdolomit findet sich in großen Sturzblöcken. Er ist allerdings in seiner lithologischen 190
Ausprägung eher monoton grau mit nur verwaschenen, teilweise brekziösen Strukturen.

Abb. 191. Spätherbststimmung am Junsberg.

10 Abstieg oder Abfahrt nach Juns

Am Vieh-Unterstand beginnt ein Fahrweg, der uns, teilweise durch einen schmalen Steig abkürzend, in weiten Kehren wieder hinab gegen die Stoankasern bringt. Diejenigen von uns, die mit dem Almtaxi heraufgekommen sind und keine Räder haben, können auf einem markierten Steig direkt zu den Hütten absteigen. Ansonsten folgen wir der Forststraße, die uns nach etwa einer halben Stunde Gehzeit zum "Bike-Parking" direkt am Junsbach bringt. In der Rückschau liegt eine landschaftlich beeindruckende und geologisch komplexe wie vielfältige Exkursion hinter uns. So lassen sich entspannt die letzten landschaftlichen Reize des Junsberges
191 genießen – vielleicht im Spätherbst, wenn die Lärchen golden schimmern und Nachmittags- wie Abendlicht besonders intensiv sind.

Weiterführende Literatur

DINGELDEY, CH. & F. KOLLER (1994): Zusammensetzung von Heilglimmern in Gesteinen des Reckner-Komplexes und seiner Nebengesteine (Tarntaler Berge, Tirol) – Mitt. Österr. Miner. Ges., 139: 287–289, Wien.

ENZENBERG, M. (1967): Die Geologie der Tarntaler Berge (Wattener Lizum), Tirol. - Mitt. Ges. Geol. Bergbaustud., 17: 5-50, Wien.

ENZENBERG-PRAEHAUSER, M. (1976): Zur Geologie der Tarntaler Breccie und ihrer Umgebung im Kamm Hippold-Kalkwand (Tuxer Voralpen, Tirol). – Mitt. Ges. Geol. Bergbaustudenten, 23: 163–180, Wien.

HÖCK, V. & F. KOLLER (1989): Magnetic evolution of the Mesozoic Ophiolithes in Austria. – Chemical Geology, 77: 209–227

HORNUNG, T. & J. ZASADNI (2023): Geologische Karte des Hochgebirgs-Naturparkes Zillertal, der Gemeinden Tux, Finkenberg und Brandberg, Maßstab 1:25 000, 3 Kartenblätter, Hochgebirgs-Naturpark Zillertaler Alpen, Ginzling.

KOLLER, F., CH. DINGELDEY & V. HÖCK (1996): Exkursion F: Hochdruckmetamorphose im Reckner-Komplex / Tarntaler Berge (Unterostalpin) und Idalm-Pphiolit / Unterengadiner Fenster. - Mitt. Österr. Miner. Ges., 141: 305–330, Wien.

KOLLER, F., V. HÖCK & CH. DINGELDEY (1995): Remnants of oceanic metamorphism in Mesozoic Ophiolithes of the Eastern Alps. – International Ophiolithe Symposium, IOS Pavia 1 995, Dipartimento di Scienze della Terra, Universita di Pavia, Program and Abstract volume, 70.

KOLLER, F. & G. PESTAL (2003): Die ligurischen Ophiolithe der Tarntaler Berge und der Matreier Zone. – Geologische Bundesanstalt - Arbeitstagung Blatt 148 Brenner: 65-76, Wien.

REITER, F. & R. BRANDNER (2006): Exkursion von der Wattener Lizum zur Hippoldspitze. – Im Rahmen der PANGEO 2006 am 20.09.2006

O An der Keimzelle des Zillertaler Wohlstands: Vom Penken am aussichtsreichen Nordwestgrat zum Rastkogel und über das ehemalige Magnesitwerk Tux nach Vorderlanersbach

Wegstrecke: Penken (2095 m, Auffahrt mit der Seilbahn von Finkenberg) – Rundweg über Granatkapelle zum Knorren (2081 m) – Wanglalm (2128 m) – Wanglspitze (2420 m) – P. 2538 m (optional) – Hoarbergkopf (2635 m; optional) – Hoarbergscharte (2590 m) – Rastkogel (2762 m; optional) – Wanglalm (2128 m) – ehem. Magnesitwerk Tux – Schrofenalm (1693 m) – Vorderlanersbach (1257 m).

Geologie: Aussicht vom Penken auf die drei Zillertaler Kristallinkerne – Einblicke ins Penninikum am Knorren und Penken: die Zone von Gerlos mit der rätselhaften "Knorrenbrekzie" – Wanderweg zur Wanglalm: große Bergzerreißung an der Penken-Südflanke und Grenze zur oberostalpinen Innsbrucker-Quarzphyllit-Decke – Aufstieg Wanglspitze: initiale Bergzerreißung und Grenze zur Glockner-Decke – Aufstieg P. 2538 m, Hoarbergkopf: initiale Bergzerreißung und Grenze zum Oberostalpin – Aufstieg Rastkogel: Rundumsicht Zillertaler und Tuxer Alpen über das Inntal bis zu den Nördlichen Kalkalpen – Abstieg Wanglalm nach Vorderlanersbach: ehemaliges Magnesitwerk Tux sowie die große Bergzerreißung am Südhang der Wanglspitze.

Durch die Auffahrt mit den Finkenberger Almbahnen auf den Penken von konditionsstarken Zeitgenossen gut machbare Tageswanderung(en) über aussichtsreiche und landschaftlich eindrucksvolle Routen mit Besteigungsmöglichkeiten von Wanglspitze, Hoarbergkopf und Rastkogel. Da bei Hin- und Rückweg jeweils die Wanglalm angesteuert wird, kann die Route je nach Können und Tagesform entweder mit der Besteigung besagter dreier Zweitausender garniert oder "elegant" über das Gelände des ehemaligen Tuxer Magnesitwerkes nach Tux abgekürzt werden. So variieren die Wegstrecken, von der kürzesten Runde bis zur Wanglalm mit

Abb. 192. Übersichtskarte der Exkursion O: Penken – Rastkogel – Tuxer Magnesitwerk (Geodatenbasis: BEV Österreich) – Bereich Süd.

lediglich 150 Anstiegshöhenmetern und etwa 9 Kilometern Wegstrecke bis zur längsten Tour mit der kurzen Runde zum Knorren sowie der Überschreitung der gesamten Gratstrecke vom Penken bis zum Rastkogel mit etwa 1000 Aufstiegshöhenmetern und annähernd 20 Kilometer Länge. Nicht zu vergessen sind die 900 Abstiegshöhenmeter von der Wanglalm nach Vorderlanersbach beziehungsweise die 1600 vom Rastkogel! Die Routenführung verläuft vom Penken zur Wanglalm auf Forstwegen, über die Wanglspitze und weiter bis zum Rastkogel auf gut ausgeschilderten Wanderpfaden. Sowohl über den P. 2538 m als auch am breiten Grat zum Hoarbergkopf sind nur dürftige Pfadspuren vorhanden und der Gipfelanstieg auf den Rastkogel erfordert Trittsicherheit. Der Abstieg von der Wanglalm nach Tux führt über breite Forstwege und ab der Schrofenalm bis nach Vorderlanersbach entlang eines markierten Wanderwegs. Zum Ausgangspunkt nach Finkenberg gelangt man mit der Buslinie Mayrhofen–Tux.

Da sich die Route meist exponiert auf breiten Gratrücken und Höhenzügen bewegt, ist stabiles, gewitterfreies Bergwetter Grundvoraussetzung für eine gelungene Durchführung.

1 Auffahrt mit der Penkenbahn

Startpunkt der Exkursion ist der große Parkplatz der Finkenberger Almbahnen, der unübersehbar links neben der Tuxertal-Straße auf Höhe der Kirche von Finkenberg liegt. Aufgrund der Länge der Tour ist man gut beraten, gleich die erste Auffahrt um 8:45 Uhr zu nehmen, aber auch wegen der vielen “Aussichtswilligen”, die an schönen Tagen ab dem späteren Vormittag den Penken förmlich überschwemmen.

Mit den Finkenberger Almbahnen (geöffnet zwischen Anfang Juni und Mitte Oktober) schwebt es sich schnell auf den Penken, beinahe lautlos und vor allem ungemein aussichtsreich, von knapp 900 Meter auf 2100 Meter über dem Meer. Ohne es zu merken, gleiten wir dabei im unteren und mittleren Hangbereich über eine großflächige Rutschung, die rechts von uns einen großen Teil des Penken-Südosthanges umfasst und von Finkenberg bis zur Mittelstation auf Höhe des Penkenhauses

Abb. 193. Übersichtskarte der Exkursion (O): Penken – Rastkogel – Tuxer Magnesitwerk (Geodatenbasis: BEV Österreich) – Bereich Nord. Die nachfolgend beschriebene Exkursion (P) vom Nurpensjoch auf den Rastkogel ist ebenso eingezeichnet.

bei 1800 Metern reicht. Aus der Vogelperspektive der Seilbahnkabine ist aufgrund der starken Bewaldung freilich nichts von einer tiefgründigen Rutschung zu sehen, die jedoch aufgrund ihrer Größe und der tief in den Gesteinskörper reichenden Bewegungsbahnen eine latente Gefahr für Bebauung und Infrastruktur darstellen könnte. Für einen besseren Überblick über die Dimensionierung solch großer Rutschkörper ist vor allem das digitale Geländemodell ungemein hilfreich. 196

Ursache für die Massenbewegungen am Penken – der hier vorgestellte kleinere Talzuschub ist nicht der letzte, den wir auf der Exkursion kennenlernen werden – ist das Zusammenspiel mehrerer Faktoren: Der Anrissbereich der gegenständlichen Rutschung liegt unter dem Penkenhaus als Teil der Seidlwinkel-Modereck-Decke (allochthone metasedimentäre Hülle des Modereck-Deckensystems) in weichen, stark verfalteten Phylliten der "Wustkogel-Serie". Aufgrund der intensiven metamorphen Überprägung der Gesteinsabfolgen im Zuge der alpinen Verfaltung kam es zur Bildung von Serizit. Zur Gruppe der Hellglimmer (Muskovite) gehörend, besticht das Mineral durch seine extreme Feinkörnigkeit und zeichnet sich dadurch aus, weiche, mürbe und äußerst brüchige Gesteinskörper zu hinterlassen. Kombiniert mit der mäßig steilen Hangneigung, Erosion, Zeit und zahlreichen, immer wiederkehrenden Niederschlägen sowie Frost-Tau-Wechseln wird das Gesteinsgefüge nachhaltig und tiefgründig zerstört. In weiterer Folge kann der Gesteinsverband entlang des Trennflächengefüges (Schieferungsflächen sowie dominante Klüftung) teilweise aufgelöst werden und schollenartig talwärts gleiten. Dabei tut der an den Schieferungsflächen angereicherte schmierige Serizitfilm sein Übriges. Den äußeren Schalen einer Zwiebel gleich zergleitet der Berg in fiederartigen, sich nach unten verjüngenden Teilkörpern talwärts, wobei an der Oberfläche jedes Einzelrutschkörpers terrassenähnliche Verebnungen entstehen. Da deren Sohlflächen konkav talwärts gekrümmt sind und

Abb. 194. Geologische Karte der Exkursion **O**: *Penken – Rastkogel – Tuxer Magnesitwerk (Auszug aus* HORNUNG *&* ZASADNI *2023; Geodatenbasis: BEV Österreich, Legende siehe Seiten 19–21) – Bereich Süd.*

stets flacher werden, rotieren die Oberflächen der Terrassenstufen teilweise hanggegensinnig – man spricht deswegen auch von einer listrischen Rutschung oder einer antithetischen Sackungsmasse. Meistens zerfließt der unterste Rutschkörper zu einem breiteren Lobus und ist auch morphologisch gut zu erkennen.

Angst um die Stabilität der Seilbahn oder gar das Wohlergehen von Finkenberg wäre allerdings unangebracht: Die Gleitvektoren des Berghanges bewegen sich in der Regel im Millimeter- bis unteren Zentimeterbereich pro Jahr und machen sich nur über größere Beobachtungszeiträume bemerkbar.

> Auf Höhe der Mittelstation (umsteigen!) wird das Gelände merklich flacher und der Wald weicht sanft nach Norden ansteigenden Wiesen- und Almmatten. In wenigen Minuten haben wir den Penken und seine weitläufige Hochfläche erreicht. An schönen Sommertagen muss man sich die umfassende Aussicht mit zahlreichen Zeitgenossen und einer etwas übermäßigen, allerdings auf den Wintertourismus ausgerichteten Infrastruktur teilen. Deswegen: Zum Verweilen an der Bergstation besteht keine Notwendigkeit, Aussicht haben wir auf der gesamten Exkursionsroute mehr als genug!

❷ Der Rundweg vom Penken zum Knorren: Einblick in die Zone von Gerlos

Natürlich kann man als ungeduldiger Wanderer gleich *in medias res* gehen und den Übergang vom Penken zur Wanglalm beginnen. Es lohnt sich jedoch durchaus ein kleiner, nur knapp halbstündiger Rundweg vom Penken zum Knorren, der Einblicke in die "Zone von Gerlos" (Bestandteil der Oberen Penninischen Decken) und ihre Metasedimente gibt, welche einen ganz eigenen Charakter aufweisen. Der beste Orientierungspunkt für den Beginn des Rundweges ist das futuristisch wirkende, rostfarbene Rhomben-Dodekaeder der "Granatkapelle" direkt neben einem größeren Speicherteich, der über einen Fußweg bequem zu erreichen ist. Das erst auf den

Abb. 195. Geologische Karte der Exkursion ❶*: Penken – Rastkogel – Tuxer Magnesitwerk (Auszug aus* HORNUNG *&* ZASADNI *2023; Geodatenbasis: BEV Österreich, Legende siehe Seiten 19–21) – Bereich Nord. Die nachfolgend beschriebene Exkursion* Ⓟ *vom Nurpensjoch auf den Rastkogel ist ebenso eingezeichnet.*

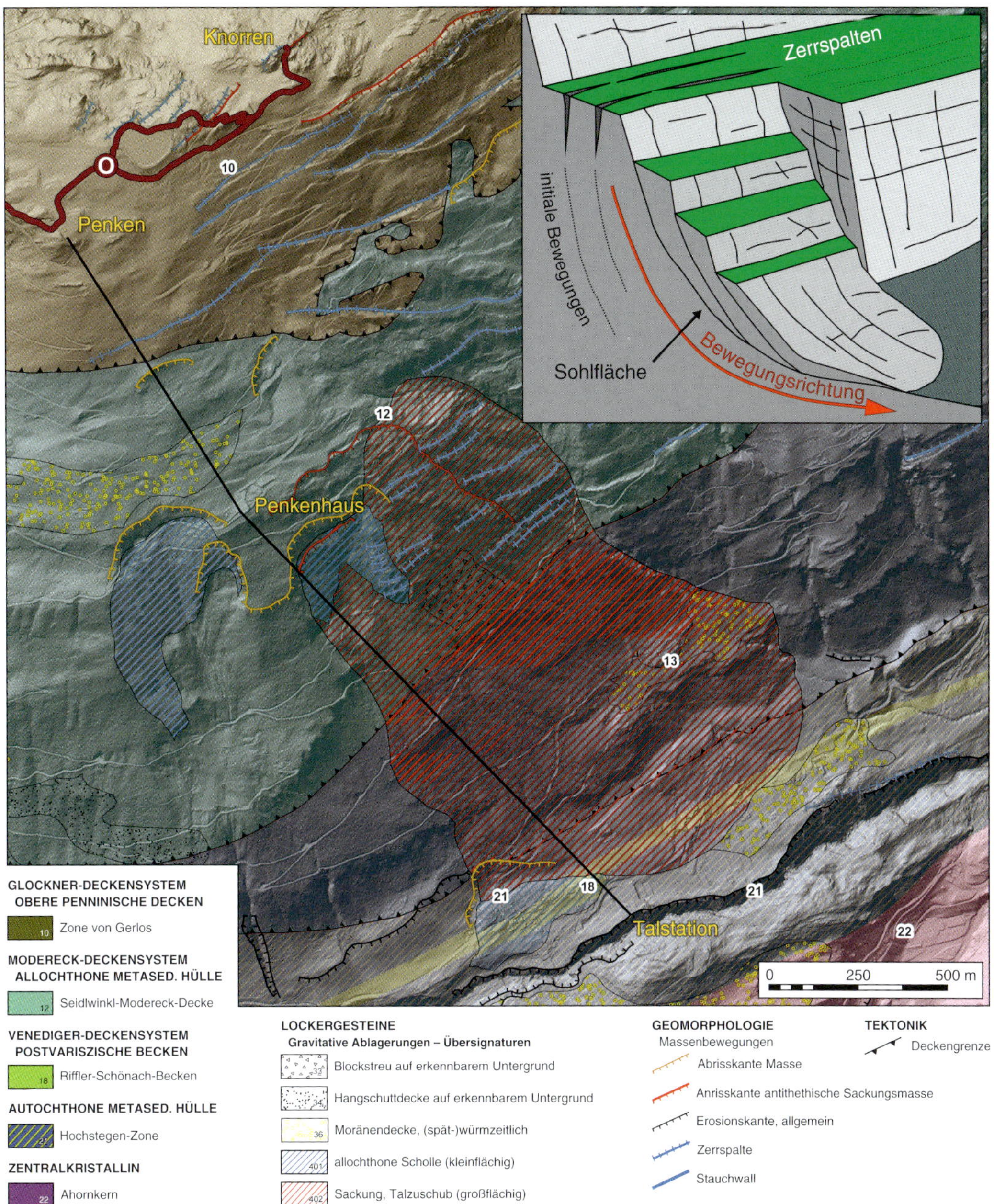

Abb. 196. Vor allem das digitale Geländemodell mit einer Schummerungskarte offenbart die unterschiedlich großen Rutschkörper des Penken-Südosthanges (große Talzuschübe sind rot, kleinere Rutschkörper blau schraffiert; siehe eingefügte Legende). Zur besseren Orientierung ist die Achse der Seilbahn eingezeichnet. Das kleine Blockbild oben rechts zeigt die wirkenden Mechanismen einer Sackungsmasse beziehungsweise eines Talzuschubes in skizzierter, stark vereinfachter Form. Charakteristisch hierbei sind schollenartige, sich nach unten verjüngende Rutschkörper, die auf einer konkaven, talwärts flacher werdenden Sohlfläche gravitativ abgleiten. An der Oberfläche zeigen die entstehenden Nackentälchen beziehungsweise geneigten Terrassenflächen die Umgrenzung der Sackungsmassen an.

Abb. 197. Irgendwie unwirklich: Die Granatkapelle über der Wasserfläche des großen Speichersees am Penkengipfel mit den Kitzbüheler Alpen (links) und dem Brandberger Kolm (Exkursion K) im Hintergrund.

zweiten Blick als Sakralbau erkennbare Gebilde ist dem Zillertaler Engelbert KOLLAND geweiht, der als Missionar im 19. Jahrhundert in Damaskus den Märtyrertod starb und daraufhin im Jahr 1926 seliggesprochen wurde.

Am Morgen, wenn es am Penken verhältnismäßig ruhig ist, da die meisten Ausflügler noch im Tal bei ihrem Frühstück weilen, ist
es am künstlichen Teich und der Kapelle am 197

Abb. 198. a, Zerrspalte im Penkenquarzit unweit der Granatkapelle. b, Penkenquarzit in seiner lagig geschieferten Variante nahe dem Penkengipfelhaus. Hier lässt sich innerhalb der hellbraun anwitternden Glimmerschiefer (obere Aufschlusshälfte) und der grauen, intensiv geschieferten Quarzite noch so etwas wie eine metasedimentäre Abfolge mit gemischt marin-siliziklastischem Einfluss erkennen. c, Engständig geschieferte Kalkphyllite nahe der Penken-Bergstation.

Abb. 199. Blick von der Granatkapelle auf den weiteren Wegverlauf nach Osten zum nahegelegenen Knorren (rot punktiert). Den Hintergrund beherrschen links die Grasberge der Kitzbüheler Alpen. Im Bildzentrum stehen mit dem Brandberger Kolm die westlichsten Ausläufer der Reichenspitzgruppe, die nach Süden bis an den Zillertaler Hauptkamm reicht. Das Zillergründl trennt die Reichenspitzgruppe vom Ahornkamm mit der Ahornspitze. Nahe dem rechten Bildrand verläuft der tief eingeschnittene, glazial überprägte Stillupgrund ebenfalls bis zum österreichisch-italienischen Grenzkamm.

schönsten – das Gebirgspanorama im Hintergrund wirkt vor der glatten, blauen Wasserfläche im Vordergrund geradezu unwirklich. Auf dem Weg zur Kapelle fallen tiefe Anrisse und deutliche, teils metertiefe Gräben linkerhand des Fußweges auf: Auch hier zergleitet der Berg – allerdings *198a*
mit langen, von Südwesten nach Nordosten verlaufenden Zerrspalten in nordwestliche Richtung gegen das Hoarbergtal. Angelegt sind die Zerrspalten beziehungsweise Nackentälchen in festem Penkenquarzit der "Zone von Gerlos", die auf weichen Kalkphylliten liegt. Das Gestein kann als derber Quarzitmarmor definiert werden, der in einigen Bereichen auch mächtigere Lagen aus mürbbröseligen Glimmerschiefern führt. Die Sequenz wurde vermutlich nahe der Jura/Kreide-Grenze als *198b*
marine Kalkabfolge mit unterschiedlich starken siliziklastischen Einschaltungen akkumuliert. Die unterlagernden Kalkphyllite haben jurassisches Alter und dürften aus mächtigeren, tonig-mergeligen *198c*
Sedimenten entstanden sein, die aus einem tieferen Meeresbecken stammen.

Vielleicht seien in diesem Rahmen noch ein paar Worte über die "Zone von Gerlos" erlaubt: Wie bereits eingangs im einleitenden Kapitel zur regionalen Geomorphologie (S. 9ff.) kurz geschildert, ist sie Teil der Penninischen Decke und dort eher im oberen Abschnitt zu finden. Dieser Bereich schmiegt sich in einer schmalen, am Penken beginnenden und weiter über den Gerlospass nach Krimml ostwärts führenden Zone um das Modereck-Deckensystem und liegt zwischen den metasedimentären Decken im Süden und der überlagernden oberostalpinen Innsbrucker-Quarzphyllit-Decke im Norden. Das Besondere ist, dass sie neben penninischen Gesteinsserien, die jenen der Bündnerschiefer-Serie (vgl. Exkursion N) gleichen, auch unterostalpine Fragmente enthalten kann. Diese treten im Exkursionsgebiet westlich zwischen Geier, Tarntal und Hippoldspitze in eigenen kleinen Deckenklippen auf (siehe Exkursionen M und N). So finden sich neben Kalkphylliten und Penkenquarzit am Hochplateau des Penkens auch Quarzphyllite jurassischen Alters sowie Metasedimentgesteine, die aus der Trias stammen und in diesem Rahmen als "Penken-" und "Knorrenbrekzie" zusammengefasst werden.

Wir halten uns von der Granatkapelle zunächst in östlicher Richtung und überschreiten einen nur wenige Meter hohen, felsigen Rücken aus Penkenquarzit. Auf dessen Ostseite gelangen wir absteigend zu einer *199*
Skihütte und erreichen einen daran vorbeiführenden Forstweg. Dieser ist zunächst kurze Zeit bis zu einer Art grasigem Sattel zu verfolgen, um dann auf der Nordseite nur wenige Höhenmeter zum bereits sichtbaren Knorren abzusteigen. Dabei folgt man am besten den markierten Trittspuren, die an mehreren Stellen durch dichtes Bergheidengestrüpp zu den Felsen des Knorren führen.

Abb. 200. a, Der 2081 Meter hohe Knorren wirkt wie ein fremdartiger Kalkklotz inmitten des hügelig-grünen Penken-Hochplateaus. b, Ursprüngliche sedimentäre Wechsellagerung von dunkleren Kalkmergel- und helleren Kalk-Dolomit-Sequenzen am südlich vorgelagerten Felsturm des Knorrens.

200a Der 2081 Meter hohe Knorren wirkt mit seinen schroffen, zerborstenen Felsflanken wie ein Fremdkörper auf der sanft hügeligen Hochfläche des Penkens. Insbesondere seine zerfurchte Südflanke erweckt den Anschein, als hätte ein gelangweilter Riese lustlos auf ihr herumgehauen. Der untere Abschnitt ist über und über mit teilweise mehrere Meter großen Blöcken bedeckt, die im Lauf der Zeit aus der lotrechten Wand ausgebrochen sind. Für sich gesehen ist die "Knorrenbrekzie" keine Brekzie im klassischen Sinne, finden sich doch im Gesteinsgefüge keine kantigen Komponenten, die von einer feinkörnigen Matrix umgeben werden. Auf den ersten Blick erscheinen die Gesteine ruppig, rau und zusammenhangslos mit vielen bunten Farbschattierungen. Erst auf den zweiten Blick erkennt
200b man eine Wechsellagerung aus dunklen Metakarbonaten und hellen, dolomitischen Zwischenlagen.
201a Teilweise zeigen Letztere ein kaum überprägtes, subhorizontal geschichtetes Gefüge, sind aber auch

Abb. 201. Die Schichtensequenz wird von einer metasedimentären Wechselfolge aus dunkelgrauen Kalkmarmoren und hellbeigefarbenen Dolomitquarziten dominiert, die sich bis in den Zentimeterbereich des Gesteinsgefüges fortsetzt: a, in beinahe unverfalteter, subhorizontal geschichteter Form oder b, als teilweise durchscherte Isoklinalfalte (die einstige Schichtung ist weiß, die lokale Scherzone rot hervorgehoben). Foto c zeigt einen Sturzblock mit einer besonders schönen, sich nach oben verjüngenden Falte.

eng oder, wie der Geologe sagen würde, "isoklinal" verfaltet. Auch der Blick von der Blockhalde zum westlich vorgesetzten Felsturm zeigt diese Wechsellagerung, nur in wesentlich größerem Ausmaß. So bleibt die Frage, wie alt die Gesteine am Knorren sind. Vermutet werden könnte die Obere Trias, da hier einige stratigraphische Einheiten bekannt sind, die diese Art rhythmischer Wechsellagerung auch heute noch in den Nördlichen Kalkalpen in nichtmetamorpher Form zeigen – beispielsweise die obertriassische Kössen-Formation. Ob nun die "Knorrenbrekzie" das stratigraphisch Liegende des zuvor angesprochenen Penkenquarzits sowie der Kalkphyllite repräsentiert oder *en bloque* gravitativ in diese Schichtenfolge eingeglitten ist (derartige Bewegungen sind ab dem Oberjura im Kalkalpin durchaus bekannt; siehe Exkursion Ⓜ sowie Band 40 dieser Buchreihe), steht jedoch noch zur Diskussion.

201b
201c

Vom Knorren wandern wir zurück zum grasigen Sattel, lassen das "Penkenpanorama" links liegen und gelangen über den breiten Forstweg sanft ansteigend zurück zum Gipfelplateau. Dort halten wir auf die "Penkentenne" zu, zweigen links zum Penkenjochhaus ab und wählen den dort in nordwestliche Richtung (rechts) abzweigenden Fußweg.

Abb. 202. Am Beginn des langen, breiten Rückens vom Penken zur Wanglalm geht der Blick nordwestwärts über das Tuxertal hinweg zur steilen Nordflanke der Grinbergspitzen, entlang der die zweite Tagesetappe von Exkursion D *(Band 43) verläuft: Der gelbe Pfeil kennzeichnet den Standort der Gamshütte, die grüne Linie den ungefähren Wegverlauf über die Elsalm bis zum Tettensjoch. In diesem Bereich liegt die Grenze zwischen Ahornkern, Hochstegen-Zone und überlagernden, dünn ausgewalzten, metasedimentären Einheiten des Modereck-Deckensystems. Den Hintergrund in der Bildmitte beherrschen die höchsten Gipfel der Tuxer Alpen und kennzeichnen unterostalpine Deckenklippen, die der penninischen Glockner-Decke aufliegen und metamorphe Äquivalente der nördlich gelegenen Kalkalpen darstellen. In diesen Bereich führen die Exkursionen* M *und* N.

3 Vom Penken zur Wanglalm

Unmittelbar unter dem etwas in die Jahre gekommenen Penkenjochhaus steht eine Abfolge des Penkenquarzits an (vgl. Abb. 198b). Wenig später treffen wir an einem Kinderspielplatz auf unterlagernde Kalkphyllite (vgl. Abb. 198c). Von diesem Punkt an lassen wir den touristischen Trubel des Penkens zurück, denn der breite Verbindungskamm zur Wanglalm und weiter zum Rastkogel liegt vor uns. Am Beginn des langen Grates zum Rastkogel ist vor allem die Aussicht auf den schroffen Nordabfall des Grinbergspitzen-Massivs beeindruckend. An dieser Stelle grenzt der Ahornkern als nördlichster der Zillertaler Kristallinkerne an seine autochthone, metasedimentäre Hülle, die als steilgestelltes, helles Band aus Hochstegen-Formation gut sichtbar ist ("Hochstegen-Zone"). Genau durch diesen Bereich verläuft die zweite Tagesetappe von Exkursion D (Band 43) und widmet sich den dort erschlossenen Gesteinen sowie der komplexen Deckentektonik zwischen Hochstegen-Zone und den aufliegenden, dünn ausgewalzten metasedimentären Decken wie Wolfendorn- und Seidlwinkl-Modereck-Decke.

202 Der Forstweg führt über den breiten, abgerundeten Kamm in nordwestliche Richtung gegen das Tuxertal.

Im ersten Drittel des Übergangs vom Penkenhaus zur Wanglalm liegt eine zwar unscheinbare, aber doch wichtige tektonische Linie, die die Grenze zwischen der "Zone von Gerlos" zur überlagernden oberostalpinen Innsbrucker-Quarzphyllit-Decke definiert. Letztere markiert eine der tiefsten tektonostratigraphischen Einheiten des Silvretta-Seckau-Deckensystems und erstreckt sich beinahe über die gesamten zentralen Tuxer Alpen nach Norden bis zum Inntal und der dort gelegenen Landeshauptstadt Innsbruck. Der direkte Kontakt der flachliegenden Deckenüberschiebung ist dabei nicht unmittelbar erschlossen – wir bemerken jedoch, dass das Anstehende in diesem Bereich durch stark geschieferte, sehr weiche und verwitterungsanfällige, hellglimmerreiche Phyllite charakterisiert ist und somit ein ganz anderes lithologisches Erscheinungsbild aufweist als die harten und derben Penkenquarzite der "Zone von Gerlos".

Von nun an bestimmt die lithologisch
höchst variable Einheit "Innsbrucker
Quarzphyllit" die weitere Exkursions-
203b route. Hier am Kamm zur Wanglalm
dominieren die zuvor angesprochenen
brüchigen und stark geschieferten Phyllite, die hin und wieder auch mal von einer dezimetermächtigen Lage aus grau-
203c em, derbem Quarz durchzogen werden
können. Gegen die Wanglalm brechen
203a sie in zehnermeterhohen Wandstufen ab
und kennzeichnen die Abrisskante einer
großen Massenbewegung. Diese umfasst
als sehr langsam abwärts gleitender
204 Talzuschub den gesamten Kammverlauf
des Penken-Verbindungsgrates über die
Naudisalm (1701 m) bis ins Tuxertal
zwischen Bärdille und Elsegg (Abb. 204).

Die Mechanismen, die zu dieser umfassenden Massenbewegung führen, sind dieselben wie zuvor beim Penkensüdhang unter der Seilbahnachse beschrieben: Die durchgreifende metamorphe Überprägung, die damit einhergehende Schieferung und das engständige Trennflächengefüge des Innsbrucker Quarzphyllites in diesem Bereich führen nicht nur zu einer starken Zerlegung; die Bildung von parallel zur Gesteinsschieferung gesprossten Hellglimmerblättchen setzt zudem die Reibungshaftung entlang der Schieferungsflächen herab und begünstigt kleinräumige Versätze, die sich im Gesteinskörper zu großen Talzuschüben summieren können. Oberflächlich ist von der Rutschung kaum etwas zu erahnen. Nur die kleinräumig zergliederte, unruhig

Abb. 203. Der lithologisch höchst variable »Innsbrucker Quarzphyllit« ist die dominierende Gesteinsart auf dem Weg vom Penken zur Wanglalm: a, Knapp unter der Wanglalm bricht er in teils zehnermeterhohen, brüchigen Wandstufen gegen Naudisalm und Penkenberg ab. b, Am breiten Gratrücken zur Wanglalm dominieren stark geschieferte und deswegen blättrig-scherbig zerfallene, weiche, hellglimmerführende Phyllite, die c, gelegentlich von dezimetermächtigen Quarzbändern durchzogen werden können.

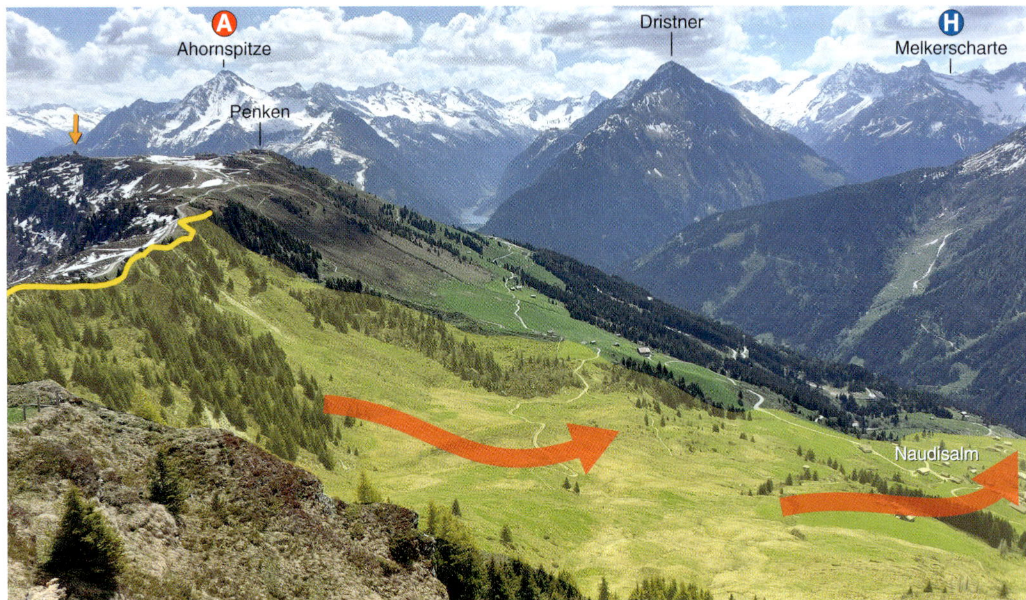

Abb. 204. Kurz vor Erreichen der Wanglalm haben wir einen guten Überblick über einen großen Talzuschub, der vom Kammverlauf über den Penkenberg und die Naudisalm bis hinab ins Tuxertal reicht. Die Abrisskante nahe am Penken-Kamm ist gelb, der zugehörige große Massenbewegungskörper gelb transparent hervorgehoben (die roten Pfeile geben die Bewegungsrichtung an). Der orangefarbene Pfeil am linken Bildrand markiert die Granatkapelle.

kuppige Morphologie des Hanges lässt auf tiefreichende Bewegungen schließen. Einmal mehr ist es das digitale Geländemodell, das den kartierenden Geologen den Rutschkörper klar umrissen darstellen lässt.

❹ Der Nordwestgrat über die Wanglspitze zum P. 2538 m und Hoarbergkopf – ein buchstäblicher Grenzgang zwischen zwei Welten

Die in den Sommermonaten während der Seilbahn-Betriebszeiten bewirtschaftete Wanglalm merken wir uns als "Stärkungsstation" für den Rückweg und folgen einem grob geschotterten Fahrweg bergauf, der links der Wanglalm an einer weiteren kleinen Almhütte empor führt. Nach zwei Kehren verlassen wir den schlechter werdenden Weg und steigen ein kleines Stückchen weglos zum Begrenzungszaun der Skipiste auf, die von der Wanglspitze talwärts führt. Durch eine Lücke im hohen, roten Zaun gelangen wir auf die steile Piste, die wir in weiterer Folge zu einem bereits sichtbaren Zaunübertritt in nördliche Richtung überqueren. Beim Überstieg treffen wir auf einen markierten Steig, der von der Hintertrettalm aus dem Hoarbergtal heraufführt.

Die Wegführung ist steil und leider aufschlussarm. Zu beachten sind die zahlreichen terrassenartigen Verebnungen, die an eine versteinerte Riesentreppe erinnern, und über die sich der Pfad in die Höhe schraubt. Die Anlage dieser oft nur meterbreiten Nackentälchen, welche wir mittlerweile sofort als Anzeichen einer Rutschung erkennen sollten, folgt dem bereits in Abbildung 196 gezeigten Schema: Auch der Südhang der Wanglspitze zergleitet langsam in Richtung Wanglalm. Oberflächlich sind lediglich Nackentälchen zu erkennen, die durch sowohl hanggegensinnig als auch talwärts geneigte, rotierende Rutschkörper entstehen. Begünstigt wird die Massenbewegung nicht etwa durch die mäßig steil bis steil nordfallende Schieferung im Gesteinskörper, sondern durch die südfallende, dominante Klüftung: Das dadurch entstehende, mechanisch wirksame Trennflächengefüge verläuft dementsprechend von West nach Ost und damit hangparallel. Auch die vermutlich relativ geringmächtige, aber starre oberostalpine Innsbrucker-Quarzphyllit-Decke über unterlagernder phyllitisch-weicher und damit plastisch verformbarer Glockner-Decke (mit Bündnerschiefersequenzen) begünstigt ebenfalls eine talwärtige, gravitativ-schleichende Sackungsbewegung.

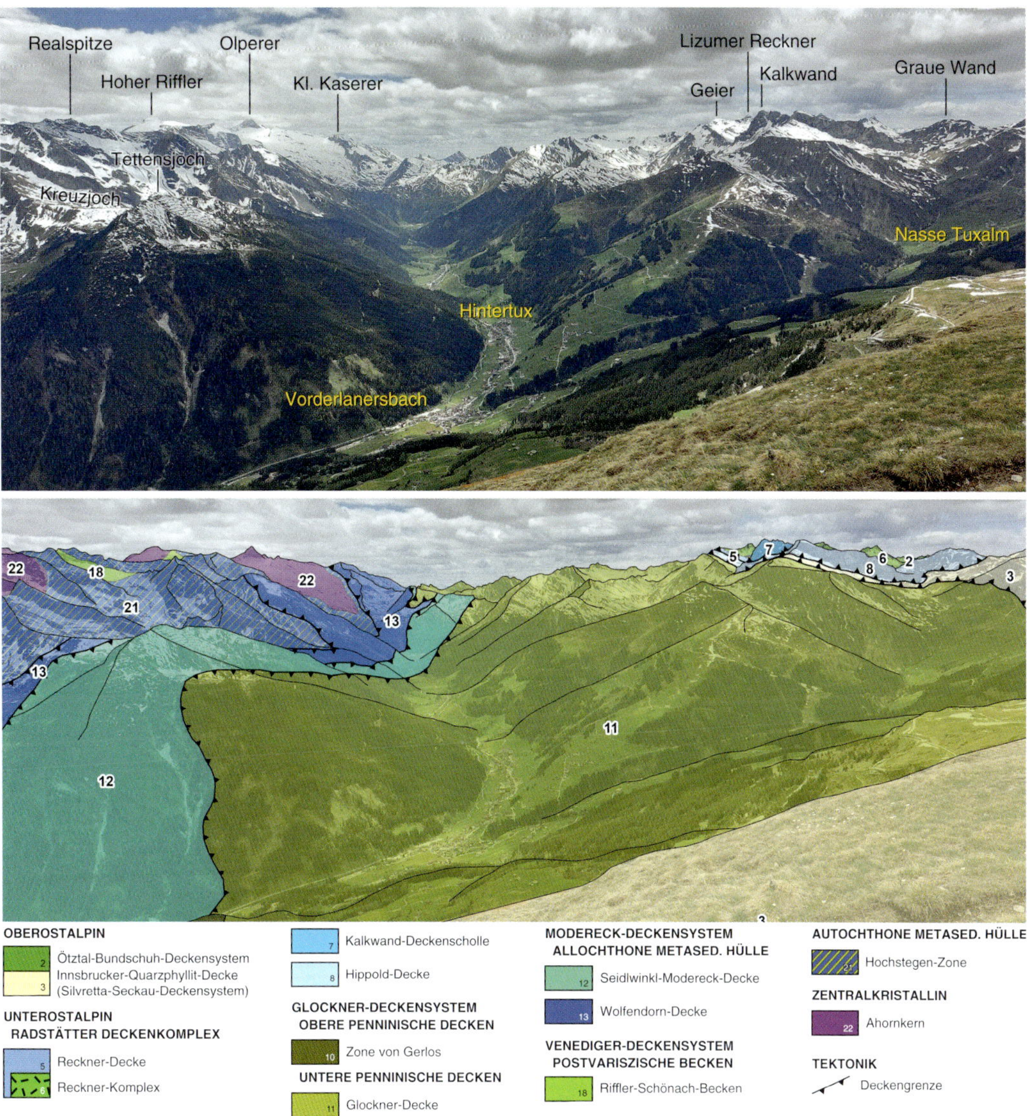

Abb. 205. Aussicht von der Wanglspitze nach Westen gegen Tuxertal und südliche Tuxer Alpen. Zur besseren Übersicht sind auf dem unteren Bild die tektonostratigraphischen Einheiten eingeblendet.

Bis zum Gipfel der Wanglspitze bleiben wir im Innsbrucker Quarzphyllit, der sich besonders auf den letzten fünfzig Höhenmetern bis zum höchsten Punkt als relativ fest und weniger intensiv geschiefert erweist. Den flachen, 2420 Meter hoch gelegenen Gipfel ziert nicht nur ein kleines Gipfelkreuz mit einer gemütlichen Bank, sondern auch eine Wetterstation samt schwenkbarer "Panomax"-Kamera, die als Webcam alle 10 Minuten ein hochaufgelöstes Panoramabild in den weltweiten Internet-Äther sendet. Lächeln und schön winken bringt allerdings nichts: Personen werden grundsätzlich verpixelt dargestellt und somit unkenntlich gemacht – der Datenschutz dringt bis hierher. Und leider haben wir eine massige Seilbahnbergstation im Rücken (Norden). Welch Glück, dass die schöne Aussicht vor
allem nach Westen zu den Tuxer Alpen und über den Penken hinweg zum Zillertaler Hauptkamm 205
geht. Und es lohnt sich, diese Aussicht aus geologischer Perspektive eingehender zu studieren, zeigt

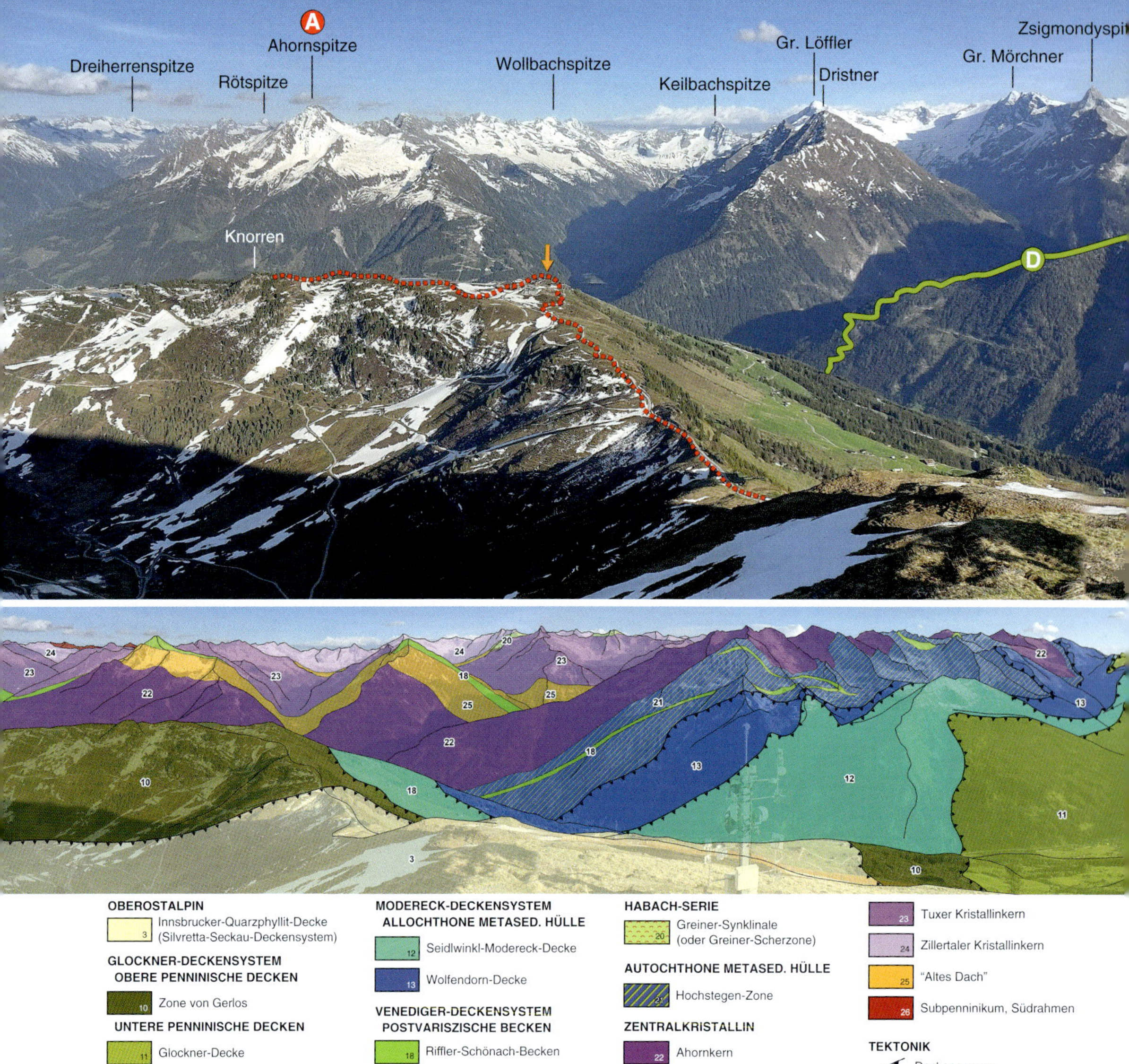

Abb. 206. Aussicht von der Wanglspitze nach Süden gegen den Zillertaler Hauptkamm. Zur besseren Übersicht sind auf dem unteren Bild die tektonostratigraphischen Einheiten eingeblendet. Der orangefarbene Pfeil markiert die Granatkapelle, der gelbe Pfeil die Gamshütte.

sie doch einmal mehr einen instruktiven Einblick in den Nordrahmen des westlichen Tauernfensters. Mit Blick gegen Süden erkennen wir den breiten Rücken des Penken mit der "Zone von Gerlos" als Bestandteil der Penninischen Decken, aus der der felsige Knorren wie ein Fremdkörper heraussticht. Darüber erheben sich die bei Exkursion A (Band 43) zu besteigende Ahornspitze sowie die elegant schmal-pyramidenförmig zugeschnittene Berggestalt des Dristners als Anfangspunkt des langgezogenen Floitenkammes. Diese Berge markieren mit den von West nach Ost verlaufenden Ausbissen von Variszischem Basement ("Altes Dach") sowie postvariszischem Riffler-Schönach-Becken die Grenze zwischen Ahornkern und Tuxer Kristallinkern. Beide heute eng miteinander verfaltete Einheiten repräsentieren zum einen präintrusive und bereits variszisch metamorphisierte Metasedimentgesteine der Habach-Serie, in die die variszischen Magmenkerne einst aufstiegen: zum anderen zeigen sie terrigen-klastische Sedimentserien, die in tiefen Sedimentationsbecken nach der variszischen Orogenese gebildet wurden und eine mehr als 140 Millionen Jahre währende Akkumulationsgeschichte vom Jungpaläozoikum bis an die Jura/Kreide-Grenze aufweisen.

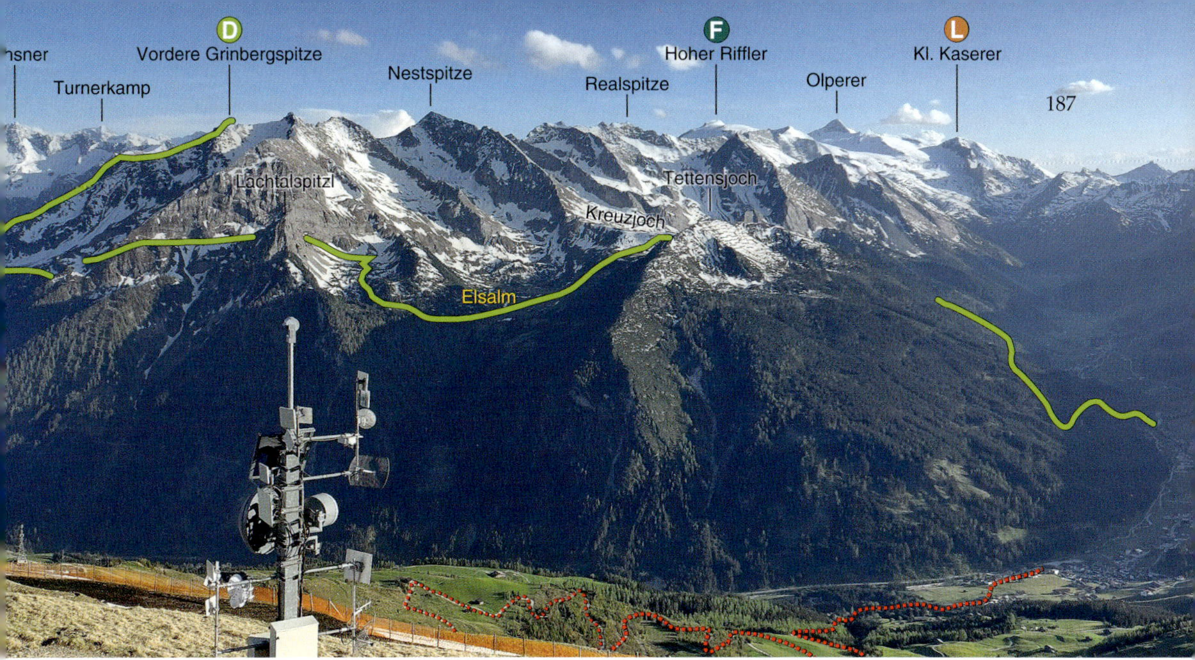

Weiter gegen Süden grenzt die Greiner-Synklinale in ähnlicher Form den Tuxer vom Zillertaler Kristallinkern ab. Diese Kerne, als "fensterartiger" Einblick in ein normalerweise tief versenktes Stockwerk in der Oberen Erdkruste, werden im Norden von einem metasedimentären Rahmen sowohl autochthon als auch allochthon umgeben. Autochthon ist die Hochstegen-Zone, die nichts anderes darstellt als die ehemalige sedimentäre Hülle, die ab der Trias und vor allem im Jura auf europäischer Kruste abgelagert wurde. Die Kontaktzone zieht sich dabei wie bereits angesprochen entlang der Nordflanke unter den Grinbergspitzen (siehe Exkursion D, Band 43) ins Tuxertal und weiter gegen den Kleinen Kaserer (siehe Exkursion L) am Tuxer Kamm. Tektonisch eingefaltet, stark gelängt und metamorph überprägt finden sich innerhalb des breiten Ausbisses der Hochstegen-Zone eingefaltete und tektonisch ausgewalzte Abschnitte des Riffler-Schönach-Beckens, die als steile Grasbänder entlang der nordexponierten Hänge der Vorderen Grinbergspitze bis zur Elsalm unter dem Tettensjoch ziehen. Darüber liegen mit der Wolfendorn- und der Seidlwinkl-Modereck-Decke gleichfalls tektonisch reduzierte Einheiten mit permomesozoischen Metasedimentgesteinen. Sie zeigen eine ähnliche Abfolge wie die Hochstegen-Zone, wurden allerdings von ihrem Basement abgeschert. Darüber folgt die Glockner-Decke mit stark geschieferten, verhältnismäßig weichen Metasedimentgesteinen der Bündnerschiefer-Serie. Durch diese relativ weiche Einheit konnte nicht nur das tiefe Tuxertal (glazial-)erosiv verhältnismäßig leicht ausgeräumt werden, sondern sie ist auch für eine viel weichere Geomorphologie mit deutlich geringeren Gipfelhöhen innerhalb der südlichen Tuxer Alpen verantwortlich.

Auf der Glockner-Decke liegt nicht nur die "Zone von Gerlos", die sich vom Penken bis auf unsere Höhe ins Tuxertal zieht, sondern auch die Innsbrucker-Quarzphyllit-Decke des Silvretta-Seckau-Deckensystems. Von unserem Standort aus gesehen, zieht sie weiter in nordwestliche Richtung bis ins Inntal und umfasst einen Großteil der Tuxer Alpen. Als wäre das noch nicht genug, liegen dieser oberostalpinen Decke nordwestlich unseres Standortes noch diverse unterostalpine Kalkklippen ("Hippold-Decke", "Kalkwand-Deckenscholle" sowie die "Reckner-Decke") auf, denen sich die Exkursionen M und N eingehend widmen. Sie bilden das höchste erschlossene tektonische Stockwerk der Tuxer Alpen und schließen den Rahmen dessen, was wir an der Wanglspitze überblicken können.

Ab der Wanglspitze kann der Fortgang der Exkursion je nach persönlichen Befindlichkeiten und/oder Wetter variabel gehandhabt werden. Entweder wir steigen ins Tal ab, oder wir verfolgen nach einer kurzen Forststraßenpassage vom nordwestseitig gelegenen flachen Sattel ausgehend zunächst den Nordgrat zum P. 2538 m.

Noch vor Erreichen des flachen Sattels unter dem P. 2538 m überschreitet man die Deckengrenze vom Oberostalpin (Innsbrucker-Quarzphyllit-Decke) zum Penninikum (Glockner-Decke) mit bunten, stark geschieferten Phylliten der Bündnerschiefer-Serie. Zwar handelt es sich ebenfalls um Phyllite im

Abb. 207. Zwei ganz unterschiedliche Lithologien am P. 2538 m. a, Die oberflächlich unscheinbar grau verwitterten, flechtenüberwucherten »bunten Phyllite« der Bündnerschiefer-Serie am Südgrat zeigen im frischen Bruch eine intensive Schieferung und eine auffallend grüne Färbung. Letztere deutet auf einen erhöhten Gehalt an Grüngesteinen wie Chlorit und Epidot hin (b). c, Auf der Nordseite des P. 2538 m anstehende, deutlich weitständiger geschieferte, intensiv braun bis braunrot gefärbte Gesteine sind als Ankerite zu charakterisieren und gehören zur Abfolge der oberostalpinen Innsbrucker-Quarzphyllit-Decke (d, Detail mit kantigen Quarzklasten).

207a weitläufigsten Sinn, diese hier als "bunte Phyllite" bezeichneten Gesteine enthalten jedoch bisweilen
207b grüne, vermutlich chlorit- und epidotführende Serien. Wie so oft im Gelände gilt: Erst der Anschlag mit dem Geologenhammer und der frische Bruch offenbaren die wahre Gesteinsfärbung – oft sind die Felsen oberflächlich mit Flechten überwuchert und verwittern in undefinierbaren Grautönen.

Abb. 208. Aussicht vom Nordgrat unter dem P. 2538 m gegen das Rastkogel-Massiv mit der Grauen Spitze (2552 m).

Der Gratübergang zum P. 2538 m ist einfach, führt aber größtenteils über wegloses Gelände beziehungsweise auf spärlichen Steigspuren. Steilere Abschnitte können auf der Südwestseite umgangen werden. Wem das Ganze zu abenteuerlich wird, der kann ebenfalls auf der Südwestseite des Kammes zur nahegelegenen Forststraße ab- und von dort weiter aufsteigen.

Bis knapp unter dem Gipfel des P. 2538 m bleibt man auf der Glockner-Decke – erst die letzten Höhenmeter werden wieder von gut geschieferten Innsbrucker Quarzphylliten mit eingeschalteten, auffallend cremebraunen, stark eisenoxidschüssigen Ankerithorizonten eingenommen (wasserfreies *207c*
Eisenkarbonat). *207d*

Vom P. 2538 m lohnt der Blick in die Runde, vor allem gegen das Rastkogel-Massiv und seinen langen, *208* westwärts gegen das Tuxer Skigebiet vorgreifenden Kamm, der uns über dem weiten Schutt- und Schrofenkar genau gegenüberliegt. Dort fällt die Graue Spitze ins Auge, die wie ein Fremdkörper aus ansonsten abgerundeten Geländeformen heraussticht. An ihrer Südflanke breiten sich Blocksturzfelder aus, die bis zu einem künstlich angelegten Speicherteich für das hiesige Skigebiet reichen. Der 2552 Meter hohe kleine Berg gehört ebenfalls zur Innsbrucker-Quarzphyllit-Decke, besteht aber aus derben, nur schlecht geschieferten Quarziten. Deren Sprödheit sowie intensive Klüftung sorgt für wiederholt abgehende Fels- und Blockstürze in das darunterliegende Kar.

Von unserem kleinen, namenlosen Gipfel steigen wir den Nordkamm zur bereits sichtbaren Bergstation des Hoarbergliftes ab. Sie bildet den höchsten Punkt des weitläufigen Skigebietes unter dem Rastkogel nördlich von Vorderlanersbach.

An der künstlich hergestellten Felsböschung unmittelbar gegenüber der großen Wartungshalle der Bergstation stehen tektonisch stark überprägte, lithologisch heterogene Phyllite der Innsbrucker- *209* Quarzphyllit-Decke an: Neben derben Quarziten erkennt man auch dunkle Graphitphyllite sowie hellglimmerreiche, sehr mürbe und brüchige Serizitphyllite.

An dieser Stelle besteht abermals die Möglichkeit, die Tour entweder abzubrechen, oder mit dem markierten Steig zum Hoarbergjoch fortzusetzen. Alternativ kann man auch den steilen Nordrücken weglos zum "Hoarbergkopf" (namenloser Gipfel östlich des Hoarbergjoches) ansteigen.

Der Nordrücken zum Hoarbergkopf führt zwar weglos über steile Schrofen, stellt aber kein nennenswertes Hindernis dar. Auf den knapp 150 Höhenmetern spielt die Lithologie – ausnahmslos Innsbrucker Quarzphyllit – eher weniger eine Rolle, sondern vielmehr die zahlreichen treppenartigen Abstufungen, die es zu überschreiten gilt. Wie bereits im Anstieg zur Wanglspitze handelt es sich hierbei wieder um hanggegensinnig rotierte ("antithetische") Rutschkörper – Ausdruck einer tief-

Abb. 209. a, Unmittelbar neben der Wartungshalle am Hoarberglift stehen lithologisch heterogene Schichtglieder des Innsbrucker Quarzphyllits an: Neben Quarziten finden sich auch Graphit- sowie Serizitphyllite (b,c).

210 gründigen Massenbewegung, die den gesamten Berg betrifft und ihn in zahlreiche Schollen zerlegt hat. Entstanden sind die staffelartig angeordneten Gleitmassen wie zuvor an der Wanglspitze beobachtet, durch eine dünne, starre Innsbrucker-Quarzphyllit-Decke über einer plastisch verformbaren Glockner-Decke mit Bündnerschiefern.

Etwa eine halbe Stunde benötigt man für den Anstieg zum Hoarbergkopf und erreicht mit ihm eine überraschend große, aussichtsreiche, nach Norden geneigte Hochfläche. Den höchsten Punkt markiert ein Steinmann. Von
211 hier haben wir einen guten Überblick über den Rest des Anstieges – sofern man gewillt ist und Kraft hat, den Rastkogel und damit den höchsten Gipfel dieses Teils der Tuxer Alpen zu besteigen. Alternativ können wir zum nahegelegenen Hoarbergjoch absteigen und den lang gewordenen Abstieg nach Vorderlanersbach antreten.

❺ Vom Hoarbergkopf zum Rastkogel: Ab ins Herz der Tuxer Alpen

Am Hoarbergjoch folgen wir dem Wegweiser zum Rastkogel. Der schwarze Punkt dort klassifiziert den Anstieg als schwer – insbesondere die letzten, steilen 50 Höhenmeter unter dem Gipfel sollten nur von trittsicheren Bergwanderern begangen werden.

Zunächst quert der Steig übergrünte, felsige Schrofen und erreicht nach einer knappen halben Stunde Gehzeit ab dem Hoarbergjoch den P. 2680 m, den wir bereits von der Wanglspitze haben einsehen können. Von dort bleiben wir am breiten Rücken, weichen je nach Schneelage beziehungsweise Verhältnissen auch kurz in die Westflanke aus. Die "Schlüsselpassage" ist eine kurze, etwas ausgesetzte Querung knapp unter dem Gipfel, an der wir zu einem großen Steinmann gelangen. Von dort sind es über felsiges Gelände nur noch wenige Minuten bis zum höchsten Punkt des Rastkogels.

Abb. 210. Der Anstieg über den breiten, aber steilen Rücken zum Hoarbergkopf führt über zahlreiche, noch schneeerfüllte Nackentälchen (gelb transparent mit Bewegungspfeilen hervorgehoben), die durch staffelartig angeordnete, antithetische Sackungsmassen entstanden sind (Situation Ende Mai 2022).

Abb. 211. Ausblick vom Hoarbergkopf zum noch frühsommerlich überschneiten Rastkogel: Es ist Ende Mai 2022 und keine zwei Wochen her, dass die letzten Skitourengeher unterwegs waren.

Lithologisch betrachtet bleiben wir den gesamten Rastkogel-Anstieg den Innsbrucker Quarzphylliten treu. Vom höchsten Punkt dieses Teils der Tuxer Alpen jedoch haben wir einen gewaltigen Rundumblick und können nordseitig bis ins Inntal hinab- und auf die Kette der Nördlichen Kalkalpen hinübersehen.

Abb. 212. Ausblick vom Rastkogel nach Süden gegen den Zillertaler und Tuxer Kamm sowie die dahinter gelegenen Berge zwischen Glockner-, Venediger- und Rieserfernergruppe. Bei guten Bedingungen sind Großglockner (3798 m), Großvenediger (3657 m), Dreiherrenspitze (3499 m), Rötspitze (3495 m) und Hochgall (3436 m) zu sehen.

212 Die Aussicht vom 2762 Meter hohen Rastkogel nach Süden gegen den Tuxer Kamm ist uns bereits seit der Wanglspitze bekannt – nur sind hinter Olperer, Hohem Riffler und Grinbergspitzen mit Großem Möseler und Hochfeiler nun zusätzlich die höchsten Gipfel der Zillertaler Alpen zu sehen. Nach Norden blicken wir ins einsame Herz der Tuxer Alpen zwischen Nurpenstal im Nordwesten und Finsingtal im Nordosten. Aus der Szenerie bis zur tief eingeschnittenen Inntalfurche stechen nur wenige markante Gipfel heraus – unter anderem der Hirzer (2728 m) sowie der Große Gilfert (2506 m). Die von hier sichtbaren Gebirgsketten der Tuxer Alpen gehören ausnahmslos der Innsbrucker-Quarzphyllit-Decke an. Sie liegt im Oberostalpin und damit im gleichen tektonostratigraphischen
213 Stockwerk wie die sich nördlich anschließenden, bleichen Kalkalpen zwischen Wetterstein-Massiv, Karwendelgebirge und Rofan. Im Osten erkennt man über den grünen Kitzbüheler Alpen das Kaisergebirge und nochmals dahinter die Berchtesgadener Alpen sowie das Hochkönigmassiv. Mit diesem Panorama blicken wir ebenfalls auf oberostalpine Einheiten.

6 Abstieg vom Rastkogel zur Wanglalm

Der Abstieg vom Rastkogel bis zum Hoarbergjoch ist bekannt. An der Scharte halten wir uns am Wegweiser nach Tux und steigen schließlich auf markiertem Pfad zur Bergstation des Hoarbergliftes ab.

Der Steig durchquert ein kleines, unscheinbares Kar auf geringmächtigen Lokalmoränensedimenten, die auf Innsbrucker Quarzphyllit liegen.

An der großen Bergstation angekommen, folgt man der breiten Fahrstraße talwärts und hält sich an einer Abzweigung rechts (links geht es hinauf zur Wanglspitze).

Nach zwei Spitzkehren und etwa 400 Meter Wegstrecke erreichen wir bergseitig anstehende helle,
214a derbe und klotzig wirkende Gesteine, die sich bei genauerer Betrachtung als innig geschieferte
214b Quarzitschiefer zu erkennen geben. Sie sind jedoch nicht zu verwechseln mit den Quarziten, die an der nahen Grauen Spitze anstehen – wir haben talwärts bereits kurz nach der Bergstation des Hoarbergliftes die Innsbrucker-Quarzphyllit-Decke verlassen und befinden uns auf der Glockner-Decke mit ihren mächtigen, bunten Bündnerschiefern. Hin und wieder können in dieser Abfolge auch mächtigere Quarzitschiefer vorkommen.

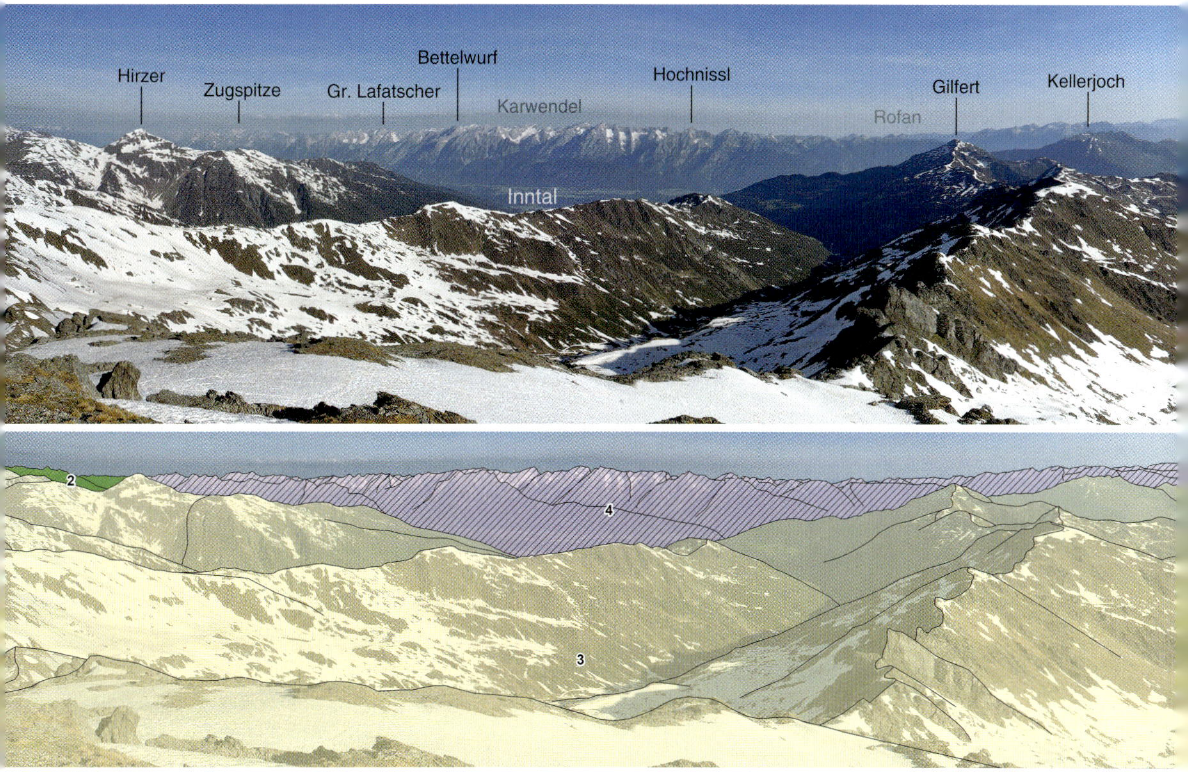

OBEROSTALPIN

1 Oberostalpin, ungegliedert — 2 Ötztal-Bundschuh-Deckensystem — 4 Nördliche Kalkalpen, allgemein

Abb. 213. Ausblick vom Rastkogel nach Nordosten gegen das Inntal und die sich dahinter erhebenden Nördlichen Kalkalpen. Zur besseren Übersicht sind die tektonostratigraphischen Großeinheiten auf dem Bild unten eingeblendet.

Abb. 214. Derbe, helle Gesteine entlang der Forststraße auf circa 2310 Meter Höhe ähneln stark den Quarziten, die an der Grauen Spitze (erkennbar links im Hintergrund) aufgeschlossen sind (Foto a). Während diese jedoch zum Oberostalpin gehören, wird das Anstehende der Bündnerschiefer-Serie und damit der Glockner-Decke zugeschlagen. Erst bei genauerem Hinsehen wird der stark geschieferte Charakter der Gesteine sichtbar (Foto b).

Etwa 500 Meter straßabwärts zweigt linkerhand ein Fußweg (Wegweiser "Wanglalm") ab, dem wir folgen. Etwa 100 Höhenmeter geht es über aufschlussloses Lokalmoränengebiet bis zu einem weithin sichtbaren, großen Steinmann. Hier beginnt eine Querung, die uns über den Südwesthang der Wanglspitze zurück zur Wanglalm bringt.

Abermals durchwandern wir stark rutschgefährdete Serien mit Innsbrucker Quarzphylliten.

7 Magnesitwerk Tux: An der Keimzelle des Zillertaler Wohlstandes

Nach einer etwaigen Stärkung an der Wanglalm steigen wir den steilen, vielgewundenen Fahrweg westwärts gegen das Tuxertal ab. Zunächst bleiben wir in den Innsbrucker Quarzphylliten. Unterhalb einer Steilstufe, die die Straße bergabwärts querend überwindet, erreichen wir das Gelände des ehemaligen Magnesitwerkes Tux und damit vor allem bergbautechnisch geschichtsträchtigen Boden.

Heute ist von dem einst weitläufigen und vielbebauten Areal kaum mehr etwas zu sehen – am
215a augenscheinlichsten sind die beiden Stollenmundlöcher und deren einstige Spritzbetonsicherung. Beide befinden sich in einer überaus brüchigen Felswand, etwa 10 Meter über der Straße. Bitte nicht versuchen, über den bröseligen Hang in die Stollen zu gelangen! Gerade dieser Bereich der Straßenquerung ist überaus steinschlaggefährdet und sollte zügig gequert werden. Etwas tiefer, nahe einer weiten Rechtskurve und außerhalb der akuten Steinschlaggefahr, können wir nach dem Material suchen, das einst so begehrt war und entsprechend abgebaut wurde: Magnesit! Dieses auf den ersten Blick unscheinbare Magnesiumkarbonat mit seinen spatelförmigen, oft auch rhomboedrischen und an ein verschobenes Parallelogramm erinnernden Kristallen bildete wohl die Keimzelle eines gewissen Wohlstandes im Tuxertal und im angrenzenden Zillertal – lange vor den Touristenströmen, die sich heute alljährlich über die Gegend ergießen. Magnesit kann man bei aufmerksamer Suche entlang der Forststraße in kleineren Handstücken noch finden – ein großer Block mit sehr schönen Kristallen findet sich etwas tiefer, in der Rechtskurve bergseitig des Fahrweges.

Abb. 215. a, Die alten Stollenmundlöcher des Magnesitwerkes Tux (Stollen »Martha« und »Barbara«) über dem steilen Fahrweg zur Wanglalm. b, Großer Magnesitbrocken mit einigen Kristallen im Detail (Foto c). d, Kleineres Handstück mit Magnesitkristallen – gefunden direkt neben dem Fahrweg.

Über die Geschichte des Magnesitwerkes in angemessener Länge zu erzählen, würde den Rahmen des hier Vorgegebenen sprengen. Wer ausführlicher darüber lesen möchte, dem sei der Bildband zum Magnesitwerk Tux mit etwa 150 historischen Aufnahmen empfohlen (WALCH 1996). Nur so viel in Kürze: Entdeckt wurde das Magnesitvorkommen bereits im Jahr 1910 durch den Innsbrucker

Abb. 216. Einer der wenigen heute noch sichtbaren Mauerreste auf dem ehemaligen Bergwerksareal.

Geologen und Mineralogen Bruno SANDER. Wer es noch nicht weiß: Magnesit ist aufgrund seiner hohen Temperaturbeständigkeit bis 3000° C ein begehrter Rohstoff für die Herstellung feuerfester Sintermagnesit-Ziegel, die unter anderem beim Hochofenbau und bei der Stahlerzeugung zum Einsatz kommen. So verwundert es nicht, dass bereits ein Jahr nach der Entdeckung die Abbauberechtigung für die weiteren Umgebung durch die Veitscher Magnesitwerke vom Grundstücksbesitzer ("Hoserbauer") erworben wurde. Es vergingen jedoch noch weitere zehn Jahre, bis mit konkreten Planungsarbeiten für einen bergmännischen Abbau begonnen wurde. Zunächst war die Weiterverarbeitung des Rohmaterials durch eine Brennanlage in Jenbach und/oder Mayrhofen geplant, letztendlich entschied man sich aber für kurze Wege und plante die Verhüttung in unmittelbarer Nähe der Entnahmestelle. Ab dem Jahr 1927 wurden täglich bis zu 150 Tonnen Magnesit abgebaut, betrieben zunächst durch die Alpenländische Bergbau und Industrie AG, ab 1948 durch die Österreichisch-Amerikanische Magnesit Aktiengesellschaft (ÖAMAG). Ab dem Jahr 1955 wurde zudem Scheelit abgebaut, ein Mineral, das zur Gewinnung von Wolfram diente. Letzteres war für die Stahlerzeugung von entscheidender Bedeutung. Zunächst blieben die Zeiten rosig – bis zu 400 Mitarbeiter waren entweder direkt im Bergwerk oder den damit assoziierten Infrastruktureinheiten beschäftigt. Es gab eine Schlosserei, eine Schmiede, eine Elektrowerkstatt, eine Tischlerei und ein entsprechendes Labor zur Rohstoffgüteermittlung. Daneben sprossen diverse Versorgungseinrichtungen wie eine Kantine, ein Lebensmittelladen, eine Arztpraxis und eine Volksschule sowie Freizeiteinrichtungen wie eine Kegelbahn, ein Schwimmbad und sogar ein Kino aus dem Boden, kurzum: Das Tuxer Magnesitwerk wurde mit Abstand zum wichtigsten Arbeitgeber vor Ort.

Ab den 1970er-Jahren war der Zenit des Bergwerkes jedoch überschritten, denn die Suche nach neuen Erzvorkommen blieb häufig ergebnislos und die Kombination aus sinkenden Wolframpreisen und der teuren Hochgebirgslage des Werkes führte rasch zu einem unrentablen Kurs – so wurde am 21. Dezember 1976 die letzte Schicht gefahren und das Werk daraufhin stillgelegt. In den folgenden Jahren wurden alle Bergwerksgebäude sowie die Werkssiedlung bis auf zwei Gebäude – die Schrofenhäuser und die Barbarakapelle – abgetragen, das Gelände renaturiert und dem rasch nachwachsenden Grün der Natur überlassen. Heute fallen neben den Stollenmundlöchern lediglich große terrassenartige Verebnungen auf, auf denen unter anderem einst die Verhüttung Platz fand. Auf etwa 1750 Meter
216 Höhe erkennt man bergseitig des Fahrweges noch alte Mauerreste.

Abb. 217. Schaukelsessel und eine »Hör-Liege« unterhalb der Schrofenalm laden zum Verweilen und Rasten ein.

Zurück zur Gegenwart: Magnesitbrocken finden sich mit etwas Glück zur Genüge. Übrigens steht 215b
die Alm des Grundstücksbesitzers des "Hoserguts" nur wenig unterhalb der Stollenmundlöcher in 215c
einer markanten Kehre – mit etwas Glück trifft man den Senner Franz WECHSELBERGER an, der einem 215d
vielleicht die ein oder andere Frage zum einstigen Bergwerk beantworten kann. Bei ihm sind auch Exemplare des oben angesprochenen Werkes von WALCH (1996) erhältlich.

8 Abstieg nach Vorderlanersbach

Auf etwa 1660 Meter Höhe erreichen wir nach zahlreichen Haarnadelkurven eine Fahrstraßen-Verzweigung, an der wir links zur Schrofenalm abbiegen. Ein letztes Mal queren wir das ehemalige Bergwerksgelände mit lockeren, rutsch- und steinschlaggefährdeten Halden und einigen überwachsenen Mauerresten.

Die Schrofenalm auf 1697 Meter Höhe ist im Sommer bewirtschaftet und nicht mit den Schrofenhäusern zu verwechseln (die liegen noch weiter östlich). Sie bietet einige Speisen und Getränke, zudem einen kleinen Rastplatz unterhalb
217 mit Holzliegen, Schaukelsesseln und einer sehr interessanten "Hörliege" mit riesigen Holztrichtern ("Stimmen der Lüfte"). Sowohl Kulinarium als auch Rast und Zerstreuung werden umrahmt von einer wunderbaren Aussicht zu den Grinbergspitzen, Elsalm, Tettensjoch und dem vorderen Tuxertal.

Abb. 218. Die Barbarakapelle steht oberhalb der Schrofenalm und ist eines der letzten intakten Gebäude des einstigen Magnesit-Bergbaubetriebes Tux.

Abb. 219. Abstieg ins Tuxertal vor der eindrucksvollen Kulisse des Tuxer Kammes.

218 Knapp oberhalb der Schrofenalm steht mit der Barbarakapelle eines der letzten erhaltenen Bauwerke des einstigen Bergwerkbetriebes. Das Fresko über dem Eingang stammt von Max WEILER, einem zeitgenössischen Tiroler Maler, und thematisiert den göttlichen Schutz über das Magnesitwerk und seine Arbeiter vor den stets gegenwärtigen Gefahren der Natur und des Berges.

219 An der Schrofenalm zweigt der Abstiegsweg nach Vorderlanersbach ab. Wir verlassen das Areal des Bergwerks, das um die Mitte des 20. Jahrhunderts sowohl dem Tuxertal als auch dem Zillertal einen gewissen Wohlstand, zahlreiche Arbeitsplätze und eine periodisch sichere wirtschaftliche Perspektive bescherte – noch vor dem erst später boomenden (Winter-)Tourismus.

Der Abstieg führt durch weitgehend aufschlussloses Gelände mit überdeckenden, mächtigeren Moränensedimenten des Gschnitz-Stadials. Der Steig geleitet bald in dichten Bergfichtenwald, quert einen markanten Graben und erreicht auf etwa 1440 Meter Höhe den Weiler Stock. Von hier folgen wir der asphaltierten Fahrstraße hinab zum bereits einsehbaren Ortskern von Vorderlanersbach. Die Buslinie Tux–Finkenberg bringt uns zurück zum Ausgangspunkt nach Finkenberg.

Weiterführende Literatur

HORNUNG, T. & J. ZASADNI (2023): Geologische Karte des Hochgebirgs-Naturparkes Zillertal, der Gemeinden Tux, Finkenberg und Brandberg, Maßstab 1:25000, 3 Kartenblätter, Hochgebirgs-Naturpark Zillertaler Alpen, Ginzling.

Ⓟ Alles rutscht: Mit dem (E-)Bike auf das Geisljoch und über Halsspitze und Nurpensjoch auf den Rastkogel

Wegstrecke: Wegkreuzung oberhalb der Habalm (1991 m, bis hierher siehe Exkursion Ⓜ) – Geisljoch (2292 m) – Nafingjoch – Halslspitze (2574 m) – Nurpensjoch (2530 m) – Rastkogel (2762 m) – Nurpensjoch – Seen und Blockgletscher unterhalb der Halslspitze – Nafingjoch – Geisljoch – retour zur Habalm.

Geologie: Innsbrucker Quarzphyllite und rote Ankerite der Innsbrucker-Quarzphyllit-Decke (Silvretta-Seckau-Deckensystem) – Massenbewegungen zwischen Nafingjoch und Rastkogel – Glaziallandschaft und Blockgletscher unter der Halslspitze – Bergzerreißungszone unter dem Nafingjoch.

Die hier beschriebene geologische Wanderung vermittelt zwischen den Exkursionen Ⓜ und Ⓞ dieses Bandes und hat mit dem Geislanger oberhalb von Vorderlanersbach denselben Ausgangspunkt wie Exkursion Ⓜ. Die beste Methode, den Fahrweg von der Habalm bis knapp vor das Geisljoch hinter sich zu bringen, ist die Auffahrt mit einem (E-)Bike – hier bewegt man sich auf einer offiziell ausgeschilderten Mountainbike-Route der Gemeinde Tux. Diejenigen, die ihr Gefährt gut beherrschen, können noch den etwa 600 Meter langen Singletrail bis zum Geisljoch weiterfahren (bis hierher vom Geislanger circa 700 Höhenmeter und 8 km Wegstrecke, von der Abzweigung oberhalb der Habalm etwa 300 Höhenmeter und 4 km Wegstrecke)! Vom Geisljoch geht es auf "Schusters Rappen" weiter über durchwegs gut markierte Pfade bis zum Rastkogel (vom Geisljoch circa 500 Höhenmeter und etwa 3 km Wegstrecke). Vorsicht ist im späten Frühjahr und/oder nach herbstlichen Schneefällen geboten: Da der Steig im oberen Bereich des Grates zwischen Nurpensjoch und Rastkogel teilweise in die schattige Nordflanke quert, können hartgefrorene Altschneefelder den Weiterweg stark be- oder gar verhindern! Der Abstieg entlang der Südflanke unter Halslspitze und Nafingjoch ist weglos und deswegen optional. Bei gutem Wetter stellt er jedoch eine sehr interessante Variante zum Abstieg über den Grat dar.

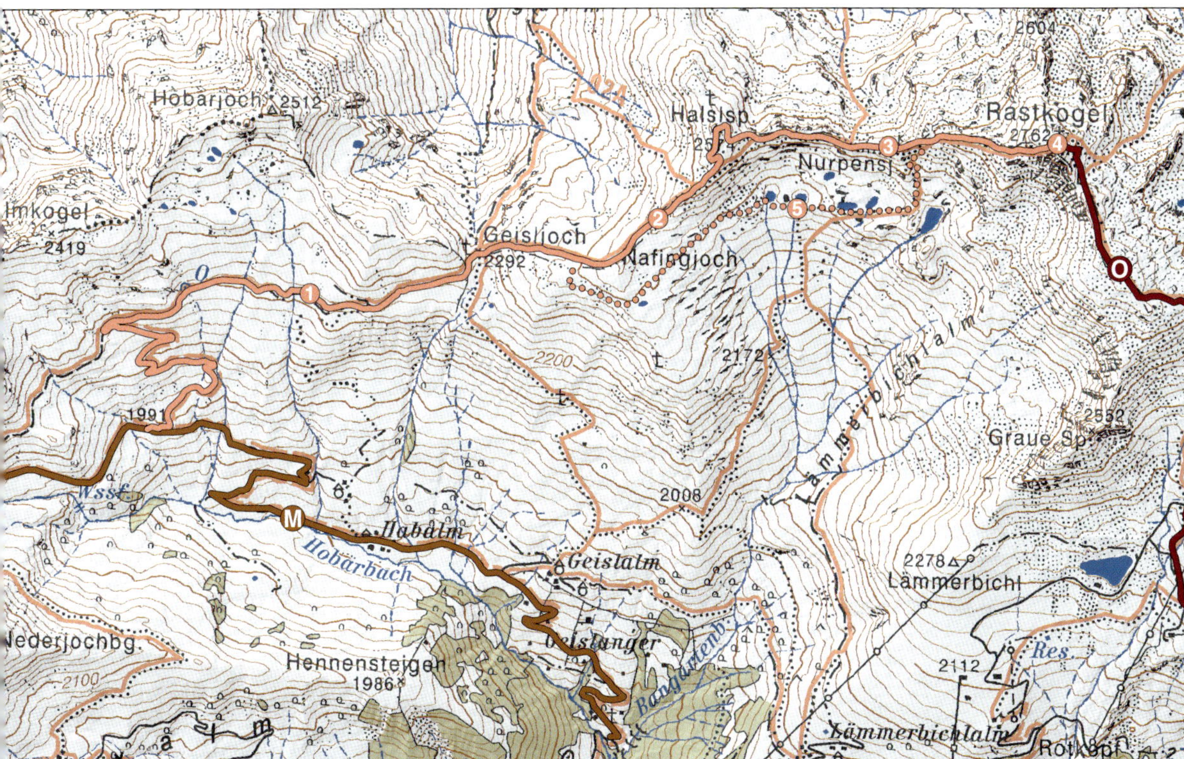

Abb. 220. Übersichtskarte der Exkursion Ⓟ – Rastkogel und Nurpensjoch (Geodatenbasis: BEV Österreich). Teile der Routenverläufe von Exkursion Ⓞ vom Penken auf den Rastkogel und Exkursion Ⓜ vom Geislanger zur Habalm sind ebenso eingezeichnet.

① Mit dem (E-)Bike aufs Geisljoch

Eines muss im Vorfeld klar gesagt werden: Wer auf dieser Unternehmung lithologische Vielfalt sowie tektonische Finessen sucht, wird nicht bedient werden können. Die hier vorgestellte Route verläuft zur Gänze auf der Innsbrucker-Quarzphyllit-Decke des oberostalpinen Silvretta-Seckau-Deckensystems und bleibt vor allem dem Typgestein dieser Region, dem Innsbrucker Quarzphyllit, treu. Dafür können aktuelle landschaftsgestaltende Massenbewegungsprozesse beobachtet werden, die mit ihrer Dynamik eine Brücke von der Vergangenheit in die Gegenwart schlagen.

Auf dem Weg vom Geislanger zur Vallruckalm verzweigt sich der breite Fahrweg auf knapp 2000 Meter Höhe (bis hierher siehe Beschreibung von Exkursion Ⓜ): Geradeaus geht es weiter zur hochgelegenen Vallruckalm als Ausgangspunkt für das Dreigestirn Hippoldspitze–Eiskarspitze–Torspitze. Wir wählen den rechten Fahrweg bergauf.

Der Verzweigungspunkt liegt gerade noch im Bereich stark verfalteter und intensiv geschieferter, bunter Phyllite der penninischen Glockner-Decke (vgl. Abb. 124, S. 114). Nur wenige Höhenmeter darüber, leider verborgen von einer geringmächtigen Moränenauflage, verläuft die tektonische Grenze zur auflagernden Innsbrucker-Quarzphyllit-Decke. Die erst nach der dritten Spitzkehre erschlossenen
222 Typgesteine des Innsbrucker Quarzphyllits sind mitunter stark geschiefert. Sie zeigen nicht die für Phyllite typischen seidenmatt glänzenden Schieferungsflächen, sondern weisen eher einen derben, mürb-brüchigen Charakter und eine zumeist hellgraue Färbung auf. Eine lithologische Varietät begegnet uns einige Spitzkehren weiter oben, am Beginn einer langen, ostwärts führenden Querung

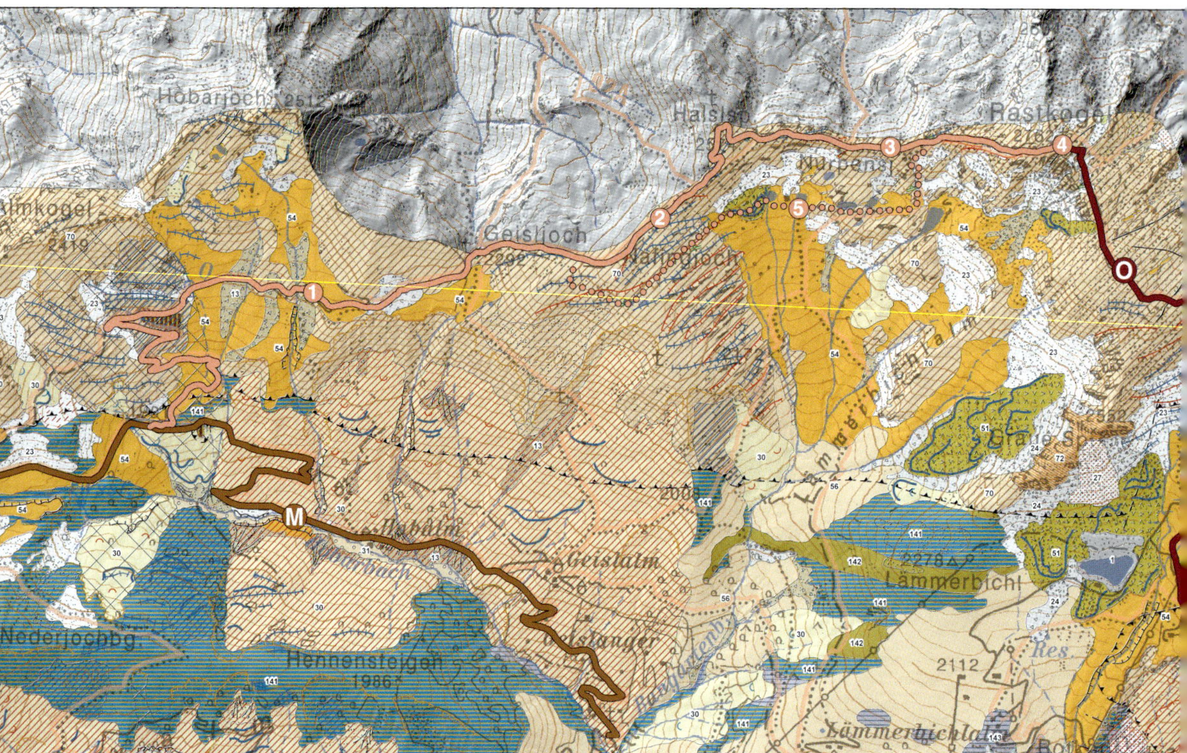

Abb. 221. Geologische Karte der Exkursion Ⓟ – Rastkogel und Nurpensjoch (Auszug aus HORNUNG & ZASADNI *2023; Geodatenbasis: BEV Österreich), Legende siehe Seiten 19–21. Teile der Routenverläufe von Exkursion Ⓞ vom Penken auf den Rastkogel und Exkursion Ⓜ vom Geislanger zur Habalm sind ebenso eingezeichnet.*

Abb. 222. Eine Lithologie, aber zwei unterschiedliche Ausprägungen des Gesteinsverbandes im Gelände: a, Innsbrucker Quarzphyllit steht an der dritten Kehre der Geisljochfahrstraße an: Der hier auffallende stark zerrüttete Gesteinsverband ist Zeichen einer tiefgründigen Massenbewegung (»Talzuschub«), die den ganzen südexponierten Hang von der Almspitze bis zum Hobarbach einnimmt und dabei vor allem weiche Lithologien zerlegt. b, Ebenfalls intensiv geschieferter Innsbrucker Quarzphyllit mit mäßig steil nordwärts fallendem Trennflächengefüge steht auf 2200 Meter Höhe im Bereich der Querung zum Geisljoch an und liegt außerhalb tiefgründiger Hangbewegungen auf stabilem Untergrund.

Abb. 223. Karminrote Eisenkarbonate (Ankerite) der Innsbrucker-Quarzphyllit-Decke stehen auf etwa 2180 Meter Höhe zu Beginn der langen ostwärtigen Hangquerung zum Geisljoch an.

223 der Hänge gegen das Geisljoch. Hier fallen massige, da weitständig geschieferte, karminrote Ankerite (Eisenkarbonate) auf, die bergseitig neben dem Fahrweg erschlossen sind. Sie sind identisch mit den bereits in Exkursion Ⓜ näher beschriebenen Gesteinen.

Vor allem die Innsbrucker Quarzphyllite zeigen im unteren Bereich der Auffahrt zum Geisljoch bis zur Position der roten Ankerite neben der intensiven Schieferung einen durch und durch zerrütteten Gesteinsverband. Die massigen Ankerite scheinen dabei ausgenommen, doch auch sie sind Teil einer tiefgründigen Massenbewegung, die auf unserer Höhe als etwa 800 Meter breite, sich talwärts allmählich verjüngende Gleitmasse das Gebiet vom Grat unterhalb des über uns liegenden, 2419 Meter hohen Almkogels bis auf etwa 1800 Meter hinab zum Hobarbach einnimmt. Dabei wird deutlich, dass die Gesteine mit einem engständigen Trennflächengefüge besonders intensiv entlang ihrer Schieferungsflächen zerlegt werden. Massigere Partien wie die Ankerite rutschen hingegen quasi *en bloc* ab. Wie so oft, sind selbst große Massenbewegungen nicht ohne weiteres als solche erkennbar, wenn man mittendrin ist. Die zahlreichen Geländerücken und -buckel wirken zusammenhangslos und nicht wie ineinander geschachtelte Rutschkörper in beinahe gesetzmäßiger Abfolge. Erst beim Blick aus der Totalen – etwa vom Gegenhang und eventuell mit Hilfe schräg einfallenden Sonnenlichts – werden derartige Talzuschübe geradezu plastisch herausmodelliert. In diesem Zusammenhang
224 lohnt eine kleine Rast irgendwo auf der langen Querung zum Geisljoch mit Aussicht auf besagtes Dreigestirn (siehe Exkursion Ⓜ) und den gegenüberliegenden Gras- und Weidehang, der von der 2663 Meter hohen Torspitze ostwärts zieht und das Tal der Habalm von jenem der Nassen Tuxalm trennt ("Nederjochberg" und "Hennensteigen"). Dort erkennt man – besonders gut an einem frühen
225 Herbstnachmittag – drei unterschiedlich große und geformte Massenbewegungen, die vom Kamm bis in den Talgrund gegenüber der Habalm ziehen. Grund für diese Rutschungen sind stark verfaltete, weiche und leicht verformbare Einheiten der Bündnerschiefer-Serie: Die hier herrschende ostalpine Hauptkompressionsrichtung von Süd nach Nord verursacht Ost-West-streichende Verfaltung mit entsprechend nach Norden oder Süden fallenden Schieferungs- und Faltenflächen. Damit liegt das Trennflächengefüge in vielen Bereichen parallel zum nordexponierten Hang. Insbesondere nach

Abb. 224. a, Am Aufschluss der Ankerite beginnt die lange, nur mäßig steile Querung die letzten knapp einhundert Höhenmeter hinauf zum Geisljoch – mit Blick auf den nördlichen Ahornkamm sowie einige höhere, bereits an der Grenze zu Südtirol liegende Dreitausender. b, Blick aus circa 2230 Meter Höhe nach Westen zum Dreigestirn Hippoldspitze–Eiskarspitze–Torspitze, über das die Exkursion Ⓜ *verläuft. Unter dem gelben Pfeil befindet sich die Vallruckalm.*

Regenfällen und/oder während der Schneeschmelze, wenn Wasser zwischen die Schieferungs- und Faltungsflächen eindringt, bekommen solche Hänge ein Eigenleben und folgen der Gravitation talwärts.

In einer letzten, gegen Westen umbiegenden Haarnadelkurve erreichen wir die Abzweigung eines breiten Wanderweges, der mit nur geringer Steigung in wenigen Minuten zum Geisljoch führt. Dieser Abschnitt kann als Singletrail von geübten Radfahrern noch befahren werden. Im 2292 Meter hohen Geisljoch stehen wir am topographisch wichtigen Kamm, der vom Rastkogel bis zur Hippoldspitze zieht und das Tuxertal vom stillen Nafingtal trennt. Dieses mündet weiter nördlich ins Weertal, ein bedeutendes Seitental des Inntals.

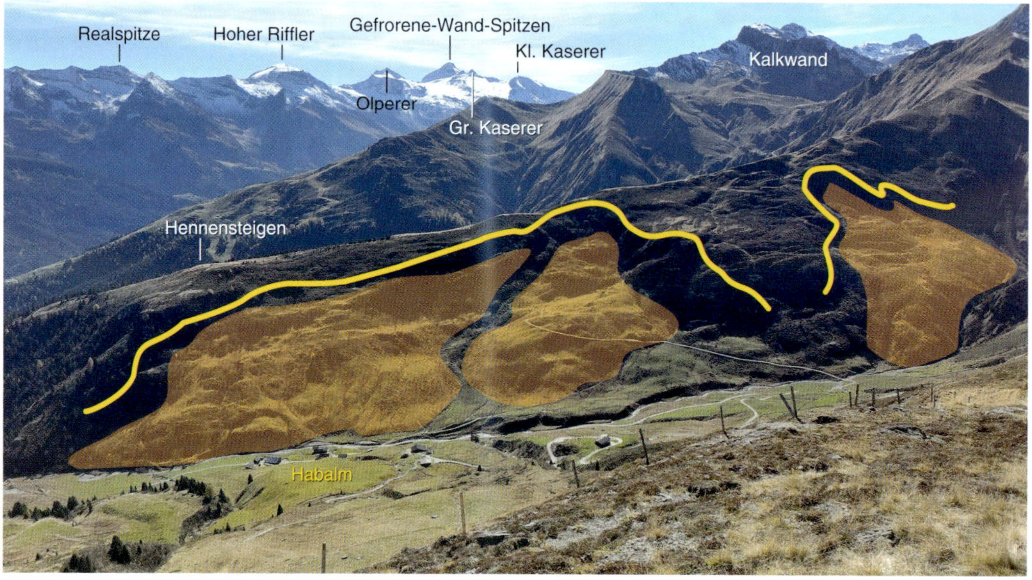

Abb. 225. *Der Blick auf den gegenüberliegenden Hang zwischen Hennensteigen und Nederjochberg (rechts außerhalb des Bildes) zeigt drei unterschiedlich große und geformte Massenbewegungskörper (orangefarben transparent). Die Anrisskanten wurden mit einer dicken gelben Linie hervorgehoben.*

Der Blick vom Geisljoch geht bis hinab zum breiten Talboden mit dem Inn – bei guter Sicht erkennt man sogar den steten Verkehrsfluss auf der Inntal-Autobahn. Darüber erheben sich die bleichen und schroffen Gipfel des östlichen Karwendelgebirges.

2 Anstieg aufs Nafingjoch und die Halslspitze

226a Am Geisljoch lassen wir die Räder zurück und folgen dem Steig weiter in östliche Richtung. Dieser beginnt, einen breiten Weiderücken emporzusteigen – ein namenloser Grasbuckel (ca. 2340 m) wird überschritten. Von ihm wird der Blick frei auf den breiten Graskamm des Nafingjoches mit der dahinter aufragenden, ebenfalls breit-behäbigen Halslspitze, unserem nächsten Etappenziel. Auch der Rastkogel und ein Großteil der noch zu wandernden Wegstrecke sind einzusehen.

226b Bereits auf dem breiten Sattel des Nafingjoches erkennt man ein etwa 10 Meter tiefes Nackentälchen, das sich den gesamten Gratverlauf bis zur Halslspitze emporzieht. Während des Weiterweges entlang des breiten Grates zum ersten Gipfel des heutigen Tages wird man erkennen, dass dieses Tälchen nicht das einzige ist, sondern weitere Gräben talwärts folgen: Stets parallel zum Grat ausgerichtet, also von West nach Ost verlaufend, tragen sie teilweise kleine, stahlblaue Seen und wirken im schräg einfallenden Morgenlicht wie die Wellenkämme einer bewegten Wasseroberfläche. Tatsächlich ist der Vergleich zumindest ansatzweise angebracht, denn bei dieser Struktur handelt es sich um eine Gleitmasse, die als Ganzes vom Grat des Nafingjoches gegen den Hobarbach abrutscht. Das auslösende Momentum kann dabei ähnlich wie beim bereits durchfahrenen Talzuschub unter dem Almkogel als die Unterlage aus weichen, leicht deformierbaren Bündnerschiefern angenommen werden, die die starre, vergleichsweise geringmächtige oberostalpine Auflage der Innsbrucker-Quarzphyllit-Decke aufgrund ihres schieren Gewichts zum talwärtigen Zergleiten bringt. Die Morphologie der staffelartig talwärts angeordneten Nackentälchen erklärt sich durch die Zerlegung in einzelne, in diesem Fall hangabwärts rotierte Rutschkörper, die durch steil hangparallel einfallende, konkave Gleitflächen zerlegt werden (vgl. auch mit Abb. 196 auf S. 177).

Der Pfad schlängelt sich am breiten Grasrücken auf die Anhöhe knapp südlich der Halslspitze. Den höchsten Punkt des meist einsamen Berges erreichen wir in einem kurzen, nur minutenlangen Abstecher durch eine kleine Senke und einen Geröllhang.

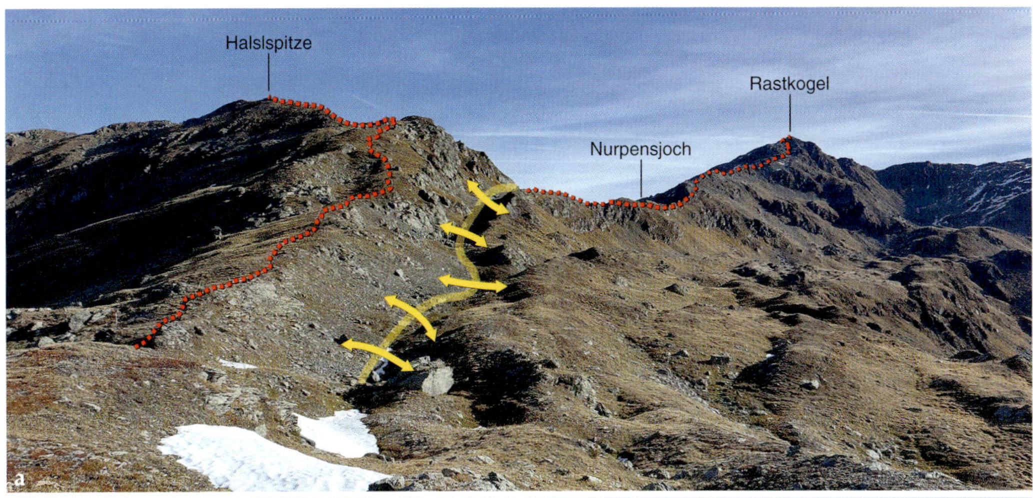

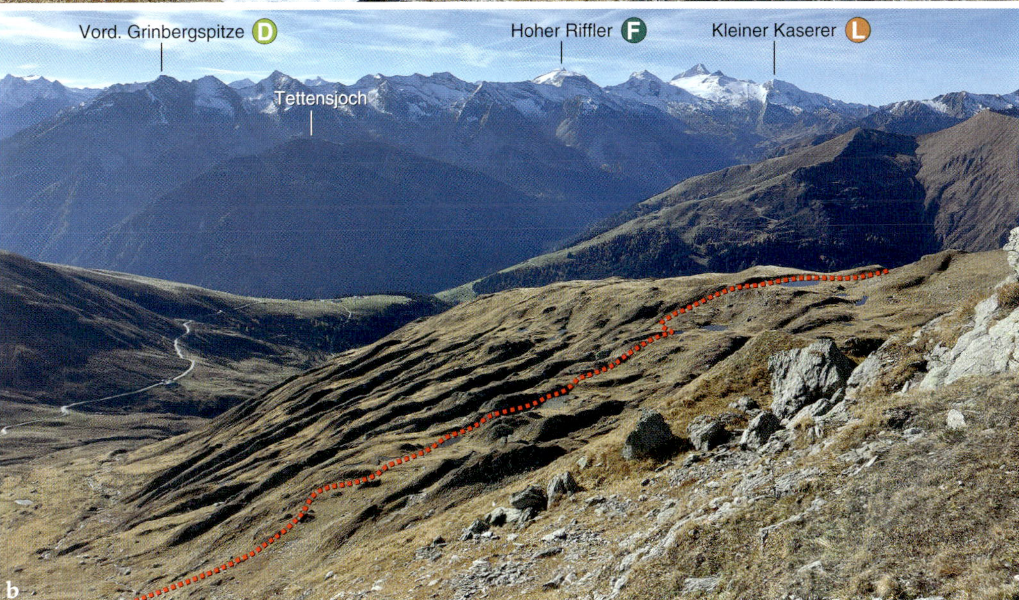

Abb. 226. a, Aussicht vom Nafingjoch (ca. 2380 m) über den Weiterweg zur nahen Halslspitze sowie den Gratverlauf über das Nurpensjoch zum Rastkogel (punktierte rote Linie). Bereits an diesem Punkt fällt ein morphologisch markant tiefes, parallel zum breiten Gratrücken verlaufendes Nackentälchen auf (dicke, gelb transparente Linie), das als Zerrspalte den Ansatzpunkt einer großen gravitativen Gleit- und Massenbewegung anzeigt: Der gesamte nach rechts aus dem Bild gehende Hang ist in Bewegung! b, Der Blick vom Grat unterhalb der Halslspitze aus circa 2500 Meter Höhe nach Süden zeigt die Hangrutschung unter dem Nafingjoch quasi aus der Vogelperspektive: Die schräg aus Osten einfallende Morgensonne modelliert die tiefen, parallel zum Grat angeordneten Nackentälchen mit einzelnen Seen heraus. Durch diesen Irrgarten an Gräben führt der Rückweg vom Nurpens- zum Nafingjoch (rote punktierte Linie).

Vom Gipfel haben wir einen umfassenden Blick auf die Dreitausender des Tuxer Kammes sowie 227
weite Teile der Tuxer Alpen bis hinab zum Inntal und den dahinterliegenden Nördlichen Kalkalpen mit Karwendelgebirge und Rofan. Nur im Osten ist die Sicht etwas eingeschränkt – der Rastkogel "steht im Weg".

Abb. 228. Ausblick vom Kammrücken unterhalb der Halslspitze gegen den Westgrat über das Nurpensjoch zum Rastkogel. Der Steig im Vordergrund führt durch ein gratparallel verlaufendes Nackentälchen. Weitere dieser Zerrspalten sind auch als geröllüberzogene Bänder in der obersten Südflanke und in der schattenerfüllten Nordflanke des Rastkogels zu erkennen. Auch sie bezeugen ein Zergleiten des Berges nach Süden. Interessant ist die eindeutig glazigen überprägte Landschaft des südexponierten Hochkares unter dem Nurpensjoch mit den Rastkogelseen. Hier zeigen abgeschliffene Rundhöcker (»roche moutonnées«) aus Innsbrucker Quarzphyllit die Bewegungsrichtung eines kleinen Lokalgletschers an, der aus dem Kar unter dem Rastkogel nach Süden in den großen Tuxer Gletscher floss. Einige Blöcke sind aus dem Gesteinsverband gerissen und liegen als erratische Blöcke noch heute auf den Buckeln und Kämmen (vgl. mit Abb. 237c).

③ Alles rutscht: Von der Halslspitze über das Nurpensjoch auf den Rastkogel

Auch im kurzen Abstieg von der Halslspitze zum bald sichtbaren Hauptweg und unterhalb der Gratschneide, die weiter ostwärts über das Nurpensjoch zum Rastkogel führt, sind derartige längliche Senken gut zu sehen – teilweise verläuft auch der Weg in ihnen. Auch dies sind Nackentälchen mit derselben Ausrichtung wie bereits in Abbildung 226 gezeigt. Sie markieren große Zerrspalten, die das Abgleiten großer zusammenhängender Gesteinsblöcke anzeigen. Anders als bei der Massenbewegung unter dem Nafingjoch, deren Gesteinsverband sich eindeutig südwärts gegen den Geislanger und das Tuxertal bewegt, sind die Bewegungsrichtungen der auf dem Grat zum Rastkogel initial dislozierten Bereiche nicht immer eindeutig, aber auch hier scheint eine Zergleitung des Gesteinsverbandes in südliche Richtung vorzuliegen. Die Diagnose: In der Nordflanke des Rastkogels sowie im Geröll-Hochkar nordwärts des Nurpensjoches ziehen sich entsprechende Nackentälchen in WSW-ONO-Richtung, wobei die gegen Norden beziehungsweise Nordwesten gekippten Schollen ein süd- bis
228 südostwärts gerichtetes Zergleiten indizieren. Der letztendliche Grund für die Hangbewegungen könnte ein ähnlicher sein wie zuvor geschildert: Der starre, intensiv geklüftete und tektonisierte Innsbrucker Quarzphyllit zerlegt sich auf einer weichen Unterlage aus Bündnerschiefern langsam, aber kontinuierlich. Diese der Glockner-Decke zugehörigen Metasedimentgesteine werden auf der Südseite des Rastkogels durch eine sinistrale Seitenverschiebung nach Norden und damit in unsere Richtung versetzt.

Auf dem Weiterweg sind Anzeichen einer schleichenden Bergzerlegung unübersehbar: Felsen werden mit weit offenen Zerrklüften zerteilt und knapp vor dem Nurpensjoch weisen tiefe Risse und Löcher direkt neben dem Steig auf einen kleinen, initialen Felssturz hin, der gegen das Nurpenstal abzugehen droht. Immer noch bleiben wir den Innsbrucker Quarzphylliten treu, deren Schieferung
229a in diesem Bereich mäßig steil bis steil nach Norden einfällt. Hin und wieder wird in Handstücken
229b die starke Verfaltung beziehungsweise duktile Tektonisierung deutlich, die sich bis in den Zentimeter- und gar Millimeterbereich durchpaust.

Abb. 229. a, Auch der Anstieg zum Rastkogel wird von Innsbrucker Quarzphylliten mit nordfallender Schieferung dominiert. b, Hin und wieder wird in einzelnen, angewitterten Handstücken die starke Tektonisierung beziehungsweise Verfaltung deutlich.

Abb. 230. Vorsicht ist bei der Querung überfrorener Alt- und Neuschneefelder in Frühjahr und Herbst geboten – hier gesehen knapp unter dem Nurpensjoch (Situation Mitte Oktober 2022).

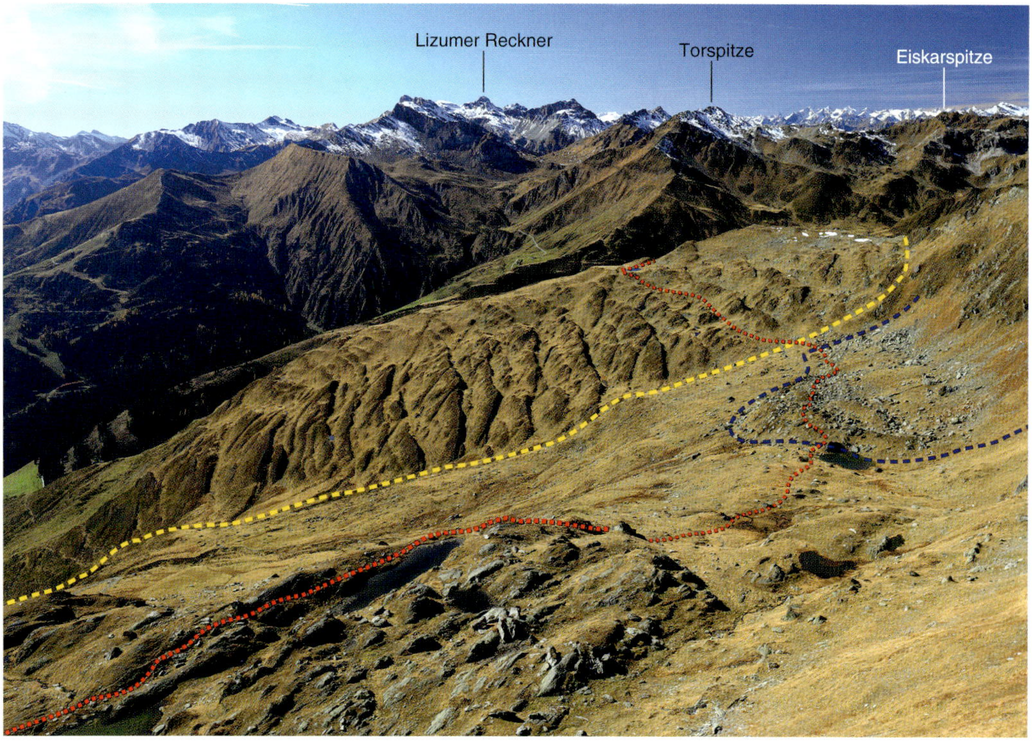

Abb. 231. Die Aussicht vom Nurpensjoch gegen Westen zeigt die große, südwärts gerichtete Massenbewegung unter dem Nafingjoch (gelb umrandet), den kleinen Blockgletscher unter der Halslspitze (blau konturiert) sowie die Rundhöcker, die kleine, stahlblaue Karseen umschließen. Die Bewegungsrichtung des kleinen Rastkogel-Gletschers zeigt aus dieser Perspektive von uns weg. Die alternative, weitgehend weglose Abstiegsvariante zurück zum Geisljoch ist zur besseren Orientierung rot eingezeichnet. Den Mittelgrund dominieren die höchsten Gipfel der Tuxer Alpen, im Hintergrund rechts sind die Gipfel der Stubaier Alpen zu sehen.

Noch ein Einschub sei zur eiszeitlichen Geschichte des unmittelbaren Gebietes erlaubt: Vor allem das unter dem Nurpensjoch gelegene südexponierte Hochkar ist eindeutig glazigen überprägt. Wir erkennen glattgeschliffene Rundhöcker mit einer flachen Nordost- und einer steilen Südwestseite, die den südwestwärts gerichteten Eisfluss eines kleinen Lokalgletschers gegen das Tuxertal belegen. Teilweise erkennt man bereits von hier einzelne vom Gletscher aus dem Gesteinsverband gerissene und talwärts transportierte erratische Blöcke, die noch heute auf den Kämmen liegen (Abb. 228, vgl. mit Abb. 237c). Unter der Halslspitze überblickt man einen kleinen, inaktiven Blockgletscher, dessen Stirn sich im ausgehenden Spätglazial ebenfalls südwärts vorgeschoben hat.

Im Anstieg zum Nurpensjoch verläuft der Steig teilweise auf der schattigen Nordseite des Kammes. Hier ist
230 besonders bei der Querung überfrorener Altschneefelder Vorsicht geboten. Vom unscheinbaren Sattel aus hat
231 man ebenfalls einen sehr guten Blick auf das südseitige Hochkar unter Nafingjoch und Halslspitze.

Das Nurpensjoch (2530 m) markiert keinen gebräuchlichen Übergang vom Tuxertal auf die Inntalseite, sondern lediglich den Beginn des Rastkogelwestgrates. Von hier besteht eine Abstiegsmöglichkeit südwärts hinab zur Geisl- und Lämmerbichlalm. Unser Weiterweg ersteigt die Anhöhe unmittelbar östlich der Scharte und verläuft
232 auf dem zunehmend felsigen Grat und zuletzt in der wie zerborsten wirkenden obersten Westflanke auf den
2762 Meter hohen Gipfel des Rastkogels.

Vor allem in diesem letzten Abschnitt sind die Anzeichen eines Zergleitens der gesamten Gipfelregion unübersehbar – sogar auf der geräumigen Gipfelfläche ist eine große Quarzphyllitplatte durch eine
233 etwa anderthalb Meter breite, offene Zerrspalte wie mit einem Kuchenmesser zerteilt.

Abb. 232. Der Schlussanstieg vom Nurpensjoch zum Rastkogel verläuft über den felsigen Grat und durch die zerborstene oberste Westflanke des Berges.

Abb. 233. Blick vom Rastkogel nach Westen gegen die Tuxer Alpen und die dahinter liegenden Stubaier Alpen. Man beachte die weit offene Zerrspalte in der rechten Bildhälfte, die die Gipfelplatte von Ost nach West zerteilt.

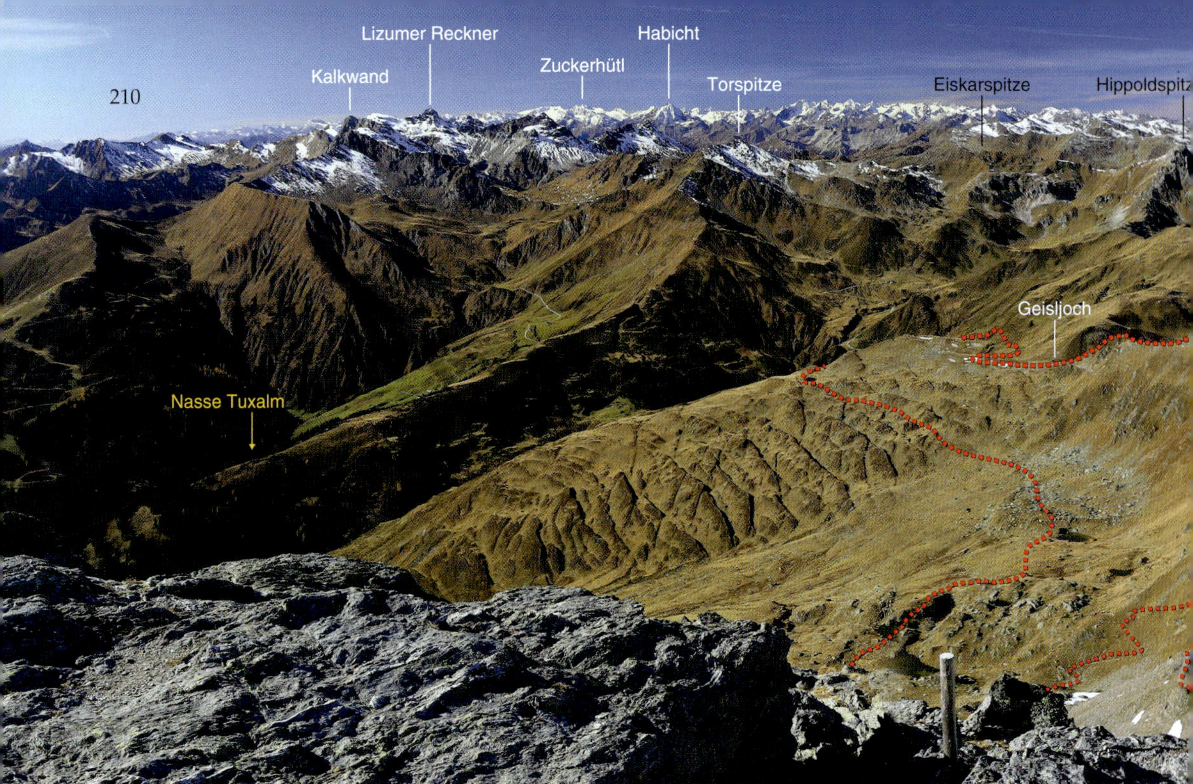

4 Über den Dingen und doch mittendrin: Auf dem Rastkogel

Die Aussicht vom Rastkogel gilt zu Recht als eine der umfassendsten der gesamten Tuxer Alpen, geschuldet der Tatsache, dass der Berg zu allen Seiten frei steht und seine nähere Umgebung um wenigstens 200 Meter überragt. Nach Süden ist die gewaltige Mauer des Tuxer Kammes, von den Grinbergspitzen (Exkursion D, Band 43) über den Hohen Riffler (Exkursion F, Band 43) bis zum Olperer und Kleinen Kaserer (Exkursion L), der Blickfang. Die der Szenerie zugrundeliegende Geologie, quasi der direkte Einblick ins kristalline Westliche Tauernfenster als "harter Kern" mit seiner "weichen Schale" (autochthone und allochthone metasedimentäre Hülle der Hochstegen-Zone beziehungsweise des Modereck-Deckensystems), wird eingehend in vorheriger Exkursion O erläu-
234 tert. Interessant ist der Blick nach Westen gegen die südlichen Tuxer Alpen um Lizumer Reckner und Hippoldspitze, die die in den Exkursionen M und N näher beschriebenen unterostalpinen Deckenreste tragen: Von hier sieht man beinahe aus der Vogelperspektive auf die schroffen, auffallend hellen Kalkklippen, die auf weichen penninischen Bündnerschiefern der Glockner-Decke mit entsprechend grasigen, scharf zugeschnittenen Berghängen ruhen. Dahinter liegt das Gipfelgewirr der Stubaier Alpen: Diese Gebirgsgruppe wird dem oberostalpinen Ötztal-Bundschuh-Deckensystem zugerechnet und gehört damit zur selben tektonostratigraphischen Großeinheit, in der wir uns mit dem Innsbrucker Quarzphyllit befinden. Jedoch mit dem Unterschied, dass der Innsbrucker Quarzphyllit paläozoischen, metasedimentären Ursprungs ist und die Gipfel der Stubaier und noch weiter westlich gelegenen Ötztaler Alpen kristallines Grundgebirge repräsentieren.

Im Nordwesten und Norden stehen die Gipfel der Nördlichen Kalkalpen: Ganz im Westen erkennt man die dunkle Pyramide des Tschirgants (liegt auf der Nordseite des Inntals gegenüber der Öffnung des Ötztals), ostwärts anschließend das Wettersteingebirge mit der 2964 Meter hohen Zugspitze und den bis etwa 2750 Meter Höhe aufsteigenden, bleichen Karwendel-Bergen. Auch hier blicken wir auf eine große oberostalpine Einheit und haben mit den beiden zuvor genannten Bauelementen die "großen oberostalpinen Drei" vereint. Die Nördlichen Kalkalpen bilden deren oberstes tektonisches Stockwerk und wurden, vereinfacht gesprochen, infolge der domartigen Herauswölbung des Tauernfensters von ihrem paläozoischen Sockel – auf dem wir gerade stehen – abgeschert und

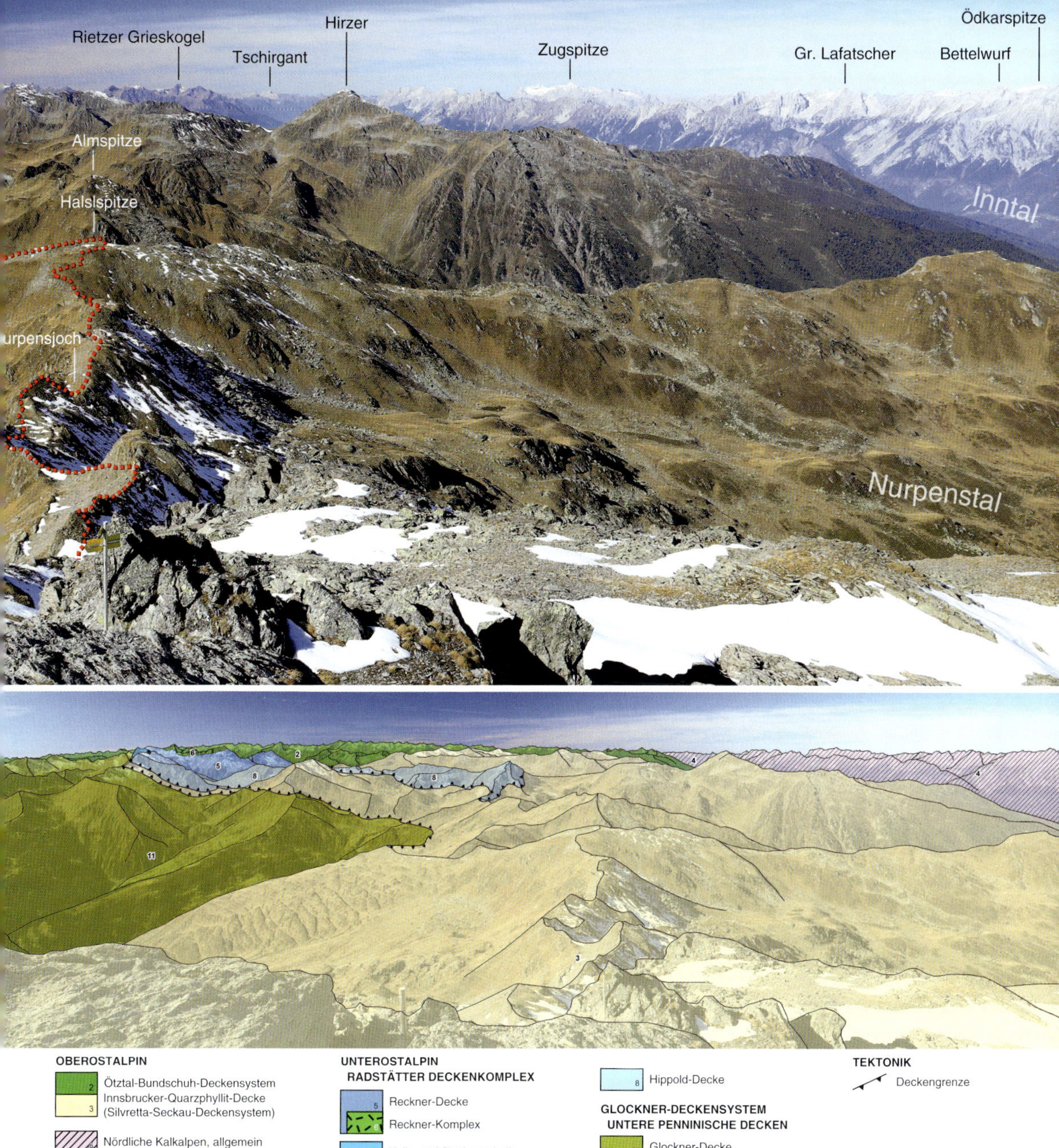

Abb. 234. An einem klaren Herbsttag reicht der Blick vom Rastkogel ungehindert über die unterostalpinen Deckenklippen zwischen Lizumer Reckner und Hippoldspitze hinweg westwärts, bis zu den schneebedeckten Stubaier Alpen. Im Nordwesten und Norden über dem Inntal liegen die dahinter aufragenden Nördlichen Kalkalpen. Zur besseren Übersicht wurden im unteren Ausschnitt die großtektonischen Einheiten überblendet. Der von hier einsehbare Verlauf unserer Exkursionsroute ist im oberen Bild als punktierte rote Linie hervorgehoben.

nordwärts transportiert. Die breite Gipfelfront der Stubaier und Ötztaler Alpen läge eigentlich als tiefstes oberostalpines Stockwerk unter beiden Vorgenannten, wurde allerdings im Norden entlang des Inntals durch Einengungsvorgänge teilweise auf das Kalkalpin aufgeschoben. Im Wipptal grenzt es mit der Brennerabschiebung an den Westrahmen des Tauernfensters und schneidet diese tiefliegenden, penninischen und helvetischen Einheiten wie mit dem Fallbeil ab. Genau an diesem Punkt

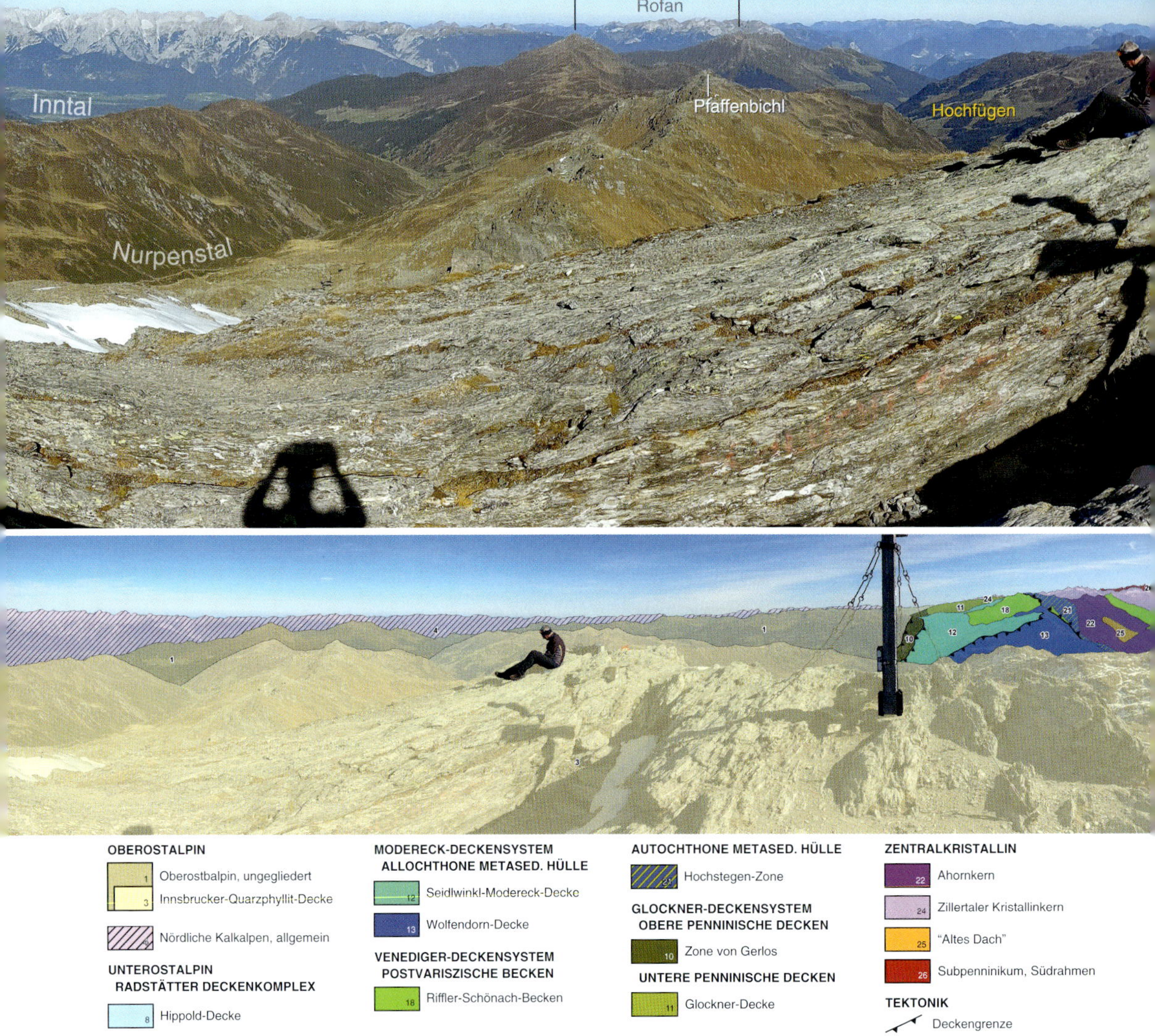

OBEROSTALPIN
1 Oberostbalpin, ungegliedert
3 Innsbrucker-Quarzphyllit-Decke
Nördliche Kalkalpen, allgemein

UNTEROSTALPIN
RADSTÄTTER DECKENKOMPLEX
8 Hippold-Decke

MODERECK-DECKENSYSTEM
ALLOCHTHONE METASED. HÜLLE
12 Seidlwinkl-Modereck-Decke
13 Wolfendorn-Decke

VENEDIGER-DECKENSYSTEM
POSTVARISZISCHE BECKEN
18 Riffler-Schönach-Becken

AUTOCHTHONE METASED. HÜLLE
21 Hochstegen-Zone

GLOCKNER-DECKENSYSTEM
OBERE PENNINISCHE DECKEN
10 Zone von Gerlos

UNTERE PENNINISCHE DECKEN
11 Glockner-Decke

ZENTRALKRISTALLIN
22 Ahornkern
24 Zillertaler Kristallinkern
25 "Altes Dach"
26 Subpenninikum, Südrahmen

TEKTONIK
Deckengrenze

Abb. 235. Auch der Blick nach Nordosten ist nahezu unverstellt und gewährt weite Einsichten entlang oberostalpiner Einheiten. Das Hochkönigmassiv in den Berchtesgadener Alpen sowie der Dachstein (hier vom Gipfelkreuz verdeckt) sind mehr als 100 beziehungsweise 150 Kilometer entfernt! Im Südosten sehen wir in Streichrichtung des Tauernfensters wieder in tiefergelegene Bauelemente der Ostalpen. Im unteren Bild wurden die großtektonischen Einheiten zur besseren Übersicht überblendet.

kam es während der Kollision mit dem "südalpinen Indenter", sprich dem Mikrokontinent Adria, während des Miozäns vor mehr als 15 Millionen Jahren (siehe dazu auch das Kapitel zur regionalen Geologie in Band 43 und dort Abb. 13) zur lateralen Extrusion. Damit meint man ostgerichtete Ausgleichsbewegungen, die infolge des gewaltigen Gebirgsdruckes aus Süden initiiert wurden: Die Einheiten des Tauernfensters, die normalerweise kilometertief begraben wären, wurden quasi wie in einem Rollband nach und nach ostwärts exhumiert und kamen so wieder an die Erdoberfläche.

235 Im Norden und Nordosten setzt sich die Kette der Nördlichen Kalkalpen mit dem Rofan, den Bayerischen Voralpen, dem Zahmen und dem Wilden Kaiser, den Chiemgauer und den Berchtesgadener Alpen bis zum fernen Dachstein (2995 m) als zweithöchstem Punkt des Kalkgebirges fort.

Die Innsbrucker-Quarzphyllit-Decke, auf der sich unser Standort befindet, findet ihre Fortsetzung in der paläozoischen Grauwackenserie, die ostwärts das etwas schwächer metamorphe Unterlager der Nördlichen Kalkalpen bildet. Und gegen Südosten streift die Aussicht wieder die tiefliegenden Einheiten des Tauernfensters mit seiner penninischen und helvetischen "Schieferhülle", also dem Glockner- und dem Modereck-Deckensystem (siehe auch Exkursion K). Am Rastkogel schließt sich demnach der Kreis dessen, was an Geologie in diesen beiden Bänden zu Zillertaler Alpen und südlichen Tuxer Alpen erwandert wird – ein würdiger Abschluss also.

Abb. 236. Eine Zoomaufnahme mit hoher Brennweite zeigt – gute Sicht vorausgesetzt – mit Großvenediger und Großglockner zwei der höchsten Berge Österreichs. Die Distanz zum Großglockner beträgt immerhin 75 Kilometer.

Abb. 237. Ein kleiner, aber feiner glazigener Formenschatz ist auch im Hochkar nahe der Rastkogelseen zu bestaunen: a, Rundhöcker (»roches moutonnées«, Foto b im Detail) sowie c, erratische Blöcke.

Sollte man ein gutes Fernglas sein Eigen nennen und es mitgenommen haben, sind bei gutem Wetter überdies noch mit dem 3798 Meter hohen Großglockner und dem 3657 Meter messenden Großvenediger die höchsten Gipfel Österreichs
zu erspähen. Dazu muss man die mar- 236
kante Gipfelpyramide des Brandberger Kolms suchen – die beiden berühmten Gipfel liegen aus unserer Perspektive gesehen darüber. Zumindest der Großvenediger befindet sich noch innerhalb des Tauernfensters im Venedigerkern, einer dem Zillertaler Kern entsprechenden Kristallineinheit alter helvetischer Kruste. Der Großglockner kennzeichnet penninische Einheiten in der Südumrahmung des kristallinen Tauernfensters.

⑤ Einsamkeit garantiert: Abstiegs-Variante zurück zum Geisljoch

Nach einer ausgiebigen Gipfelrast heißt es absteigen – zunächst auf bekannten Pfaden hinab ins Nurpensjoch. Wem die im Folgenden vorgestellte Abstiegsvariante aufgrund weitgehender Weglosigkeit zu heikel oder die Witterung zu unsicher ist, der sollte entlang der bereits bekannten Exkursionsroute zum Geisljoch zurückkehren. Denn drei Dinge braucht man im stets einsamen Hochkar unterhalb der Halslspitze unbedingt: zunächst etwas Orientierungsvermögen, am besten einen Höhenmesser und zuletzt auch gute Sicht, weil sonst Ersteres, auch wenn individuell im Überfluss vorhanden, nichts nutzt.

Am Wegweiser im Nurpensjoch wählen wir den links abzweigenden und zunächst in einigen Spitzkehren steil bergab zu den bereits sichtbaren Rastkogelseen führenden Steig.

Nach wenigen Minuten findet man sich in jener glazial überformten Landschaft wieder, die bereits oben vom Grat aus zu sehen war (vgl. mit Abb. 228), und kann glatt geschliffene, jedoch bereits wieder von Wind und Wetter angenagte
Rundhöcker sowie erratische Blöcke aus 237
unmittelbarer Nähe sehen. Die zwischen den Hügeln und Höckern liegenden kleinen, glasklaren Rastkogelseen werden von keinem sichtbaren oberirdisch verlaufenden Rinnsal gespeist und liegen auf geringmächtiger, aber konsolidier-

Abb. 238. Einer der kleinen Rastkogelseen auf etwa 2380 Meter Höhe liegt inmitten der Rundhöckerlandschaft auf geringmächtigen würmzeitlichen Moränensedimenten und wird direkt vom Steig berührt. Man beachte den aufgrund mangelnder herbstlicher Niederschläge tiefliegenden Seespiegel (Situation Mitte Oktober 2022).

ter und deswegen wasserstauender Lokalmoräne. Ihr Zufluss ist größtenteils von Schmelz- und Niederschlagswässern abhängig. Bleiben diese wie im Herbst 2022 für längere Zeit aus, sinken die Seespiegel mitunter deutlich.

Hinter einem kleinen See mit einer schönen Rastmöglichkeit (kleine Sitzbank) verläuft der Steig über eine 238
undeutliche felsige Rippe und beginnt sich weiter südwärts gegen eine bereits einzusehende Fahrstraße zu wenden, die hinab zur Lämmerbichlalm führt. Auf etwa 2360 Metern Höhe wenden wir uns weglos nach rechts und steuern auf ein kleines Feuchtgebiet und einen knapp westlich liegenden See zu. Hinter dem kleinen
Gewässer liegt der zuvor angesprochene und bereits in Abbildung 231 zu erkennende fossile Blockgletscher. 239

Die steile Front des Blockgletschers wird direkt hinter dem See erstiegen und die glazigene Struktur auf ihrer gesamten Breite durchquert. Am besten ist es, man sucht sich entlang der 2400-Meter-Linie einen Weg durch den kleinen Irrgarten an zimmergroßen Blocktrümmern.

Abb. 239. Im weglosen Gelände unterhalb der Halslspitze: Ein See liegt zu Füßen des kleinen fossilen Blockgletschers. Die Nafingjochrutschung ist links im Hintergrund zu erkennen.

Abb. 240. Zwischen talwärts verkippten Gleitschollen verbergen sich in der Nafingjoch-Massenbewegung zahlreiche kleinere und größere Seen – mit diesem hier sind wir bereits am Endpunkt der Rutschungsquerung unter dem Nafingjoch angelangt und haben einmal mehr einen beeindruckenden Blick auf die Gebirgsfront der Zillertaler Alpen.

Der Übergang zur sich westlich anschließenden Nafingjoch-Massenbewegung geschieht zunächst unmerklich über eine schrofige Weidesenke, doch bald finden wir uns auch hier in einem Irrgarten an Kämmen und Wällen wieder – gestaffelt angeordnete Nackentälchen, wie wir mittlerweile wissen.

Auch hier ist es am besten, man bleibt der Höhe zwischen 2380 und 2400 Meter treu und quert den Rutschkörper stur in westliche Richtung.

Abermals kommen wir an kleinen, aufgrund der enthaltenen Huminstoffe braun bis schwarzbraun
getönten Seen vorbei. Schlusspunkt der Querung ist ein größerer, wieder blau gefärbter See mit
240 wunderbarer Aussicht auf die Zillertaler Alpen. Wieder ist die talseitige Begrenzung durch eine
wallartige, talwärts verkippte Gleitscholle definiert.

Knapp westlich des Sees treffen wir in einem schartenähnlichen Übergang an einem nach Süden abfallenden
241 Grat auf eine undeutliche Pfadspur, die uns die Querung eines steileren Hanges entscheidend erleichtert.
Danach ist ein wenig Gespür für die Umgebung gut, um – diesmal leicht nach Nordwesten querend – den
Steig zum Geisljoch zu erreichen.

Entweder am Geisljoch oder dem Beginn der Fahrstraße warten unsere Räder – und die noch ausstehenden knapp 700 Höhenmeter hinab über die Habalm zum Geislanger sind geradezu ein Klacks!

Weiterführende Literatur

Hornung, T. & J. Zasadni (2023): Geologische Karte des Hochgebirgs-Naturparkes Zillertal, der Gemeinden Tux, Finkenberg und Brandberg, Maßstab 1:25000, 3 Kartenblätter, Hochgebirgs-Naturpark Zillertaler Alpen, Ginzling.

Abb. 241. Eine Pfadspur erleichtert die Querung eines steilen Hanges am Südkamm des Nafingjoches. Das Geisljoch liegt ziemlich genau in der Richtung des im Vordergrund zu sehenden Weges.

Auch das kann man in den Zillertaler und Tuxer Alpen: still werden angesichts uralter Berge und vergessener Welten. Der Autor an einem Herbstabend des Jahres 2021 am Geier (2857 m).

Nachwort

Als ich irgendwann am späten Nachmittag eines strahlend schönen und ungewöhnlich milden 17. Oktober 2022 die letzten Meter vom Geisljoch talwärts wanderte, war mir plötzlich klar, dass die Geländearbeit zum Projekt "Geologie der Zillertaler und Tuxer Alpen" nach beinahe drei Jahren einen Abschluss gefunden hatte. Ich muss sagen, einen durchaus würdigen, da meine letzte "Dienst-Tour" mit den großflächigen Rutschungen an den Südhängen der Tuxer Alpen auf uraltem Innsbrucker Quarzphyllit die Brücke von tiefster Vergangenheit direkt in die Gegenwart ziehen konnte. Genau darin liegt der Reiz dieser Landschaft zwischen den eisigen Höhen um die Zillertaler Dreitausender wie Hochfeiler, Olperer und Großer Möseler und den schroff-grünen Talschaften um Tux, Brandberg, Ginzling und Mayrhofen: dass man nicht nur in einem aktuellen Naturraum unterwegs ist, sondern – sofern man sie zu lesen weiß – auch in vielen längst vergangenen und vergessenen "Parallelwelten". Dass man in einer einzigen Exkursion von einstigen mesozoischen Flachwasserkalken auf deutlich ältere europäische Erdkruste wandert, die normalerweise – gäbe es die Alpenauffaltung nicht – an ihrem angestammten Platz viele Kilometer tief versenkt wäre. Dass man Gesteine der Greiner-Scherzone unter den Schuhsohlen weiß, deren Ausgangsgesteine es schon gab, als Europa noch nicht einmal Zukunftsmusik war, sondern zerrissen und verteilt in Inselbögen und namenlosen Kontinentalfetzen irgendwo auf der Südhalbkugel existierte. 700 Millionen Jahre Erdgeschichte! Eine Zahl, so groß, dass einem schwindelig werden könnte, müsste man sie ausschreiben. Sie sollte uns nachdenklich stimmen, wenn wir in den Zillertaler und Tuxer Alpen unterwegs sind, macht sie uns doch mehr als deutlich, wie klein und unbedeutend all unsere Begehrlichkeiten, Wünsche, Sorgen und Nöte angesichts der Geschichte allein dieses Fleckens Erde in den zentralen Ostalpen sind. Und wie wichtig und allumspannend dagegen die Natur. Deswegen wäre etwas mehr Bescheidenheit in unserem Tun und dem Bestreben nach dem berühmten "Mehr" angebracht. Und man sollte nie das Staunen verlernen, wenn man offenen Auges durch die Landschaft streift und in jene längst vergessene Welten abtaucht.

Glossar

Akkretionskeil

Geologische Großstruktur, die im Zuge von plattentektonischen Vorgängen bei der Subduktion einer ozeanischen Kruste an der Vorderseite der oberen, überfahrenden kontinentalen Platte entsteht. Die Akkretion oder "Zusammenschweißung" äußert sich durch Anlagerung von Sedimenten, aber auch Aufschuppung von ozeanischer Kruste (Ophiolithen), und ist durch eine starke Deformation des Materials und viele büschelartig angeordnete Überschiebungen gekennzeichnet.

Albit

Auch Natronfeldspat genannt: Albit bildet das natriumreiche Endglied der Plagioklasgruppe. In reiner Form ist Albit farblos und durchsichtig.

Allochthon

Bezeichnung für Gesteinsbildungen aus ortsfremdem Material oder Gesteinskomplexe in tektonischen Decken, deren Entstehungs- beziehungsweise Akkumulationsort nicht dem letztendlichen Ablagerungsort entspricht.

Amphibolit

Gestein, das zu überwiegenden Anteilen aus Hornblende (= Amphibol) besteht, einem chemisch kompliziert aufgebauten Silikat.

Anatexite

Gesteinsarten, die durch tektonische Vorgänge in den obersten Erdmantel gelangen, dort aufschmelzen (sogenannte Anatexis) und wieder an die Erdoberfläche gelangen – etwa durch gebirgsbildende Prozesse (ähnlich: Migmatite).

Antiklinale

Falte mit nach unten auseinanderstrebenden Schenkeln (= Geologischer Sattel). In der geologischen Karte liegen deswegen im Sattelkern die ältesten Gesteine, gegen den Sattelrand werden die Gesteine zunehmend jünger. Das strukturgeologische Gegenstück ist die Geologische Mulde (Synklinale).

Aplit

Vorwiegend aus Feldspat und Quarz zusammengesetztes helles, kleinkörniges Ganggestein beziehungsweise Ganggefolge silikatreicher magmatischer Tiefengesteine.

Aplitgneis

Metamorphes Umwandlungsprodukt eines Aplits und Neusprossung beziehungsweise Einregelung länglicher Mineralakzessorien wie Glimmer.

Arkose

Meist rötlich gefärbter, feldspatreicher, grobkörniger und oft schlecht sortierter Sandstein (Psammit) – kommt meist in trockenen Klimazonen vor.

Arrête

Scharf zerzackter, von Gletschern während des Eiszeitalters zu keiner Zeit überformter Berggrat (nicht glatt- oder angeschliffen).

Augengneis

Metamorphes Gestein mit großen Einsprenglingen ("Augen"), die in einer feinkörnigen Matrix mit lagig eingeregelten Glimmern schwimmen und von diesen umflossen werden.

Autochthon

Am Bildungsort abgelagertes Sediment, gebildetes Gestein oder am Lebensort eingebettetes Fossil.

Biotit

Dunkler, eisen- und magnesiumreicher Glimmer, komplex aufgebautes Schichtsilikat.

Blast

Bezeichnung für das bevorzugte Wachstum einer oder mehrerer Mineralphasen während der Gesteinsmetamorphose ("Mineralneusprossung" oder Vorgang der "Blastese").

Blauschiefer

Bläulich gefärbte Gesteine, die im Zuge der Gesteinsmetamorphose relativ niedrige Temperaturen und hohe Drücke erhalten haben. Dementsprechend grenzt man im Metamorphose-Modell der Gesteine eine "Blauschiefer-Fazies" ab.

Detritus, detritär

Gesteinsschutt und durch mechanische Erosion zermahlene Organismenreste.

Diatexit

Metamorphes Gestein, das durch Mobilisation von einzelnen Mineralakzessorien im Modalgefüge bei hohen Temperaturen durch Teilaufschmelzung ein granitartiges Aussehen erhalten hat.

Diorit

Tiefengestein von dunkler bis schwarzgrauer, seltener auch hellerer Färbung mit einem hohen Anteil an Plagioklasen und einem relativ geringen Anteil aus Quarzen und Foiden. Das vulkanische Äquivalent ist ein Andesit.

distal

Weit entfernt – Gegenteil zu "proximal".

Dyke
Gesteinsgang, der größere und weitreichende Gesteinskörper in scharfer Linie senkrecht bis waagrecht durchschneiden kann und oft eine ganz andersartige Lithologie als das umgebende Matrixgestein zeigt (Beispiel eines dunkelgrünen Amphibolitgangs in hellem, feinkörnigem Gneis).

ELA
"Equilibrium Line Altitude": Höhenbereich, in dem sich der Zuwachs (Akkumulation) und das Abschmelzen des Eises (Ablation) über ein Jahr betrachtet genau die Waage halten.

Exhumierung
Tektonisch oder isostatisch bedingter Aufstieg von Gesteinen an die Erdoberfläche. Dies kann in Ausnahmefällen auch durch eine beschleunigte Denudation beziehungsweise Erosionsrate geschehen.

Felsit
Zusammenfassende Bezeichnung für helle Gesteine mit entsprechend hellen Mineralien wie Quarz, Feldspat und Muskovit (Hellglimmer). Das petrographische Gegenteil sind dunkle, mafische Gesteine (Mafit).

Flysch
Wechselfolge von tonigen, kalkigen und grobkörnigen Gesteinen (meist Sandsteinen) als wiederkehrende Abfolge von Suspensionsströmen (siehe "Turbidit") in einem tiefen Sedimentationsbecken.

Foide
In dunklen, basischen und an Silikatschmelzen stark untersättigten Tiefengesteinen können sich keine Feldspäte, sondern nur "Feldspatvertreter" bilden, zu denen die Foide gerechnet werden. Die wichtigsten Foide sind Leucit und Nephelin.

Gabbro
Kompaktes, relativ grobkörniges magmatisches Tiefengestein, das stark an Silikatschmelzen untersättigt ist und deswegen dunkel erscheint. Das vulkanisches Äquivalent ist ein Basalt.

Ganggestein
Brüche im umgebenden Gesteinskörper können durch aufdringende Schmelzen andersartiger Chemie wieder geschlossen werden, die nach Abkühlung und Auskristallisation "Ganggesteine" unterschiedlicher Gesteinschemie definieren (Beispiel: Aplit, Amphibolitgang etc.).

glazigen
Vom Gletscher geformt.

Gneis
Metamorphes Gestein mit einer Paralleltextur eingeregelter beziehungsweise neu gesprosster Minerale, das aus einem Granit hervorgegangen ist. Enthält mindestens 20 % Feldspat.

Granit
Petrographisch sehr variables, meist grobkörniges Tiefengestein, das beinahe komplett aus Quarz, Feldspat (mehr als 20 Vol.-%) und Glimmer mit wechselnden Anteilen zusammengesetzt ist. Das vulkanische Äquivalent ist ein Rhyolith.

Granodiorit
Eng mit dem Granit verwandtes Tiefengestein, das an der Erdkruste mehr als ein Drittel Volumensanteil hat und deswegen sehr weit verbreitet ist. Granodiorit führt mehr basische Akzessorien als ein Granit (z. B. Dunkelglimmer Biotit).

idiomorph
Voll entwickelte Eigengestalt eines Minerals, meistens unter Ausbildung eines flächenmäßig und geometrisch klar definierten Kristalls. Beispiele sind ein idiomorpher Pyritwürfel oder ein idiomorpher hexagonaler Bergkristall.

Interstadiale
Kurzzeitige Warmperioden zwischen Stadialen (Eisvorstößen) innerhalb einer Eiszeit-Periode (Glazial).

Intrusion
Eindringen von fließfähigem, oft magmatischem Material in einen vorher existierenden Gesteinskörper (z. B. Sedimente, bereits erstarrte Magmenkörper oder metamorphe Kristallinkerne) – man spricht auch von "intrudierten" Magmenkammern.

Intrusiva
Auch "Intrusivgesteine" genannt; glutflüssige Gesteinsschmelzen (Magma), die aus dem Erdmantel in den Bereich der Erdkruste eindringen und dort langsam auskristallisieren (Plutonit oder Pluton).

Isoklinalfalte
Enge tektonische Falte mit parallelen Faltenschenkeln.

Isostasie
Geologischer Schweregleichgewichtszustand zwischen der Erdkruste und dem darunter liegenden, zähflüssigen Erdmantel – ähnlich einem Eisberg auf dem Wasser. Je höher die Erdkruste, beispielsweise bei einem Gebirge, aufragt, desto tiefer reicht ihre Unterseite in den Erdmantel. Normalerweise sind dies circa 20 bis 30 Kilometer, unter einem Gebirge wie den Alpen oder dem Himalaya bis zu 70 Kilometer.

Jungpaläozoikum
Oberer Abschnitt des Erdaltertums (Paläozoikum): Zeitalter des Karbons und Perms.

Kalkalkaline
Gesteine mit vorherrschendem Kalziumgehalt: Die meisten Kalkalkaligesteine sind magmatische Gesteine wie Granit oder Diorit.

Klast, Klasten
Feste Gesteinsbruchstücke, die aus der Aufarbeitung beziehungsweise mechanischen Zerstörung anderer Gesteine stammen – dabei kann die Größe stark zwischen Komponenten der Block-, Kies-, Sand-, Schluff- bis hin zur Tonfraktion variieren.

Klinochlor, Klinochlorschiefer
Mineral aus der Ordnung der Silikate: mit monoklinem Kristallsystem und tafeligen bis blättrigen oder teilweise auch radialstrahligen Kristallen.

Konkordanz
Ungestörte und gleichförmige Überlagerung von älteren durch stets jünger werdende Gesteinsschichten ohne Schichtlücken. Dabei hat jede Gesteinsschicht eine annähernd gleiche Lage (Fallen und Streichen) im Raum.

Lakkolith
Aufgewölbter Tiefengesteins-Körper aus Magma mit uhrglasförmig nach oben strebender Oberseite, aber einer weitgehend flachen Unterseite. Das glutflüssige Magma dringt bei der Platznahme (Intrusion) in einen bestehenden, bereits fest auskristallisierten Gesteinskörper und wölbt diesen nach oben auf.

Leukogranit
Magmatisches Tiefengestein mit mehr als 95 % hellen Mineralbestandteilen, meistens als leukokrate (helle) Varietät des Granits.

leukokrat
Magmatische Gesteine mit einer relativ hellen Gesteinsfärbung beziehungsweise Farbtönung und somit einem geringen Volumensanteil an dunklen Kristalliten (Mafiten).

Leukosom
Heller, quarz- und feldspatreicher Bestandteil eines wieder partiell aufgeschmolzenen magmatischen Plutonites (Migmatit).

Lherzolith
Relativ häufiges, ultramafisches Peridotit-Gestein von tief- bis schwarzgrüner Färbung. Lherzolithe bilden einen Großteil des lithosphärischen Erdmantels.

Litoral
Uferregion eines einstigen Lebensraumes. Bezieht sich in der Geologie meist auf das Meer, kann aber auch das Ufer eines Sees oder eines Flusses beschreiben.

Mafit
Zusammenfassende Bezeichnung für dunkle Gesteine mit entsprechend dunklen Mineralien wie Amphibolen, Pyroxenen und Biotiten. Das petrographische Gegenteil sind felsische, helle Gesteine (Felsit).

massig
Sehr schlecht bis gar nicht geschichtetes oder gebanktes Gesteinspaket.

Melanosom
Dunkler, amphibol- und pyroxenreicher Bestandteil eines wieder partiell aufgeschmolzenen magmatischen Plutonites (Migmatit).

Metaplutonit
Allgemeine Bezeichnung für ein metamorph überprägtes Tiefengestein (= Plutonit).

Metasediment
Allgemeine Bezeichnung für ein metamorph überprägtes Sedimentgestein.

Migmatit
Partiell aufgeschmolzenes Gestein (auch Anatexit genannt) mit einem ausgesprochenen Fließgefüge, das unterschiedlich gefärbte Gesteinsbestandteile erkennen lässt: Während der dunkle Bestandteil ein rein metamorphes Gestein beziehungsweise Umwandlungsprodukt darstellt, wird der helle Bestandteil als Rest einer ehemals hellen magmatischen Gesteinsschmelze interpretiert.

Modalbestand
Das relative Verhältnis der Mineralien in einem Gesteinskörper wird als Modalbestand bezeichnet und gewöhnlich in Volumenprozent (Vol.-%) angegeben. Der modale Mineralbestand ist u.a. ein wichtiges Kriterium der Darstellung von Tiefengesteinen (Plutoniten) im Streckeisen-Diagramm.

Moräne
Sammelbegriff für vom Gletscher geschaffene geomorphologische Formen sowie transportiertes Material. Man unterscheidet vom Gletscher an dessen Endzunge sowie an seinen Seiten aufgeschüttete, wallartige End- und Seitenmoränen (meist Kies- bis Blockfraktion, komponentengestützt) von Grundmoränen (unter einem Gletscher(-strom) liegendes, fein zerriebenes, matrixgestütztes Material). Des Weiteren gibt es noch Obermoränen (z.B. auf den

Gletscher gefallene Sturzblöcke) sowie Mittelmoränen, die bei der Vereinigung zweier Gletscherströme aus deren Seitenmoränen entstehen.

Muskovit

Hellglimmer (komplex gebautes Schichtsilikat).

nivelliert

Eingeebnet.

Nunatakker

Einzelner, aus einem zusammenhängenden Eisstromnetz herausragender Felsen oder Berg, meistens am Rand von Eisschilden. Zahlreiche hohe Alpengipfel waren während der eiszeitlichen Vergletscherungen Nunatakker, während andere Berge mit vornehmlich gerundeten Formen komplett eisüberflossen waren. Deswegen sind Nunatakker oft durch dreieckig zugeschliffene Bergformen charakterisiert.

Ophicarbonat

Metamorphes Gestein, das neben Serpentin mindestens ein Karbonatmineral wie Kalzit, Dolomit oder Magnesit enthält und durch Reaktionen von Serpentiniten mit CO_2-haltigen Lösungen entsteht.

Ophiolithe

Bestandteile der ozeanischen Kruste (= Lithosphäre), die durch gebirgsbildende Vorgänge (etwa Ozean-Kontinent-Kollisionen) an die Oberfläche geschoben (obduziert) wurden. Der Begriff kann auch für ganze Deckenkomplexe verwendet werden, die keinen ursprünglichen Bezug mehr zur ozeanischen Kruste haben, also quasi "wurzellos" sind.

Orogen

Allgemein verwendeter Begriff für ein Gebirge, das bei einer Kollision von zwei Lithosphärenplatten entstanden ist (beispielsweise die Alpen, der Himalaya oder die Anden).

orographisch

Geographische Betrachtung eines Ortes in Bezug auf die Fließrichtung eines Gewässers: Mit "orographisch rechts" meint man entsprechend das in Fließrichtung rechtsseitige Ufer eines Baches oder eines Flusses.

Orthogneise

Metamorphe Gesteine, die aus magmatischen Gesteinen (Plutoniten) gebildet wurden.

Paragneise

Metamorphe Gesteine, die aus Ablagerungsgesteinen (Sedimenten) gebildet wurden.

parautochthon

Kennzeichnet beispielsweise Gesteinskomplexe oder Sedimente, die nur wenig gegenüber der ursprünglichen Unterlage oder ihrem Ablagerungsort verschoben wurden.

Pegmatoid

Gangartig angeordnete Struktur mit grob- bis riesenkörnigen Kristalliten unterschiedlicher Art und Genese: meist quarz- und feldspatreich, oft mit Cordierit, Biotit und Granat.

Pelit

Feinklastisches Sedimentgestein, das sich aus Lockergesteinen der Ton- und Schlufffraktion (< 0,02 mm) gebildet hat. Wird deswegen auch synonym zum Begriff "Tonstein" verwendet. Metamorph werden Pelite zu Metapeliten (Phylliten i. w. S. sowie feinen Glimmerschieferan). Ein Beispiel ist die Bündnerschiefer-Serie.

Peridotit

Ultramafisches Gestein, aus dem der größte Teil des Erdmantels besteht. Peridotit enthält zu mindestens 40 % das Mineral Olivin.

permokarbonisch

Gesteinseinheiten, die im Bereich zwischen Karbon und Perm (Jungpaläozoikum) zur Ablagerung kamen.

Phengit

Grüne Varietät von Muskovit.

Phyllit

Feinkristalliner, blättriger, teilweise auch mürbbrüchiger, glimmerreicher Tonschiefer. Ausgangsgestein war ein Pelit, also ein tonreiches Gestein. Das Endprodukt des Phyllits unterlag meist nur einer niedriggradigen Metamorphose mit moderaten Temperaturen und Druckbereichen.

Plutonit

Allgemeine Bezeichnung für ein magmatisches Tiefengestein wie zum Beispiel Peridotit, Gabbro, Granodiorit oder Granit (mit zunehmendem Silikatgehalt). Plutonite bilden sich in großer Tiefe und durch sehr langsame Abkühlung flüssiger Gesteinsschmelzen (= Magma). Aufgrund der langsamen Abkühlung zeigen sie eine großkörnige Textur. Das Ergussgesteins-Äquivalent hierfür ist der Vulkanit.

porphyrischer Granit

Sehr grobkörniger Granit mit großen, teilweise mehrere Zentimeter oder Dezimeter messenden Einsprenglingen (meistens Feldspäte).

Porphyroid

Metamorph beanspruchte saure bis intermediäre Effusiva (Vulkanite) beziehungsweise deren Tuffe und Tuffite im paläozoischen Schichtverband.

postvariszisch

Nach der variszischen Orogenese stattgefundene Prozesse wie zum Beispiel Sedimentation oder Tektonik.

Prasinit

Feinkörniges, massiges metamorphes Gestein, das innerhalb der Grünschieferfazies unter moderaten Temperaturen (300 bis 400° C) sowie vergleichsweise geringem Druck (2–8 kbar) gebildet wird. Massiger Pendant zum Grünschiefer, oft aufgrund enthaltener Chlorite leicht grünliche Färbung.

pristin

Ursprünglich, unverfälscht – demnach ein metamorph nicht alteriertes Mineral oder Gestein.

Protolith

Ausgangs- oder Ursprungsgestein für einen Prozess der Gesteinsmetamorphose. Dabei kann ein Protolith sowohl ein magmatisches als auch sedimentäres Gestein sein – oder bereits selbst ein Metamorphit.

proximal

Sehr nahe – Gegenteil zu "distal".

Psammit

Mittelklastisches Sedimentgestein, das sich aus Lockergesteinen der Schluff- und Sandfraktion (0,02 bis 2 mm) gebildet hat. Wird deswegen auch synonym zum Begriff "Sandstein" verwendet. Metamorph werden Psammmite zu Metapsammiten (Glimmerschiefer i. w. S.). Beispiele sind der Zweiglimmerschiefer oder der "Furtschaglschiefer" der Greiner Scherzone.

Psephit

Grobklastisches Sedimentgestein, das sich aus Lockergesteinen der Kiesfraktion (>2 mm) gebildet hat. Wird deswegen auch synonym zu den Begriffen "Konglomerat" oder "Brekzie" verwendet. Metamorph werden Psephite zu Metapsephiten (Metakonglomerate i. w. S.). Beispiele sind die Metakonglomerate der Greiner Scherzone sowie des Riffler-Schönach-Beckens.

Pyroxen

Mafische (basische) Mineralgruppe, die mit unterschiedlichen Varietäten reich an Mangan, Eisen, Magnesium, Kalzium und Natrium sein kann. Sie sind eng mit den Amphibolen verwandt, unterscheiden sich von diesen jedoch in ihrer Spaltbarkeit – der Spaltwinkel von Pyroxenen liegt bei 90°, der von Amphibolen bei 120°.

Regression

Begriff wird beinahe ausnahmslos als Kurzform für marine Regression verwendet, ein Abfall des Meeresspiegels oder das ozeanwärtige Vorrücken der Küstenlinie. Regressionen kommen meist infolge tektonischen Aufstiegs oder im Zuge von Eiszeiten vor, wenn große Mengen an Wasser in Inlands-Eisschilden gebunden werden.

Rundhöcker

Von fließenden Gletschermassen zu stromlinienförmigen Körpern und Buckeln geformtes, anstehendes Festgestein: Dabei ist die Luvseite (anfließendes Eis) stets durch hohen Eisanpressdruck und einen dabei entstehenden Wasserschmierfilm abgeschliffen und zeigt eine vergleichsweise geringe Neigung. An der eisstromabgewandten Leeseite hingegen friert das Eis wegen nachlassendem Druck fest und reißt kleine Blöcke entlang natürlicher Kluftflächen ab. Deswegen ist die Leeseite stets steil und zeigt eine unruhige Oberfläche.

saiger

Bezeichnung für senkrecht stehende Schichtkörper oder senkrecht geschiefertern Metamorphit.

Serizit

Besonders feinschuppige Art von Hellglimmer.

Serpentinite

Metamorphe Gesteine, die aus sehr dunklen (=ultramafischen) Gesteinen (in der Regel Peridotiten) in Wechselwirkung mit wässrigen Lösungen und unter erhöhten Druck-Temperatur-Bedingungen gebildet wurden. Heute an Land vorkommende Bereiche werden meistens als Ophiolithe bezeichnet.

söhlig

Bezeichnung für waagrecht liegende Schicht, Bank oder waagrechten Gesteinshorizont.

Sparit

Fein- bis kleinkristalliner Kalzit (Kristallite kleiner als 4 µm), der sekundär durch Ausfällig kalzitreicher Porenlösungen gebildet wird. Die aneinandergrenzenden Spaltflächen der Kristallite bewirken mitunter ein feines Glitzern auf frischen Bruchflächen.

Stadiale

Kälteperioden zwischen Interstadialen (Wärmephasen) innerhalb einer Eiszeit-Periode (Glazial).

Stratigraphie
Teildisziplin der Geologie: Gesteinsbeschreibung nach unterschiedlichen Kriterien; dient im Wesentlichen der relativen Altersdatierung und der Korrelation regional entfernter Gesteinseinheiten.

Synklinale
Nach unten gerichteter, schüsselförmiger Bereich einer Falte mit verschmelzenden Schenkeln, auch "Geologische Mulde" genannt. Auf der geologischen Karte liegen deswegen die jüngsten Gesteine im Muldenkern, die älteren Gesteine gegen den Rand der Synklinale. Das tektonische Gegenstück ist die Antiklinale (Geologischer Sattel).

Tektonostratigraphie
Gliederung von strukturgeologischen Elementen (tektonische Decken, Klippen, Gleitschollen, etc.) aufgrund ihrer Genese und zeitlichen Reihenfolge. Bestes Beispiel ist die Deckengliederung der Nördlichen Kalkalpen oder aber auch des Tauernfensters.

terrigen
Am Festland entstanden.

Textur
Dreidimensionale Anordnung von Gefüge-Elementen eines Gesteins hinsichtlich der Lage und Ausfüllung von Gesteinsbestandteilen. So können Mineralien ungeregelt kristallisiert sein oder lagenartige beziehungsweise lineare Gefüge ausbilden, beispielsweise in einem Metamorphit. Man spricht dann von einer Flaser- oder Fluidaltextur.

Till
Synonym für Geschiebemergel, der als Grundmoräne an der Basis eines Gletschers zur Ablagerung kommt.

Tonalit
Magmatisches Tiefengestein (Plutonit) mit der Gesteinszusammensetzung zwischen einem Granit und einem Diorit. Meist besitzen Tonalite ein graues bis dunkles Erscheinungsbild. Das vulkanische Äquivalent ist ein Quarzandesit.

Transgression
Begriff wird beinahe ausnahmslos als Kurzform für marine Transgression verwendet, ein Anstieg des Meeresspiegels oder das landwärtige Vorrücken der Küstenlinie. Transgressionen kommen meist infolge tektonischer Absenkung einer Landmasse oder durch klimatisch bedingte Freisetzung von Wasser aus Inlands-Eisschilden vor.

Tuffit
Gestein, welches sich zu mindestens 25 % und bis maximal 75 % aus Pyroklasten, einem vulkanischen Auswurfmaterial, zusammensetzt. Die restlichen Mengenprozente sind sedimentäre und klastische Komponenten.

Turbidit
Bezeichnung für ein Sedimentgestein, das durch einen Trübe- oder Suspensionsstrom, also eine Art "submarine Lawine" gebildet wurde. Diese gingen in wiederkehrenden Abständen als "turbulente" Sedimentströme von submarinen Steilhängen wie Kontinentalabhängen in tiefere Beckenbereiche ab und konnten dort kilometerweite Strecken zurücklegen, bevor sie sich letztendlich ablagerten. Da sich der Schwerkraft folgend zunächst schwerere und dann stets leichtere Gesteinsbruchstücke und Sedimentpartikel ablagerten, findet man in solchen Bänken oft von unten nach oben feiner werdende Gradierung. Klassisches Ablagerungsgebiet solcher Turbidite ist der Penninische Ozean: Nichtmetamorphe Serien finden sich im Rhenodanubischen Flysch (siehe "Flysch"), metamorphe Abfolgen in der Bündnerschiefer-Serie der Glockner-Decke.

variszische Orogenese
Phase der Gebirgsbildung im jüngeren Paläozoikum durch die Kollision von Gondwana und Laurussia zum Riesenkontinent Pangäa.

Vulkanit
Vulkanisches Erguss- oder Eruptivgestein, das infolge kontinentaler oder ozeanischer Aktivität unter rascher Abkühlung an die Erdoberfläche kommt und dort erstarrt. Aufgrund der Förderung an die Erdoberfläche und der teilweise schockartigen Abkühlung liegen in der Regel ein sehr fein- bis teilweise mikrokristallines Gefüge und eine entsprechend sehr feinkörnige bis glasige Textur vor. Das Tiefengesteins-Äquivalent hierzu ist der Plutonit.

Xenolith
In einem Plutonit- oder Vulkanitgefüge eingeschlossener "Fremdkörper" aus andersartigem Gestein, der mit dem Plutonit beziehungsweise Vulkanit in keinem genetischen Zusammenhang steht.